高等学校规划教材·航空、航天与航海科学技术

KONGQI DONGLIXUE JICHU

空气动力学基础

（第2版）

徐　敏　安效民　主编

U0195169

西北工业大学出版社

西　安

【内容简介】 本书是在工业和信息化部"十二五"规划教材《空气与气体动力学基础》的基础上修订而成的。全书共含 10 章,内容包括概论、流体力学基础知识、流体力学基本原理和方程、不可压缩理想流体绕物体的流动、高速可压缩流基础知识、一维定常可压缩管内流动、附面层和黏性流动、绕翼型的低速流动、绕翼型的可压缩流动以及高超声速流动基础知识等。

本书可作为高等院校飞行器设计、宇航动力、能源动力学、工程流体力学等航空航天类专业的基础教材,也可供从事空气动力工作的有关科技人员参考。

图书在版编目(CIP)数据

空气动力学基础/徐敏,安效民主编. —2 版. —西安:
西北工业大学出版社,2018.8(2024.2 重印)
高等学校规划教材·航空、航天与航海科学技术
ISBN 978 - 7 - 5612 - 6155 - 2

Ⅰ.①空⋯ Ⅱ.①徐⋯ ②安⋯ Ⅲ.①空气动力学-
高等学校-教材 Ⅳ.①V211

中国版本图书馆 CIP 数据核字(2018)第 182494 号

策划编辑:何格夫
责任编辑:杨 军

出版发行:西北工业大学出版社
通信地址:西安市友谊西路 127 号   邮编:710072
电 话:(029)88493844 88491757
网 址:www.nwpup.com
印 刷 者:兴平市博闻印务有限公司
开 本:787 mm×1 092 mm   1/16
印 张:16.625
字 数:436 千字
版 次:2015 年 3 月第 1 版 2018 年 8 月第 2 版 2024 年 2 月第 3 次印刷
定 价:65.00 元

前　言

本书是在工业和信息化部"十二五"规划教材《空气与气体动力学基础》的基础上修订而成的。根据教学需要对部分章节的内容进了修订和完善,同时也增加了高超声速流动基础知识,使内容更加完善,结构更加合理。

本书从飞行器设计的角度出发,按照空气动力学学科体系,阐述空气运动所遵循的基本规律以及飞行器在低速、亚声速和超声速绕流时的空气动力特性。全书共分10章。第0章从空气动力学的发展历史到空气动力学应用进行了简要的阐述,并明确指出学习本书的目的;第1章介绍流体力学的基础知识,主要阐述流体介质的基本属性和流体静力学基础;第2章介绍流体力学的基本原理和方程;第3章介绍不可压缩理想流体绕物体的流动;第4章介绍高速可压缩流动的基础知识;第5章介绍一维管道流动的基础知识以及拉瓦尔喷管(Laval nozzle)工作的基本原理;第6章简要介绍黏性流动和附面层基本概念,推导平板摩擦阻力的简化求解方法;第7,8章分别介绍不可压流与可压流绕翼型的流体特性和空气动力特性;第9章介绍高超声速流动的基础知识。

编写本书的初衷旨在使读者对于飞行器在空气中运动时所产生的气动现象建立明晰的物理概念,对于空气动力变化的规律有较深刻的理解,并为学习其他专业课程打下坚实的基础。

本书由西北工业大学航天学院徐敏(第0章和第6章)、安效民(第4,7,8,9章)、康伟(第1~3章)和李强(第5章)共同编写。全书最后由徐敏统稿和校阅。

由于学识水平有限,书中疏漏和不妥之处在所难免,恳请读者批评指正。

编　者

2018 年 5 月

目　　录

第0章 概 论

0.1 空气动力学问题概述

空气动力学是研究空气与物体之间有相对运动（物体在空气中运动或物体不动、空气流过物体）时空气运动的基本规律以及空气与物体之间的作用力的科学。换言之,空气动力学是一门关于运动空气的学科。

众所周知,空气动力学是和飞机的产生、发展联系在一起的。它是飞行器研制的重要支撑技术。事实上,空气动力学研究的对象包括所有在大气层内的飞行器（如飞机、导弹、飞船、航天运载器等）。这门学科还要涉及飞行器的飞行性能、飞行稳定性和操纵性问题。在民生的其他方面,空气动力学同样也是应用广泛,如汽车制造、轮船、高速列车、建筑、矿井通风、风机制造、汽轮机、天气预报,等等。

空气相对于物体的运动,可以在物体的外部进行（像空气流过飞机表面、导弹表面和螺旋桨等）,也可以在物体的内部进行（像空气在风洞内部和飞行器的进气道内部等的流动）。在这些外部或内部流动中,尽管空气的具体运动和研究运动的目的有所不同,但它们都发生一些共同的流动现象和遵循一些共同的流动规律,例如质量守恒、牛顿第二定律、能量守恒和热力学第一定律、第二定律等。

空气/气体动力学是现代流体力学的一个分支。它们之间的关系如图0-1所示。

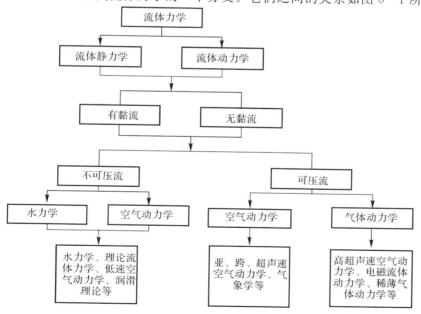

图 0-1 流体力学与空气/气体动力学的关系图

　　研究空气动力学的目的,不仅是要认识这些流动现象的基本实质,找出这些共同性的基本规律在空气动力学中的表述,更是要应用这些规律能动地解决飞行器的空气动力问题和与之有关的工程技术问题,如飞行器的气动外形设计、发动机设计、飞行性能设计和控制系统设计。

0.2　空气动力学发展概述

　　空气动力学是现代流体力学的一个分支,它是从流体力学发展而来的。18 世纪是流体力学的创建阶段。伯努利(Bernoulli)在 1738 年编写的《流体动力学》一书中,建立了不可压流体的压强和速度之间的关系,即伯努利公式。欧拉(Euler)在 1755 年建立了理想不可压流体运动的基本方程组,奠定了连续介质力学的基础。达朗贝尔(D'Alembert)提出了著名的达朗贝尔原理,"达朗贝尔疑题"就是他在 1744 年提出的。拉格朗日(Lagrange)改善了欧拉、达朗贝尔方法,并发展了流体动力学的解析方法。关于研究气流对物体的作用力,最早是牛顿(Newton)于 1726 年提出关于流体对斜板的作用力公式,它实际上是在撞击理论的基础上提出来的,没有考虑到流体的流动性。

　　19 世纪是流体动力学的基础理论全面发展的阶段。泊桑(Poisson)于 1826 年解决了第一个空间流动问题——关于绕球的无旋流动问题。拉普拉斯(Laplace)于 1827 年提出著名的拉普拉斯方程。兰金(Rankine)指出理想不可压流体运动的位函数和流函数,分别满足拉普拉斯方程,并于 1868 年提出将直匀流动叠加到源(汇)、偶极子等流动上,以构成所谓的奇点法。海姆霍兹(Helmholtz)创立了旋涡运动理论。

　　19 世纪还形成了流体动力学的两个重要分支:黏性流体动力学和空气-气体动力学。纳维(Navier)从分子相互作用的某一假设出发,于 1826 年导出了黏性流体运动方程。斯托克斯(Stokes)于 1845 年在另一国家也独立地导出了黏性流体运动方程。雷诺(Reynolds)在 1876—1883 年实验黏性流体在小直径圆管中的流动时,发现了流体运动的层流和紊流性质,1895 年他导得了雷诺方程——平均 N-S 方程。

　　空气-气体动力学是在流体动力学、热力学和声学的基础上发展起来的。空气-气体动力学的基本方程组出现在 1850 年前后。兰金于 1870 年、雨果纳(Hugoniot)于 1887 年分别建立了激波前后气流的压强、速度和温度之间的关系。

　　20 世纪创建了空气动力学完整的科学体系,并得到了蓬勃发展。

　　19 世纪后半叶的工业革命,蒸汽机的出现和工业叶轮机的产生,使人们萌发了建造飞机的想法。

　　1906 年,茹科夫斯基(Joukowski)发表了著名的升力公式,奠定了二维机翼理论的基础,并提出以他名字命名的翼型。1903 年 12 月,莱特(Wright)兄弟在美国实现了飞机试飞的成功。从此开创了飞行的新纪元,人类征服天空的愿望得以实现。尔后的 60 年间,飞机的速度、高度和航程的急剧递增,乃是空气动力学促进航空事业、而航空实践本身推动空气动力学迅速发展的时期。1918—1919 年,普朗特(Prandtl)提出了大展弦比机翼的升力线理论。1925 年阿克来特(Ackeret)导出翼型的超声速线化理论。1939 年,戈泰特(Gothert)提出了亚声速三维机翼的相似法则。1944 年冯·卡门(Von Karman)和钱学森采用速度图法,研究和推导得到了比普朗特-格劳沃(Glauert)法则更为精确的亚声速相似率公式。1946 年钱学森首先提出了高超声速相仿律。

与上面所述的无黏空气动力学发展的同时,黏性流体动力学也得到迅猛发展。普朗特于1904 年首先提出跨时代的附面层理论,从而使流体流动的无黏流动与黏性流动科学地协调起来,在数学和工程之间架起了桥梁。1921 年波尔豪生(Pohihausen)将普朗特附面层微分方程通过积分,得到附面层动量方程,应用于解决不可压有逆压梯度的黏性流动。1925 年普朗特又提出实用的附面层混合长度理论。1938 年冯·卡门和钱学森用附面层动量方程解得可压流平板附面层问题。1945 年林家翘发展了附面层稳定性理论,并在 1955 年发表了著名的《流体动力学稳定性理论》。

于 1946 年出现了第一台计算机以后,由于它的飞速发展,同样地给流体-空气动力学以巨大影响。从 20 世纪 60 年代起,研究流体-空气动力学的数值计算方法蓬勃发展起来,形成了计算流体-空气动力学这门崭新的科学,并推进到一个新阶段。目前,利用高性能计算机、现代计算方法及空气、气体动力学知识,不仅可以实现从飞行器部件、组合体到全机(弹)的复杂绕流流场计算,而且计算结果的精度与可靠性也随着计算机、计算技术及空气动力学、流体力学的知识,以及实验验证技术的进步与完善而不断地得到提高并直接应用于飞行器设计,大大缩短了新型飞行器研制的周期,同时大幅度降低了研制成本。可见,随着计算空气动力学、计算流体力学的进一步发展,其将在实际工程技术问题中发挥出越来越大的作用。

我国祖先在航空和空气动力学的研究方面,对世界有很大的贡献。古人非常向往人类的天空飞行,所以很早就有了神奇、美丽的神话和传说。在与大自然的斗争中,我国祖先认识了风与空气动力的关系,并创造了各种利用空气动力的方法来为自己服务。例如为大家熟知的风筝、火箭、竹蜻蜓和气球等,它们也流传到了国外。

新中国成立以前,我国自己没有独立完整的航空工业,要用飞机得到国外去买,国内只有修理厂,空气动力学的研究更谈不上。1934 年后旧中国几所高等学校虽设立了航空工程系,但毕业出来的学生不是失业,就是改行做了别事。

新中国建立伊始,党和政府高瞻远瞩,对建立航空工业给予高度重视和大力扶持。20 世纪 50 年代到 60 年代初,是中国航空工业崛起的时期;60 年代到 70 年代期间,我国基本建成了门类齐全的航空工业体系;实行改革开放政策以后,我国航空工业跨入了新的发展时期,开始建设有中国特色的社会主义航空工业。

空气动力学的发展,是离不开航空工业发展的。50 年代初,我国在经历飞机仿设计时期以后,很快走上了自行设计的道路。在空气动力学的发展中,从对不同飞行速度阶段的翼型配置研究,发展到对不同机翼平面形状气动布局形式的研究,解决了飞机设计中面临的重大空气动力问题,保证了我国自行制造不同类型的飞机安全地投入运行。随着自行研制的逐步发展,空气动力学方面的研究也不断前进,目前为未来飞机而研究先进空气动力布局正在进行。

在进气道的空气动力研究方面,先后对亚声速、跨声速和超声速飞机的发动机的不同形式进气布局进行了研究,取得了可喜的进展。

对风洞设计和建设,我国克服了前进道路上的重重困难,从无到有,从小到大,逐步到配套完善,现在我国有了自行设计、堪称世界一流的研究空气动力的风洞和试验设备。20 世纪 80年代中期,我国就已具备了尺寸和速度配套的风洞群和先进的测试设备,能够承担和满足现代飞机研制的气动试验需要。

当前,我国计算空气动力学的研究,已能为不同飞行速度的机翼、机身组合体和全机带外挂的空气动力计算,为进气道流动方面确定先进总体气动布局方案提供准确选择。它为缩短我国飞机研制周期、降低研制费用、提高设计质量开辟了新的途径。

0.3　空气动力学分类

从空气动力学的发展进程可以看出,20 世纪初,随着普朗特附面层理论和茹科夫斯基升力定理的出现,开始有了促进飞机发展的现代空气动力学,紧接着的 20 多年,低速空气动力学得到了完善的发展。随着飞机飞行速度的提高,空气密度视作不变的假设已不适用。从 30 年代末到第二次世界大战结束前后,把空气密度作为变量的亚声速空气动力学理论得到了发展并渐臻完善。第二次世界大战期间及以后,航空发动机功率的提高和喷气技术的出现,使飞机飞行的速度突破了"声障",达到了超声速,推动了当时空气动力学中的超声速这个分支即超声速空气动力学或气体动力学的发展。

介于亚声速空气动力学和超声速空气动力学之间的所谓跨声速空气动力学,其研究流动的性质,是属于亚声速流动和超声速流动并存于流场的混合流动。由于跨声速空气动力学本身的复杂性和描写流动方程的非线性性质,目前还有不少需要进一步研究和解决的课题。

1957 年 10 月,第一颗人造卫星在苏联发射成功,标志着航天技术的兴起。在 20 世纪 50年代末和 60 年代,由于飞行速度大于声速 5 倍以上的飞行器的出现,推动了高超声速空气动力学的发展。随着人造卫星和航天飞机飞行的成功,研究稀薄空气中飞行器飞行的稀薄空气动力学(包括滑流和自由分子流),以及研究卫星回收和航天飞机返回地球所遇到的气动热障的所谓气体热力化学动力学和电磁流体力学的任务,也摆到了我们的面前。

除了研究航空和航天方面的空气动力学外,还要研究气象方面、建筑物的风压、风机中的流动,以及气流工作的许多工业问题,研究与它们有关的空气动力学,称为工业空气动力学。

0.4　飞行器气动问题和气动设计

0.4.1　飞行器气动问题

以飞机为例,飞机气动问题主要有以下几个方面:

(1)外形复杂,流场复杂。

(2)气动力方面,一般飞机要求升阻比大。航天飞机不仅要求升阻比大,还要满足无动力滑翔及宇航员的生理要求。

（3）操纵面多（升降舵、副翼、襟翼、方向舵和减速板），因此，操纵面效率、铰链力矩及缝隙影响十分重要。

（4）具有推力矢量控制系统。

（5）重复使用，要求系统可靠性高。

（6）航天飞机气动热环境为高比焓、低热流、长时间，热结构问题是最为突出的特征，需具有良好的热防护系统（TPS）。

（7）航天飞机飞行速度范围大（$Ma=0\sim30$），飞行高度区域大（$H=0\sim130\text{km}$），需要考虑马赫数、黏性、低密度、真实气体效应。

（8）由于飞机结构弹性力、惯性力和空气动力的相互影响，可能出现危险的颤振、发散和操纵面反效问题，即气动弹性问题。

0.4.2 飞行器气动设计

设计是将某种构想变为现实的一段工作，是为制造提供必要依据。设计方法是指在该过程中所用的方法，包括理论、技术及手段。与空气动力密切相关的飞行器设计问题有总体技术指标，气动参数及动力系统，控制、制导和导航系统等。通过建模，利用模拟方法将上述关系用模块构成设计回路相互联系起来，可以相互反馈数值信息，经多次迭代、折中、优化，最终实现飞行器总体设计的要求。这些工作称为飞行器气动设计。以飞行器的现代设计要求来看，这样的任务显得很单薄，没有充分体现气动设计在飞行器设计中的重要地位和所起的作用。传统的气动设计任务是提供气动数据，预测并分析该飞行器气动外形的空气动力特性，设计飞行器各部件的气动外形及其相对位置。传统的气动设计工作方式是不同专业的研究人员通过多次协调，多次修改原方案，进行大量的风洞选型试验，最终才能确定飞行器的外形。显而易见，这样做的缺点是消耗大量的时间、精力和经费，甚至会因为人为的因素导致方案的夭折。

现代化的气动设计工作方式是在统一的目标下，要求各专业人员提出技术指标及约束条件，经讨论确认后，通过建模将不同学科问题模块化，并直接连接起来，构成设计问题（见图0-2）。这个回路的最大优点是子系统的需求可以直接反馈到气动模块，子系统和气动模块可以相互交换信息。

现代化的气动设计工作方式的特点：

（1）可以充分利用计算机的先进技术；可以充分利用航空航天气动力/气动热力学的最新研究成果（包括理论和实验）；可以充分利用建模和模拟方法；可以充分利用虚拟现实技术；可以充分利用现代化优化算法等。

（2）真正体现了科学、公正、可靠、高效；飞行器气动设计首先提出气动设计要解决的基本问题和解决方法，然后建立气动设计回路及一体化设计系统，用设计系统进行综合分析与评估，尽量发现矛盾，经多次迭代，尽早地修改与折中。

气动设计过程贯穿飞行器概念研究、方案设计、初样设计、定型和生产全过程。

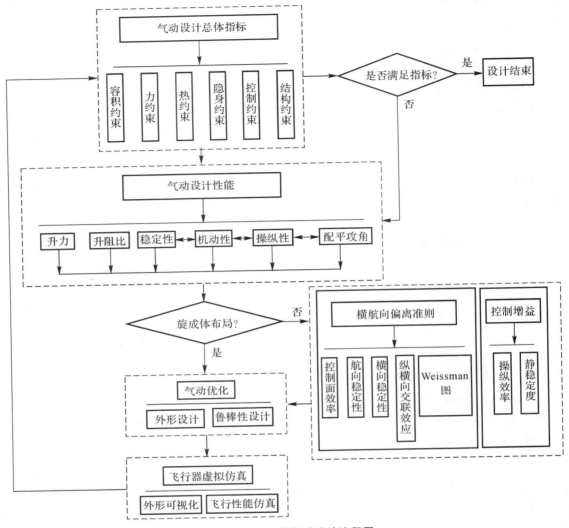

图 0 - 2　飞行器气动设计流程图

0.5　空气动力学的研究方法

　　空气动力学研究是航空航天科学技术研究的重要组成部分,是飞行器研制的"先行官"。其研究方法,分为地面模拟实验、理论计算及数值计算、飞行模拟实验 3 种。3 种方法之间是相互补充的关系。通过这些方法以寻求最好的飞行器气动布局形式,确定整个飞行范围作用在飞行器上的力和力矩,以得到其最终性能,并保证飞行器的操纵稳定性。

0.5.1　地面模拟实验

地面模拟实验研究方法在空气动力学中有着广泛的应用,其手段主要依靠风洞、水洞、激波管,以及测试设备进行模型实验。其优点在于,它能在与所研究的问题完全相同或大体相同的条件下,进行模拟和观测,因此所得结果较为真实、可靠。但是,实验研究的方法往往也受到一定的限制,例如受到模型尺寸的限制、实验边界的影响、模型支撑的影响,以及一些相似参数很难满足。特别是对于高超声速飞行器地面模拟实验面临更大的困难。如马赫数 $Ma=5\sim10$,高超声速风洞耗用能量大,因此实验段相应很小,考虑到风洞堵塞度和流动边界干扰的制约,飞行器实验模型小,雷诺数 Re 不能满足要求。另外,高超声速气动热环境与热结构实验以及化学非平衡等实验还有待研究。此外实验测量的本身也会影响到所得结果的精度,并且实验往往要耗费大量的人力和物力,因此这种方法亦常常遇到困难。

0.5.2　理论分析方法及数值计算

理论分析方法一般包括以下步骤:

(1)通过实验或观察,对问题进行分析研究,找出其影响的主要因素,忽略因素的次要方面,从而抽象出近似的合理的理论模型;

(2)运用基本的定律、原理和数学分析,建立描写问题的数学方程,以及相应的边界条件和起始条件;

(3)利用各种数学方法准确地或近似地解出方程;

(4)对所得的结果进行分析、判断,并通过必要的实验与之比较,确定其精度和适用范围;

(5)考虑未计及的因素,对公式或结果进行必要的修正。

理论分析方法的特点,在于它的科学抽象,能够利用数学方法求得理论结果,以揭示问题的内在规律。然而,往往由于数学发展水平的限制,又由于理论模型抽象的简化,因而难以满足研究复杂的实际问题的需要。

20 世纪 70 年代以来,随着大型高速电子计算机的出现和 Euler 方程及 N-S 方程的求解技术的提高,计算流体力学(Computational Fluid Dynamics, CFD)能计算各类复杂组合体的亚、跨、超以及高超声速绕流特性。目前,计算机的存储量和运算速度基本能保证飞行器的一般气动特性计算,一些三维流动的计算机程序已经成为了工业标准,成为飞行器设计、汽车和发动机设计、造船、土木建筑工程、工业制造工程(陶瓷复合材料制造、铁液铸造等)、环境工程(供暖、空气调节和建筑物内空气流通等)设计和预测过程中的一种工具。特别是对有些往往无法进行实验而又难以做出理论分析的问题,采用数值方法进行研究,可以计算和解决,使得数值方法在空气动力学研究方法中的作用和地位不断提高。当然,数值方法也有其局限性,即数值计算的可靠性问题,这是该学科不断发展需解决的问题。

0.5.3　飞行模拟实验

飞行器设计所需要的准确的、最可靠的气动数据只有通过飞行实验才能取得。飞行实验有模型自由飞实验、无人驾驶实验机飞行实验和真实飞行器飞行实验。

进入 20 世纪 40 年代,许多致力于航空航天高技术发展的国家,都深刻地体会到,无人驾驶实验(验证)机是获得气动力、气动热和其他非气动特性的必要研究手段。与地面(风洞)实验相比,用尺寸较大的自由飞行实验机进行研究既花钱又费力。但是人们认为这种实验能完全模拟动力学自由飞飞行实验;无风洞的洞壁/支架干扰、模型尺寸或实验雷诺数可以足够大,并能满足一些特殊要求,甚至其尺寸可以接近真实飞行器。与有人驾驶飞行器飞行实验相比,模型自由飞实验模型结构的完整性和系统的可靠性可以降低一些,不必考虑人员的安全问题,因此在实际中应用较多。

理论的分析结果需要和实验结果作比较,以确认理论的可用性、精确度,并促使理论进一步发展。反过来,实验也需要理论指导,否则会陷入盲目的状态,失去方向。总之,空气动力学研究的 3 种方法都是非常重要的。不同的研究阶段需要不同的研究方法。在飞行器初步设计阶段,利用理论分析和计算能快速完成选型工作。精细设计阶段,数值计算和风洞实验是主要研究手段。定型后飞行实验成为主力。

0.6　未来飞行器的气动问题

针对航天领域气动设计问题来说,飞行器的发展趋势是速度越来越快,空域越来越大,飞行速域越来越宽。空气动力学面临的问题也越来越多,越来越复杂。随着人类航天活动的不断深入,也为空气动力学的发展提出了更高的要求和发展方向。

未来空气动力学的发展除了研究空气动力学某些关键基础科学问题(如高超声速可压缩湍流、转捩及其控制、非定常分离、旋涡运动的机理及控制等)外,还要重视开展以下研究课题:

(1)建立科学合理的数学模型;

(2)可靠性设计方法研究;

(3)将鲁棒性设计原理应用于飞行器布局和性能设计;

(4)高超声速吸气式飞行器研究。

主要研究内容:①复杂组合体多学科一体化优化设计,以实现质量轻、隐身、最佳气动布局及优良的操纵性、稳定性、机动气动特性;②力矩平衡问题,机体推进一体化使得整个力的分布变得难以预测,力矩变化剧烈,后体和尾喷管一体化使得尾流对配平翼的影响很大。

第1章 流体力学基础知识

物体和流体作相对运动时,物体会受到流体对它的作用力和力矩。这些力和力矩的分布情况及其合力,不仅仅取决于物体的形状(包括运动时的姿态)和速度,还取决于流体的具体属性,如密度、黏性、弹性、传热性和流动性等。本章主要讲的是流体力学的基础知识。

1.1 流 体 介 质

1.1.1 连续介质假设

流体是液体和气体的总称。和固体不同,流体没有确定的几何形状。把流体盛满在某容器内,它的形状就取该容器的几何形状。流体的这种容易流动(或抗拒变形能力很弱)的特性,称之为易流性。

在流体中,气体和液体又有所不同。一定量的液体虽无确定的几何形状,但却有一定的体积,在容器中能够形成一定的自由表面。而气体则不同,它连体积也是不确定的,气体总是能够充满容纳它的整个容器。

在物理学中,我们知道流体是由大量分子组成的,每个分子在不断地作不规律的热运动,彼此不时碰撞,交换着动量和能量。分子之间距离很大,分子的平均自由程比分子本身的尺寸大得多。以空气为例,在标准状况下,空气分子的平均自由程约为 6×10^{-6} cm,而空气分子的平均直径约为 3.7×10^{-8} cm,两者之比约为 170∶1。液体虽然比气体稠密得多,但分子之间仍然有相当的距离。因此,从微观上来说,流体是一种有间隙的不连续介质。

但是,在流体力学和空气动力学中,详细地去研究分子的微观运动是不必要的。因为工程上所研究的物体总是有一定的体积,其特征尺寸一般以米(m)计,至少以厘米(cm)计,比流体分子的平均自由程大得多。流体的运动既然是由物体所引起的,流体受物体的扰动而运动时,必然是大量流体分子一起运动的。因此,在流体力学领域里,一般并不需要详细地研究流体分子的个别运动,而是研究流体的宏观运动。因此,我们采用连续介质假设,即把流体看成连绵一片的、没有间隙的,充满了它所占据空间的连续介质。

由于采用了连续介质假设,因而在分析流体运动时,要取一小块微元流体作分析的对象,这块微元流体称之为流体微团。流体微团包含有许多流体分子,流体微团的特性反映了这些分子的统计特性。但是,相对于工程上物体的特征尺寸而言,流体微团的尺寸是无限微小的,可以近似地看成一个点。

在流体力学中,连续介质假设很有用。根据连续介质假设,可以把流体介质的一切物理属性,如密度、速度、压强等都看作是空间的连续函数。因此,在解决流体力学实际问题时就可以应用数学分析这一有力工具来处理。

连续介质假设是建立在流体分子平均自由程远远小于物体的特征尺寸的基础上的。在某些情况下,例如120km的高空,空气分子的平均自由程可以和飞行器的特征尺寸同一数量级,连续介质假设就不再成立。这时,必须把空气看成为不连续的介质,这个范围的空气动力学称之为稀薄空气动力学,不属于本书的范围。

1.1.2 流体的密度、压强和温度

1. 流体内部一点处的密度

在连续介质假设的前提下,可以对流体微团乃至流体内部某一几何点处的密度下定义。

围绕流体内部某一点 P 处画取一块微小空间,设这块空间的容积为 $\Delta\tau$,其中所包含的介质的质量为 Δm(见图 $1-1$),则该空间内介质的平均密度 $\bar{\rho}$ 为

$$\bar{\rho} = \frac{\Delta m}{\Delta\tau} \qquad (1-1)$$

为了讨论问题方便起见,首先假设微元容积取的相当大,然后围绕 P 点使其缩小,研究随微元容积变小介质平均密度变化的规律。图 $1-2$ 表示微元容积趋于零时,真实的平均密度 $\bar{\rho}$ 的变化情况。该图给出的是 P 点周围的介质密度较 P 点处为大的情况。从图中可以看出,当微元容积向某一个定值 $(\Delta\tau)_0$ 逐渐缩小时,其平均密度逐渐向某一定值 ρ_p 趋近。直至微元容积小到某个值 $(\Delta\tau)_0$ 或略小于该值时,介质平均密度有一个相当稳定的值,即 ρ_p。这是因为在微元容积缩小过程中,包含在微元单位容积内的分子数目越来越稳定,单个分子的个性没有显示出来。如果继续缩小微元容

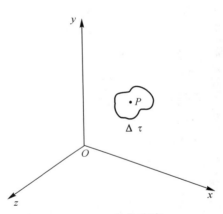

图 $1-1$ 流体密度

积,向零趋近时,单位微元容积内所包含的介质分子数目就不可能保持常数。在某一瞬间来看:如果恰好有几个分子飞出微元容积,平均密度就会突然显著变小;如果恰好有几个分子飞入微元容积,平均密度又会突然显著变大。微元容积缩得越小,这种平均密度忽大忽小变化的情况越严重。因此,在连续介质假设前提下,流体内部某一点 P 处的密度应为

$$\rho = \lim_{\Delta\tau \to (\Delta\tau)_0} \frac{\Delta m}{\Delta\tau} \qquad (1-2)$$

由于 $(\Delta\tau)_0$ 相对于实际物体的特征尺寸来说很小,因此,流体内部一点处的密度可定义为

$$\rho = \lim_{\Delta\tau \to 0} \frac{\Delta m}{\Delta\tau} \qquad (1-3)$$

空气动力学里所用的密度都是质量密度,即单位容积中所具有的介质质量。在国际单位制中,质量密度的单位为 kg/m^3。

在海平面上,温度为 288K 和一个标准大气压时的水的密度为 $1\,000kg/m^3$,而空气的密度

为 $1.225 \mathrm{kg/m^3}$。

在以后的分析中,往往要取一块尺寸极微小的介质来看它的运动情况或分析它所受的力。既然采用了连续介质假设,当然不能再取分子,这样的一块尺寸极微小的介质,称为"微团"。流体微团中包含有足够多的分子,但相对于物体特征尺寸而言,它又是无限微小的。

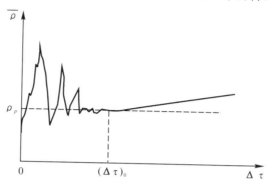

图 1-2　平均密度随微元容积变化情况

2. 理想流体中一点处的压强各向同性

在无黏流体中,不论流体是静止的还是流动的,流体内部任一点处的压强都是各向同性的。这就是说,在理想流体内部压强不因受压面的方位不同而变化,压强只是空间坐标的函数(若流动参数随时间而变化,则压强还是时间的函数)。在 P 点附近取坐标系 $Oxyz$。沿 3 个坐标轴取 3 个微段长度,$OA=\mathrm{d}x$,$OB=\mathrm{d}y$,$OC=\mathrm{d}z$,以 O,A,B,C 为顶点作一个微小的四面体,把 P 点包围在中间,如图 1-3 所示。设作用在 BOC 面中点处的压强为 p_x,AOC 面中点处的压强为 p_y,AOB 面中点处的压强为 p_z,斜面 ABC 中点处的压强为 p,这些压强是毗邻流体对其表面作用的结果。

下面研究该四面体的力平衡关系。先看沿 x 轴方向的力平衡。作用在 BOC 面上的总的压力为 $p_x(\frac{1}{2}\mathrm{d}y\mathrm{d}z)$,指向 x 轴正方向;作用在斜面 ABC 上的总的压力为 $p(\mathrm{d}S)$,其中 $\mathrm{d}S$ 为斜面 ABC 的面积,这个力在 x 轴方向的分力为 $p(\mathrm{d}S)\cos(\boldsymbol{n},x)$,指向 x 轴负方向,其中 $\boldsymbol{n}$ 为斜面 ABC 的法线方向;此外,该四面体内的流体可能因在作加速运动而有惯性力,或因处于某种力场中而受力(如引力)。但是,这些力的大小都与四面体内流体质量成正比,而质量等于该微四面体的体积($\frac{1}{6}\mathrm{d}x\mathrm{d}y\mathrm{d}z$)乘以密度,因此,与压强的作用

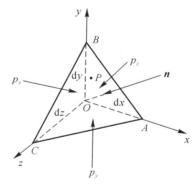

图 1-3　微四面体及其压强

相比较,这些力是高阶小量。由此可得,x 轴方向的力平衡方程可写为

$$\frac{1}{2}p_x\mathrm{d}y\mathrm{d}z - p\cos(\boldsymbol{n},x)\mathrm{d}S + 3 \text{ 阶小量项} = 0$$

同理可得,y 轴和 z 轴方向的力平衡方程为

$$\frac{1}{2}p_y\mathrm{d}z\mathrm{d}x - p\cos(\boldsymbol{n},y)\mathrm{d}S + 3 \text{ 阶小量项} = 0$$

$$\frac{1}{2}p_z \mathrm{d}x\mathrm{d}y - p\cos(\boldsymbol{n},z)\mathrm{d}S + 3\text{ 阶小量项} = 0$$

令 $\mathrm{d}x,\mathrm{d}y,\mathrm{d}z$ 趋于零,略去 3 阶小量项,可得

$$\frac{1}{2}p_x \mathrm{d}y\mathrm{d}z - p\cos(\boldsymbol{n},x)\mathrm{d}S = 0$$

$$\frac{1}{2}p_y \mathrm{d}z\mathrm{d}x - p\cos(\boldsymbol{n},y)\mathrm{d}S = 0$$

$$\frac{1}{2}p_z \mathrm{d}x\mathrm{d}y - p\cos(\boldsymbol{n},z)\mathrm{d}S = 0$$

由几何关系可得

$$\cos(\boldsymbol{n},x)\mathrm{d}S = \frac{1}{2}\mathrm{d}y\mathrm{d}z$$

$$\cos(\boldsymbol{n},y)\mathrm{d}S = \frac{1}{2}\mathrm{d}z\mathrm{d}x$$

$$\cos(\boldsymbol{n},z)\mathrm{d}S = \frac{1}{2}\mathrm{d}x\mathrm{d}y$$

由此可得

$$p_x = p$$
$$p_y = p$$
$$p_z = p$$

即

$$p_x = p_y = p_z = p \tag{1-4}$$

因为图 1-3 中的坐标系是任意选取的,所以由式(1-4)可见,理想流体内一点处的压强与受压面的方位无关,它仅是空间坐标的连续函数。

在国际单位制中,压强的单位是 $\mathrm{N/m^2}$ 或 Pa。

3. 完全气体的状态方程

完全气体是气体分子运动论中所采用的一种模型气体。它的分子是一种完全弹性的微小球粒,内聚力十分微小,可以忽略不计,彼此只有在碰撞时才发生作用,微粒的实际占有体积和气体所占空间相比较可以忽略不计。远离液态的气体基本符合这些假设,通常状况下的空气也符合这些假设,可以看作为一种完全气体。

任何状态下,气体的压强、密度和温度之间都存在一定的函数关系,即

$$p = p(\rho,T)$$

这个函数关系称之为气体的状态方程。完全气体的状态方程为

$$p = \frac{\bar{R}}{m}\rho T \tag{1-5}$$

式中,$\bar{R}$ 为普适气体常数,其数值为 8 315$\mathrm{m^2/(s^2 \cdot K)}$;$m$ 为某种气体的相对分子质量;T 为绝对温度。如将 $\bar{R}/m$ 改用符号 R 表示,则式(1-5)可写为

$$p = \rho RT \tag{1-6}$$

式中,R 为气体常数。各种气体的气体常数各不相同。空气是多重组分构成的混合物,按其组分的质量比例计算,空气的气体常数为 287.053$\mathrm{m^2/(s^2 \cdot K)}$。

1.1.3　气体的压缩性、黏性和传热性

1. 压缩性

对气体施加压强，气体的体积会发生变化。在一定温度条件下，具有一定质量气体的体积或密度随压强变化而改变的特性，叫作可压缩性(或称弹性)。

度量气体压缩性大小通常可用体积弹性模数，其定义为产生单位相对体积变化所需的压强增高，即

$$E = -\frac{\mathrm{d}p}{\mathrm{d}V/V}$$

式中，E 为体积弹性模数；V 为一定量气体的体积。对于一定质量的气体，其体积与密度成反比例关系，因此可得

$$\frac{\mathrm{d}\rho}{\rho} = -\frac{\mathrm{d}V}{V}$$

因此，气体的体积弹性模数可写为

$$E = \rho\frac{\mathrm{d}p}{\mathrm{d}\rho} \tag{1-7}$$

在相同的压强增量作用下，这种相对密度(或体积)的变化的大小和体积弹性模数的值有关。各种物质的体积弹性模数不同，因此各种物质的压缩性也各不相同。例如，在常温下水的体积弹性模数约为 $2.1 \times 10^9\,\mathrm{N/m^2}$，当压强增大一个大气压时，由式(1-7)可确定，对应的相对密度变化为

$$\frac{\Delta\rho}{\rho} = \frac{\Delta p}{E} \approx 0.5 \times 10^{-4}$$

即一个大气压的压强变化引起的水的相对密度变化值只有 1/20 000，因此，通常情况下，水可视为不可压缩流体。而液体的体积弹性模数都比较大，因此，对大多数工程问题而言，液体都是不可压缩流体。

在通常压强下，空气的体积弹性模数相当小，约为水的 1/20 000。因此，空气的密度很容易随压强改变而变化，也就是说，空气具有压缩性。对于具体流动问题，是否应该考虑空气的压缩性，应该根据流动过程中所产生的压强变化是否引起了密度的显著变化而定。一般情况下，当空气流动速度较低时，压强变化引起的密度变化很小，可以不考虑空气的可压缩性对流动特性的影响。

2. 黏性

任何一种实际流体都有黏性，只是不同流体的黏性各不相同。空气和水的黏性都不大，其作用在日常生活中不大为人所注意。例如，河流近岸处的水流速度比河心处慢，注意观察水面上漂浮物的运动，就可以说明这一点。这种速度的差别就是因为水有黏性，而与岸边直接接触的水层被水的黏性所阻滞而引起的现象。

为了说明黏性力作用的情况和黏性系数的定义，看一个关于空气黏性的实验。把一块无限薄的静止平板放在气流速度为 v_∞ 的直匀流中，使板面与气流平行，如图 1-4 所示。所谓直匀流，指的是来流的速度大小相等并且彼此平行的流动。用尺寸十分小的测量气流速度的仪

器,沿平板法线方向测量平板附近气流速度分布情况。图 1-4 给出离平板前缘距离为 x 的截面上,沿平板法线(n)方向气流速度分布的测量结果。由图可见,气流在没有流到平板以前,平板对流动没有扰动,气流速度均匀,其值都等于 v_∞。在流过平板时,紧靠平板表面的那层气流完全贴附在平板表面上,气流速度降为零。随着逐渐远离平板,气流速度逐渐增大,直到离平板表面一定距离以后,气流速度才基本恢复到原来的来流值。由此可见,在平板上方,离平板距离不同,其对应的气流速度也不同。也就是说,气流速度是离开平板表面的距离 n 的函数,$u = f(n)$,各层之间气流速度有差别。

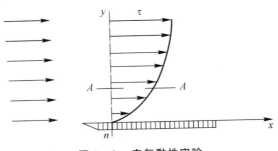

图 1-4　空气黏性实验

气流速度之所以形成这样的变化,正是气体具有黏性的表现。由于气体黏性的作用,紧靠平板表面的那层气体被"黏"在平板上,并形成随着离平板距离增大、气流速度逐渐增加这种变化特性。造成气体具有黏性的主要原因是气体分子的不规则热运动,它使得不同速度的相邻的气体层之间发生质量交换和动量交换。上层流动速度较大的气体分子进入下层时,就会带动下层气体加速。同样,当下层流动速度较小的气体分子进入上层时,也会阻滞上层气体使其减速。也就是说,相邻的两个流动速度不同的气体层之间,存在着互相牵扯的作用,这种作用称之为黏性力或内摩擦力。与摩擦力相仿,黏性力或内摩擦力的方向总是阻滞速度较大的气体层使其减速,或牵动速度较小的气体层使其加速。在图 1-4 所示的情况下,下层气体对上层气体作用的黏性力向左,而上层气体对下层气体作用的黏性力向右。显然,不同速度的气体层之间有内摩擦力,在紧靠平板表面的那层气体和平板表面之间也存在着这种摩擦力。

牛顿于 1678 年经实验研究指出,流体运动所产生的摩擦阻力与接触面积成正比,与沿接触面法线方向的速度梯度成正比。牛顿提出的摩阻应力公式为

$$\tau = \mu \frac{\mathrm{d}u}{\mathrm{d}n} \tag{1-8}$$

式(1-8)称为牛顿黏性定律。式中,τ 为摩阻应力,即单位面积上的摩擦阻力;n 为接触面法线方向;$\frac{\mathrm{d}u}{\mathrm{d}n}$ 为速度梯度,单位为 $1/s$;μ 为比例常数,称为流体的黏性系数,它的单位是 $N \cdot s/m^2$。

不同的流体介质的黏性系数值各不相同,并且黏性系数随温度而变化,但与压强基本无关。实验证明,气体的黏性系数随温度升高而增大。其原因是当温度升高时,气体分子不规则热运动速度加大,引起速度不同的相邻气体层之间的质量交换和动量交换加剧,因而使黏性系数增大。

在温度为 288.15K 时,空气的黏性系数值为 $1.789\,4 \times 10^{-5}\,N \cdot s/m^2$。空气的黏性系数随温度变化的数据可查标准大气表。

在分析求解时,往往需要知道黏性系数随温度变化的具体表达式。空气黏性系数随温度

的变化关系,有许多近似公式可以应用,其中最常用的是萨特兰公式:

$$\frac{\mu}{\mu_0} = \left(\frac{T}{288.15}\right)^{1.5} \frac{288.15 + C}{T + C} \tag{1-9}$$

式中,μ_0 为温度等于288.15K时空气的黏性系数;C 为常数,其值为110.4K。更简单些的近似式有指数形式

$$\frac{\mu}{\mu_0} = \left(\frac{T}{T_0}\right)^n \tag{1-10}$$

式中,指数 n 在不同温度范围内应取不同值。在温度大于90K、小于300K范围,指数 n 可取8/9。温度越高,n 值越小,在温度大于400K、小于500K范围,指数 n 值约为0.75。在温度变化范围不大时,还可用简单的直线关系式,如

$$\mu = 1.711\,8 \times 10^{-5} + 4.934 \times 10^{-8}(T - 273) \tag{1-11}$$

在空气动力学的许多问题里,惯性力总是和黏性力同时并存的,黏性系数和密度的比值起着重要作用。有时用它们的比值来表示气体的黏性更为方便,即

$$\nu = \frac{\mu}{\rho} \tag{1-12}$$

式中,ν 为流体的运动黏性系数,单位是 m^2/s。

当温度为288.15K、密度为1.225kg/m^3 时,空气的运动黏性系数为 $1.460\,7 \times 10^{-5}\,m^2/s$。

3. 传热性

当气体中沿某一方向存在着温度梯度时,热量就会由温度高的地方传向温度低的地方,这种性质称为气体的传热性。实验表明,单位时间内所传递的热量与传热面积成正比,与沿热流方向的温度梯度成正比,即

$$q = -\lambda \frac{\partial T}{\partial \boldsymbol{n}} \tag{1-13}$$

式中,q 为单位时间通过单位面积的热量,单位为 $kJ/(m^2 \cdot s)$;$\partial T/\partial \boldsymbol{n}$ 为温度梯度,单位为 K/m;λ 为导热系数,单位为 $W/(m \cdot K)$。式(1-13)中的负号表示热流量传递的方向永远和温度梯度的方向相反。

流体的导热系数的值随流体介质而不同,同一种流体介质的导热系数值随温度变化而略有差异。在通常温度范围,空气的导热系数为 $2.47 \times 10^{-5}\,W/(m \cdot K)$。

由于空气的导热系数很小,当温度梯度不大时,可以忽略空气的传热性对流动特性的影响。

1.1.4　流体的模型化

实际气体有着多方面的物理属性,严格来说,这些物理属性对于气体的流动特性都有不同程度的影响。在研究某一具体的流动问题时,如果把流体的所有物理属性都考虑进去,必然使问题变得非常复杂,要进行分析并得出一定的结果就变得非常困难,而且也是不必要的。事实上,在某些具体问题里,气体各方面的物理属性并不具有同等的重要性。因此,对于一些具体问题来说,可以抓住一些起主导作用的物理属性,忽略一些居于次要地位的物理属性。这样处理问题,使我们能更清楚地看清问题的本质,抓住事物的关键,同时使问题得到简化,便于进行

数学处理和求解。按照对实际流体物理属性的不同情况的简化,可以得出各种流体模型。

1. 理想流体

这是一种不考虑气体黏性的模型。在这种模型中,流体微团不承受黏性力的作用。由于空气的黏性系数很小,在实际流动中,只有在紧贴物体表面的很薄的一层范围内,各层气流速度差异很大,因而速度梯度很大,黏性力比较大。在这一薄层以外的区域内,由于各层气流之间速度变化较缓,速度梯度不大,因此黏性力也就很小,通常可以忽略黏性作用。

忽略黏性的气体称之为理想气体。根据理想气体模型计算出来的绕流图画和物面压强分布,一般来说,与实验证实的结果比较一致。由此得到的升力和力矩值也比较可信。但是,当流线型物体在大迎角情况,或对于非流线型物体的绕流情况,实际流动中在物体表面将会形成一定程度的分离,忽略黏性作用的理想气体模型得出的结果将与实际情况差异甚大。当然,在研究流动阻力问题时,用理想气体模型得出的结果往往与实际情况差别较大,这是因为黏性阻力和紧贴物体表面的那一层气体的流动特性密切相关。

2. 不可压流体

这是一种不考虑气体压缩性或弹性的模型,可以认为,它的体积弹性模数为无穷大或它的流体密度等于常数。液体是十分接近这种情况的。对于把气体按不可压缩流体处理,初学者一般不容易接受。求解不可压流体的流动规律,只需要服从力学定律,而不需要考虑热力学关系,因此使问题的求解和数学分析大大简化。

对于流动速度较低的、更确切地讲对流动马赫数较低的气体,是完全可以按不可压流体来处理流动问题的。飞行器在空气中飞行时,飞行器周围的空气速度有所变化,随之引起压强变化,以及由此而造成密度变化。如果飞行器的飞行速度较低,即来流的马赫数不大,绕飞行器流场中各点的速度变化不大,因而压强变化不大,相应的密度变化也不大。因此,如果把这种密度变化很小的流动近似地当作密度不变的流动,即把低速流动的流体当作不可压流体来处理,简化数学处理过程,在工程问题处理中是合理的。实际应用表明,用不可压流体模型来处理低速情况下的空气动力学问题,所得的结果与实际情况基本一致,是可信的。如果来流速度较大,绕物体流场中各点的速度变化很大,速度变化引起的压强变化及密度变化也很显著,那么必须如实地把空气看作密度可变的可压缩流体来处理,才能获得与实际情况相吻合的结果。

只考虑气体的可压缩性的影响,但不考虑气体的黏性的影响,就得到了可压缩理想流体模型。在这种情况下,认为气体的黏性系数等于零,而它的体积弹性模数不等于零。与此相对应,还可以有不可压黏性流体模型。对不可压黏性流体模型而言,它的体积弹性模数为无穷大(即流体密度为常数),而它的黏性系数不等于零。当然,最简单的流体模型莫过于不可压理想流体模型了,它既不考虑气体的可压缩性的影响,又不考虑气体的黏性影响,也就是说,在整个流场中,气体黏性系数都等于零,而且气体的密度都等于常数。

3. 绝热流体

这是一种不考虑流体的热传导性的模型,即它把流体的导热系数看作为零。由于空气的导热系数值很小,因此,在低速流动中,除了专门研究传热问题的场合外,一般都不考虑流体的热传导性质,把流体看成为绝热的,所得到的结果与实际情况很一致。在高速流动中,在温度梯度不太大的地方,气体微团间的传热量也是微乎其微的,忽略气体微团间传热量对流动特性的影响不大,因此,也可以不考虑传热量的作用。

不考虑气体微团间热传导作用的气体模型称之为绝热气体。

1.2 流体静力学基础

1.2.1 作用在流体上的力

在研究气流的运动规律时,总要在气流里画取一块微团做代表,来看在它身上有哪些力在作用。参看图 1-5,假设在气流里画取一小块六面体的气体微团,为了保持它的受力情形和原来处于整个气流中一样,应该把四周其他气体对这小块气体的作用力表示出来。这些力对整个气体来说是内力,现在对于这块画出来的气体而言是外力。现在在六个面上就各有一个作用力在作用。这种力称为小块气体的表面力。这种力是满布在小块气体的表面上的,单位面积上的力称为应力,单位是 N/m²,或 Pa。一般说来,流体内各点的表面应力是彼此不相等的。作用在一块微元面积上的力,则可取该微元面上的平均应力(即其中点的应力)乘以微元面积来计算。算出来的微元力一般与受力的表面成一定的角度。为了分析的方便,通常把这个力分解成两个分力,一个是该微元表面法线 n—n 方向的法向分力,一个是与 n—n 垂直的切向分力。法向力就是平常所说的流体压力(见图 1-6)。

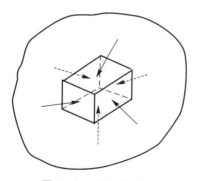

图 1-5 取示力对象

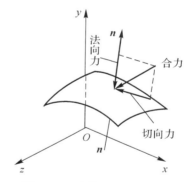

图 1-6 流体所受的表面力

在气流里的物体,其表面上所受的力也是这样两种力:压力和切应力(摩擦力)。在气流内部一般的地方,切应力是很小的,在研究整个流动时往往可以略去。到了物体表面附近,切向力就大得多了。不过即使在物体表面上,切向应力和法向应力相比较仍是小得多的。例如一架飞机以 $v=250\mathrm{m/s}$ 的速度飞行,机翼上的法向应力(压强)可达 38 000Pa,而切应力却只有 150Pa 左右。这样在计算机翼的蒙皮时就可以不管切向力,只计算法向力的作用就行了。但在整个机翼的阻力里,摩擦力却占很大的比例,在飞机的阻力计算时,这部分切向力是必须计算的。

现在再回到气体微团的作用力上去。作用在微团上的力,除表面力之外,还有一种存在于微团自身的力,这种力称为彻体力。彻体力绝不是另一块气体对它的作用,而是由它本身的质量所决定的,它既然有质量,在一定的力场上便会受到力场的作用,而有某种彻体力。重力是彻体力的一种,这是由于气体微团处于地球的引力场中而产生的。在静止液体中,重力这种彻体力是十分重要的,液面下各点的压强就是由液体的重力产生的。在流动液体中这部分力也很重要,往往和流动所产生的压强变化在同一个数量级。在静止气体中,由于气体很轻,如果高度相差不大的话,重力所造成的压强差并不大,一般可以略去不计。在流动气体中,重力所产生的压强差一般也是略去不计的。但是彻体力并不仅仅重力这一种,在一些特殊场合还有一些其他彻体力是必须计及的。例如在某些高速旋转的机器(离心式压气机等)里,如采用相对坐标看问题(即坐标固定在旋转的机件上),那时气流中的每个微团都是在一个离心力场里流动的,都受有一定的离心力,这也是一种彻体力。还有在外层大气里,气体分子处于离子状态,它是带电的,这种带电的气体在地磁中运动必然会受到一个电磁力,这也是一种彻体力。电磁流体力学处理问题时就要计及这种彻体力了。彻体力都正比于气体的质量,也叫作质量力。

1.2.2 流体的静平衡方程

在这里推导的是压强在静止流体里的分布规律。在静止流体里,取定一个笛卡儿坐标系$Oxyz$,如图 1-7 所示。坐标轴的方位可以任意取。在流体内部取定一点$P(x_0,y_0,z_0)$,然后沿 3 个坐标轴方向取 3 个长度dx,dy,dz,画出一块微元六面体来做分析的对象,把P围在这个六面体的中心。一般来说,压强p是各点都不相同的,即p可表为坐标x,y,z的函数:

$$p = p(x,y,z)$$

先说x轴方向力的平衡关系。在静止流体里只有法向力。假如作用在P点的压强是$p(x_0,y_0,z_0)$,那么,在左侧面中点的压强应是

$$p(x_0,y_0,z_0) - \left(\frac{\partial p}{\partial x}\right)\frac{dx}{2}$$

侧面的面积很微小,它的中点的压强可以看作是整个侧面上的平均压强。左侧面上的压力是

$$\left[p(x_0,y_0,z_0) - \left(\frac{\partial p}{\partial x}\right)\left(\frac{dx}{2}\right)\right]dydz$$

同理,右侧面上的压力是

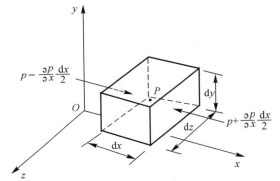

图 1-7 欧拉静平衡方程推导示意图

$$\left[p(x_0,y_0,z_0) + \left(\frac{\partial p}{\partial x}\right)\left(\frac{dx}{2}\right)\right]dydz$$

再设此微团的单位质量上所受的彻体力可以分解为 3 个坐标轴指向的 3 个分力:f_x,f_y,f_z(以坐标轴的正向为正)。

就这块画出的流体微团所受的x轴方向的力来说,除了左侧和右侧两端面上的两个压力和彻体力的x轴向分力f_x之外,再没有别的力了,故得x轴方向力的平衡方程如下:

$$\left[p(x_0,y_0,z_0) - \left(\frac{\partial p}{\partial x}\right)\left(\frac{dx}{2}\right)\right]dydz + f_x\rho dxdydz - \left[p(x_0,y_0,z_0) + \left(\frac{\partial p}{\partial x}\right)\left(\frac{dx}{2}\right)\right]dydz = 0$$

整理后得

$$\frac{\partial p}{\partial x} = \rho f_x \qquad\qquad (1-14\text{a})$$

同理在 y 轴方向和 z 轴方向也可以得到两个这样的平衡方程

$$\frac{\partial p}{\partial y} = \rho f_y \qquad\qquad (1-14\text{b})$$

$$\frac{\partial p}{\partial z} = \rho f_z \qquad\qquad (1-14\text{c})$$

这 3 个式子说明了压强在某个方向有梯度,必是由于彻体力在该方向有分量的缘故,且压强梯度的值直接等于该方向的单位质量的彻体力乘密度。

把上面 3 个式子分别乘以 $\mathrm{d}x, \mathrm{d}y, \mathrm{d}z$,然后加起来,得

$$\frac{\partial p}{\partial x}\mathrm{d}x + \frac{\partial p}{\partial y}\mathrm{d}y + \frac{\partial p}{\partial z}\mathrm{d}z = \rho(f_x \mathrm{d}x + f_y \mathrm{d}y + f_z \mathrm{d}z) \qquad (1-15)$$

此式的左侧是个全微分

$$\mathrm{d}p = \frac{\partial p}{\partial x}\mathrm{d}x + \frac{\partial p}{\partial y}\mathrm{d}y + \frac{\partial p}{\partial z}\mathrm{d}z$$

如果 3 个彻体力分量 f_x, f_y, f_z 符合下列的关系:

$$\frac{\partial f_x}{\partial y} = \frac{\partial f_y}{\partial x}, \qquad \frac{\partial f_y}{\partial z} = \frac{\partial f_z}{\partial y}, \qquad \frac{\partial f_z}{\partial x} = \frac{\partial f_x}{\partial z} \qquad (1-16)$$

那么式(1-15)等号右侧的括号中也是某个函数的全微分。记该函数为 $\Omega = \Omega(x, y, z)$,并规定它在 x, y, z 轴的 3 个方向导数的负值是彻体力的 3 个分量:

$$f_x = -\frac{\partial \Omega}{\partial x}, \quad f_y = -\frac{\partial \Omega}{\partial y}, \quad f_z = -\frac{\partial \Omega}{\partial z} \qquad (1-17)$$

式(1-15)可改成

$$\mathrm{d}p = -\rho \mathrm{d}\Omega \qquad\qquad (1-18)$$

当 ρ 为常数时,积分后得

$$p = -\rho\Omega + C \qquad\qquad (1-19)$$

Ω 称为彻体力的位函数。常数 C 只决定 Ω 的绝对值,而 Ω 的绝对值是无关紧要的。如果知道某一点的压强值 p_a 和彻体力函数 Ω_a 的值,则上式中的 C 可以改用 p_a 和 Ω_a 表达为

$$C = p_a + \rho\Omega_a$$

任何其他点的 p 和 Ω 之间的关系便可表达为

$$p = p_a - \rho(\Omega - \Omega_a) \qquad\qquad (1-20)$$

式(1-20)说明,只要知道另一点的 Ω 和 Ω_a 之差,就可以定出该点的 p 值来。

由式(1-20)可知,在流体内(包括自由液面),等压面(p=常数)必是彻体力的等位面(Ω=常数)。

下面举一个重力场的例子。

例 1-1　试证明连通器(见图 1-8)中的液面必在同一水平面上。

解　把坐标放得使 y 轴竖直向上,这时重力场所产生的彻体力只有一个量 f_y,其值为 $-g$。彻体力的位函数 $\Omega = gy$。假定把坐标原点放在一侧的液面上,A 是该液面上的一点,则 $y_A = 0$,$p_A = p_a$(大气压),Ω_A 取为零。按式(1-20)可知连通液中任何一点的压强都可表达为

$$p = p_a - \rho(gy - 0)$$

用此式求另一边自由表面上 B 点的高度 y_B 时,得

$$y_B = \frac{1}{\rho g}(p_a - p_B) \qquad (1-21)$$

B 点也和大气相通的话,p_B 就等于 p_a,代入上式得

$$y_B = 0$$

可见连通器中的液体表面是在同一水平面上的。

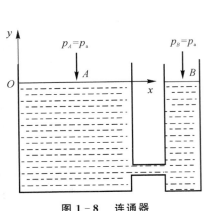

图 1-8　连通器

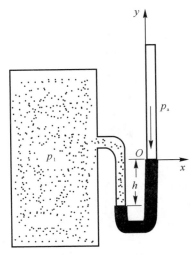

图 1-9　压力计示意图

如果连通器的一边的液面不是通大气而是接一个高压罐(也可以是真空箱)的话,如图 1-9 所示,罐中压强为 p_1,那么,两边的液面是不等高的。譬如,把坐标平面 xOy 放在通大气那边的自由液面上,依式(1-21),接通高压罐这边的液面的高度 y_1 是

$$y_1 = \frac{1}{\rho g}(p_a - p_1)$$

其中 ρg 是用 N/m² 表示的液体密度,通常称为重量密度或重度,有的书另用一个符号 γ 来表示。上式说明,当罐中压强 p_1 大于大气压时,y_1 值是负的,图上以 h 表示液面差,即有 $y_1 = -h$。如果罐中是低压,$p_1 < p_a$,那么 y_1 值是正的,即接通气罐的液面高于通大气的液面。

1.3　标　准　大　气

1.3.1　大气的分层

包围地球的空气整体叫大气。大气的总质量约为地球质量的 $1/10^6$。从海平面起,随着高度增加,大气的压强和密度都呈单调的下降。大气质量的 90% 集中在 15km 高度以下范围,在离地面 50km 以内的范围中,集中了大气总质量的 99.9%。按其特征,首先可以把大气层划分成低层大气和高层大气。从海平面到 85km 高度范围属于低层大气,其组分是均匀的,其

中,氮气占总体积的 78.1%,氧气占总体积的 21%。85km 高度以上属于高层大气。高层大气的特点是其组分不均匀,它直接吸收太阳辐射来的紫外线。

　　低层大气又可以划分为对流层、平流层和中间大气层。对流层是大气最底下的、与地面直接相接触的一层。从海平面起,其高度在赤道处为 16～18km,在中纬度地区为 10～12km,在两极为 7～10km。这一层不厚,但由于其处于最下层,因此密度最大,里面所包含的空气质量几乎占整个大气层质量的 75%。在对流层内,空气有上、下方向的流动,风暴、雷雨等气象变化都发生在这一层内,随高度增如,空气温度呈直线下降。对流层到平流层之间有一个厚度仅为数百米到一二千米的过渡层,称为对流顶层。对流层之上是平流层,其范围约到 32km。平流层内温度保持常数(平均为 216.65K),这一层里大气只作水平方向的运动,没有上、下方向的流动,已经没有雷雨等气象。这一层内的空气质量约占大气全部质量的 1/4。高度从 32～85km 称为中间大气层,在这一层里,温度随高度增高而先上升后来又下降,在 85km 处,温度可降到 106K 以下。在中间大气层里所包含的空气质量约为全部大气质量的 1/3 000。

　　高层大气又可以画分为高温层和上层大气。由高度 85～500km 之间是高温层。在高温层里,随高度升高温度上升,在 500km 处,白天的空气温度可高达 1 370K,这是由于直接受到太阳的短波辐射的缘故。500km 高度以上称为外层大气,其上边界没有界限,逐渐和星际空间融合。这里的空气已经稀薄到没有正常定义的温度可言了,空气分子有机会逸入太空,而不与其他分子相撞。这一层空气的质量只占大气总质量的 $1/10^{11}$。

　　上层大气因为受太阳的短波辐射而离解成为电子和电离子,形成几个电子密集的电离层。电离层有好几层:最低的一层称为 D 层,在 60～80km 高度范围内;第二层称为 E 层,在 100～120km 高度范围内;第三层称为 F_1 层,在 180～220km 高度范围内;最高的一层称为 F_2 层,在 300～350km 高度处。

　　在 100km 以上的高空中,空气是良导体。高度在 150km 以上,由于空气过分稀薄,可闻的声音已经不存在。

　　普通飞机主要在对流层和平流层内活动。飞机的高度记录是 39km,探测气球最大的高度记录为 44km。人造地球卫星的轨道,近地点可以是 100 多千米,远地点可以是几千千米。定点的通信卫星的离地高度约为 35 000km。航天飞行器的高度是几百千米。陨石向地面冲来时,开始发光的位置在 100～160km 的高度上,即高温层的下半部。大多数陨石消灭在 40～60km 的高度上。极光发生在 80～1 100km 的高空中。

　　大气的压强、密度和温度等参数,除了随高度而变化之外,还随地理纬度、季节和昼夜而有所变化,每日每时也都会有些变化。在航空实践中,经常要用到大气参数。在航空工程中,作计算或整理实验数据,不能使用当地当时的大气参数,而需要规定一个标准,大家都按这个标准换算,以便于相互比较或引用。这个标准是按中纬度地区全年的平均条件统计而确定的,称之为国际标准大气。

1.3.2　密度、温度和压强随高度的变化

1. 海平面上的标准值

根据国际标准大气规定:在海平面上的标准值为 $T_a = 288.15K$,$p_a = 101\ 325N/m^2$,$\rho_a =$

$1.225 kg/m^3$。其中下标"a"代表海平面（即高度为零）的参数值。

2. 温度高度分布律

在对流层中（高度为 $0 \sim 11\,000m$），温度递减率是每上升 $1\,000m$，温度下降 $6.5℃$，即

$$T = 288.15 - 0.006\,5H \tag{1-22}$$

式中，H 为离海平面高度，单位为 m。

在平流层中，在高度 $11\,000 \sim 20\,000m$ 之间，温度保持为常数，即

$$T = 216.65K \tag{1-23}$$

由高度 $20\,000 \sim 32\,000m$，高度每上升 $1\,000m$，温度上升 $1℃$，即

$$T = 216.65 + 0.001(H - 20\,000) \tag{1-24}$$

3. 压强和密度随高度的变化

根据标准大气的温度高度分布规律，应用完全气体状态方程可以确定不同高度对应的压强和密度计算公式。

大气压强可以看成是由截面积为 $1m^2$ 的一根上端无限的空气柱的质量压下来所造成的。根据这个设想，我们先推导压强随高度变化的微分关系式。取坐标系如图 $1-10$ 如示。其中，坐标平面 xOz 取在海平面上，y 轴垂直向上。在该坐标系中，取一个底面积为 $1m^2$ 的柱体。现在，研究离海平面距离为 y 的微柱段上的作用力及其平衡关系。

设微柱段 dy 下表面所作用的压强为 p，上表面所作用的压强为 $p + dp$。由于微柱段侧表面所作用的压强在 y 轴方向无贡献，因此，微柱段表面压强的合力在 y 轴方向的投影为

$$p \times 1 - (p + dp) \times 1 = -dp$$

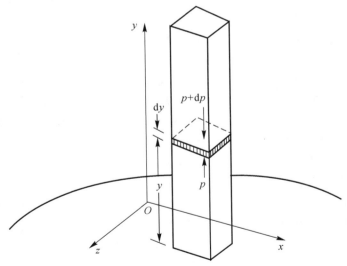

图 $1-10$　大气压强随高度的变化

微柱段内空气柱的重力为

$$\rho g\,dy \times 1 = \rho g\,dy$$

方向沿 y 轴负向。因此，y 轴方向的力平衡关系式为

$$-dp - \rho g\,dy = 0$$

即

$$\mathrm{d}p = -\rho g \,\mathrm{d}y \qquad (1-25)$$

把完全气体状态方程式（1-6）代入式（1-25），可得压强和温度的微分关系式为

$$\mathrm{d}p = -\frac{gp}{RT}\mathrm{d}y \qquad (1-26)$$

在对流层内，由式（1-22）可得

$$\mathrm{d}T = -0.006\,5\mathrm{d}y$$

将上式代入到式（1-26），可得

$$\frac{\mathrm{d}p}{p} = \frac{1}{0.006\,5}\frac{g}{R}\frac{\mathrm{d}T}{T}$$

积分上式，并取在海平面时，$y=0$，$p=p_\mathrm{a}$，可得

$$\frac{p}{p_\mathrm{a}} = \left(\frac{T}{T_\mathrm{a}}\right)^{5.255\,88} \qquad (1-27)$$

把式（1-6）代入式（1-27），可得密度比为

$$\frac{\rho}{\rho_\mathrm{a}} = \left(\frac{T}{T_\mathrm{a}}\right)^{4.255\,88} \qquad (1-28)$$

在平流层内，到 20 000m 高度为止，温度为常数。把式（1-23）代入式（1-26），可得

$$\frac{\mathrm{d}p}{p} = -\frac{g}{216.65R}\mathrm{d}y$$

积分上式，并取在 $y=11\,000$ 时，$p=p_{11}$，可得压强比为

$$\frac{p}{p_{11}} = \mathrm{e}^{-\frac{h-11\,000}{6\,341.62}} \qquad (1-29)$$

同理可得密度比为

$$\frac{\rho}{\rho_{11}} = \mathrm{e}^{-\frac{h-11\,000}{6\,341.62}} \qquad (1-30)$$

式中，p_{11} 为 22 631.8N/m²；ρ_{11} 为 0.363 92kg/m³。

在平流层内，从 20 000～32 000m，由式（1-24）可得

$$\mathrm{d}T = 0.001\mathrm{d}y$$

将上式代入到式（1-26），可得

$$\frac{\mathrm{d}p}{p} = -\frac{1}{0.001}\frac{g}{R}\frac{\mathrm{d}T}{T}$$

积分上式，并取在 $y=20\,000$ 时，$p=p_{20}$，可得压强比为

$$\frac{p}{p_{20}} = \left(\frac{T}{216.65}\right)^{-34.163\,2} \qquad (1-31)$$

同理可得密度比为

$$\frac{\rho}{\rho_{20}} = \left(\frac{T}{216.65}\right)^{-35.163\,2} \qquad (1-32)$$

式中，p_{20} 为 5 474.86N/m²；ρ_{20} 为 0.088 035kg/m³。

1.3.3　标准大气

由式（1-27）～式（1-32），可列表算出不同高度对应的大气参数，称之为标准大气表。附

表 1 给出了简单的国际标准大气表,高度间隔为 1 000m。高度间隔为 50m 的较详细的国际标准大气表,可参见参考文献[1]。

习　　题

1-1　气瓶容积为 0.15m³,在 303K 时,瓶中氧气的压强是 $5×10^6$ N/m²,求气瓶中氧气的重力。

[答:93N]

1-2　两平行圆盘,直径都是 D,两者相距 h,下盘固定,上盘以匀角速度 ω 旋转。盘间有一种黏性系数为 μ 的液体。假设与直径 D 相比两盘的距离 h 为小量,两盘之间液体的速度分布呈线性关系。试推导黏性系数 μ 与转矩 T 及角速度 ω 之间的关系式。

$$\left[答:T=\frac{\pi\mu\omega D^4}{32h}\right]$$

1-3　用容积为 1 000m³ 的金属罐做水压试验。先在容器内注满一个大气压的水,然后加压注水,使容器内压强增加到 $7×10^5$ N/m²,需再注入多少水?

[答:0.3m³]

1-4　某发动机的设计高度为 10 000m,试求出该高度处的大气压强、密度和温度,并与国际标准大气表上所给出的参数相比较。

[答:$p=26.45$kN/m²,$\rho=0.413\ 4$kg/m³,$T=223.15$K]

1-5　某日气压表的读数为 762.6 mmHg(1 mmHg=133.322Pa),试求在每平方米面积上,大气压强所作用的力为多少牛顿。

[答:$1.016\ 71×10^5$ N]

1-6　一个储气罐的容积为 6m³,内储 48.1kg 的空气,试确定储气罐内空气的密度是多少。

[答:8.016 7kg/m³]

1-7　某气罐容积为 27.1m³,内储压缩空气。已知罐中空气的温度为 303K,压强为 21atm(1atm=101.325kPa),试求罐内压缩空气的质量为多少千克。

[答:662.98kg]

1-8　假设大气的密度是个常数,其值为 1.255kg/m³,试求该大气层的上界为多少米(假设在海平面处的压强与国际标准大气值相同)。

[答:8 440m]

1-9　假设大气的温度是个常数,其值为 288.15K,试求 5 000m 高度处的压强为多少。请将该压强值和相同高度下标准大气的对应值相比较,并解释产生这种差别的主要原因。

[答:$p_h/p_a=0.533$]

第 2 章　　流体力学基本原理和方程

本章将简要讨论二维、三维流动的各流动参数之间的关系式,通过对流体微团运动的分析,研究其旋转运动和旋涡运动,以及流动所要遵循的质量守恒法则。对旋涡运动的研究,可为今后进一步研究飞行器的升力、阻力提供必要的基础;对无旋运动的研究,建立速度位函数的概念,为理论上计算飞行器空气动力提供一些基础知识。然后,应用牛顿第二定理对流体微团和控制区内流体的动力学问题进行分析研究。

2.1　　流　　　场

2.1.1　流场及其描述方法

充满着运动流体的空间称为"流场",用以表示流体运动特征的物理量称为"流动参数",如速度、密度、压强等。所以流场又是上述物理量的场。

流体力学中通常采用两种方法来描述流体的运动,即拉格朗日法和欧拉法。

拉格朗日法的着眼点是流体的质点,即研究流场各个质点的运动参数随时间的变化规律和运动轨迹。综合所有流体质点运动参数的变化,便得到整个流场的运动规律。

欧拉法的着眼点是流场中的空间点,即研究流体质点通过空间固定点时,运动参数随时间的变化规律。综合流场中所有空间点处运动参数的变化情况,就得到整个流场的运动规律。需要指出的是,不要把空间点与流体质点相混淆。流体运动时,同一空间点在不同时刻由不同的流体质点占据,其上的运动参数为占据该空间点的流体质点的运动参数。拉格朗日法和欧拉法只不过是描述流体运动的两种不同方法,对于同一个流场,既可用拉格朗日法也可用欧拉法。空气动力学中,广泛采用的是欧拉法。

用欧拉法描述流体运动,流场中不同空间点处的运动参数一般是不同的,且在同一空间点处,不同时刻的运动参数一般也是不同的,所以流场中的运动参数应是空间点坐标(x,y,z)和时间t的函数。以流场中速度分布为例,即

$$v = v(x,y,z,t)$$

或

$$\left. \begin{array}{l} v_x = v_x(x,y,z,t) \\ v_y = v_y(x,y,z,t) \\ v_z = v_z(x,y,z,t) \end{array} \right\} \tag{2-1}$$

如果有了式(2-1)的具体表达式,那就完全描述了整个流动,既描述了某一瞬间各点的流动情况,也描述了不同瞬间的流动情况。这就是所谓欧拉法。注意x,y,z,t是 4 个独立变量。

通过流场中某点流体质点的分加速度可表示为

$$
\left.
\begin{aligned}
a_x &= \frac{\mathrm{d}v_x}{\mathrm{d}t} = \frac{\partial v_x}{\partial t} + \frac{\partial v_x}{\partial x}\frac{\mathrm{d}x}{\mathrm{d}t} + \frac{\partial v_x}{\partial y}\frac{\mathrm{d}y}{\mathrm{d}t} + \frac{\partial v_x}{\partial z}\frac{\mathrm{d}z}{\mathrm{d}t} \\
a_y &= \frac{\mathrm{d}v_y}{\mathrm{d}t} = \frac{\partial v_y}{\partial t} + \frac{\partial v_y}{\partial x}\frac{\mathrm{d}x}{\mathrm{d}t} + \frac{\partial v_y}{\partial y}\frac{\mathrm{d}y}{\mathrm{d}t} + \frac{\partial v_y}{\partial z}\frac{\mathrm{d}z}{\mathrm{d}t} \\
a_z &= \frac{\mathrm{d}v_z}{\mathrm{d}t} = \frac{\partial v_z}{\partial t} + \frac{\partial v_z}{\partial x}\frac{\mathrm{d}x}{\mathrm{d}t} + \frac{\partial v_z}{\partial y}\frac{\mathrm{d}y}{\mathrm{d}t} + \frac{\partial v_z}{\partial z}\frac{\mathrm{d}z}{\mathrm{d}t}
\end{aligned}
\right\}
\tag{2-2}
$$

由于 $\frac{\mathrm{d}x}{\mathrm{d}t} = v_x$，$\frac{\mathrm{d}y}{\mathrm{d}t} = v_y$，$\frac{\mathrm{d}z}{\mathrm{d}t} = v_z$，所以上式可写成

$$
\left.
\begin{aligned}
a_x &= \frac{\partial v_x}{\partial t} + v_x\frac{\partial v_x}{\partial x} + v_y\frac{\partial v_x}{\partial y} + v_z\frac{\partial v_x}{\partial z} \\
a_y &= \frac{\partial v_y}{\partial t} + v_x\frac{\partial v_y}{\partial x} + v_y\frac{\partial v_y}{\partial y} + v_z\frac{\partial v_y}{\partial z} \\
a_z &= \frac{\partial v_z}{\partial t} + v_x\frac{\partial v_z}{\partial x} + v_y\frac{\partial v_z}{\partial y} + v_z\frac{\partial v_z}{\partial z}
\end{aligned}
\right\}
\tag{2-3}
$$

式(2-3)中等式右边第一项表示空间固定点处的流体质点速度随时间的变化率，称为当地加速度；等式右边后三项反映了在同一瞬时，流体质点沿其速度矢量方向从空间一点转移到另一点速度的变化率，称为迁移加速度。当地加速度是由流场中速度随时间的变化性引起的，迁移加速度是由流场的不均匀性引起的。

引入哈密顿算子

$$
\nabla = \frac{\partial}{\partial x}\boldsymbol{i} + \frac{\partial}{\partial y}\boldsymbol{j} + \frac{\partial}{\partial z}\boldsymbol{k}
\tag{2-4}
$$

则(2-2)式的导数可以表示为

$$
\frac{\mathrm{d}v_x}{\mathrm{d}t} = \frac{\partial v_x}{\partial t} + v \cdot \nabla\left(v_x\right)
$$

这种表示方式对流场的其他变量同样成立，以密度项为例，有

$$
\frac{\mathrm{d}\varrho}{\mathrm{d}t} = \frac{\partial \varrho}{\partial t} + v \cdot \nabla\left(\rho\right) = \frac{\partial \varrho}{\partial t} + v_x\frac{\partial \varrho}{\partial x} + v_y\frac{\partial \varrho}{\partial y} + v_z\frac{\partial \varrho}{\partial z}
\tag{2-5}
$$

如果流场中的物理量随时间而变化 $\frac{\partial(\ )}{\partial t} \neq 0$，则称为非定常流场；反之，如果流场中任一空间点处的物理量不随时间变化 $\frac{\partial(\ )}{\partial t} = 0$，则称为定常流场。如果流场中物理量随空间变化 $(\nabla(\ ) \neq 0)$，则称为非均匀流场；反之，如果流场中物理量不随空间变化 $(\nabla(\ ) = 0)$，则称为均匀流场。

2.1.2 迹线、流线流管和流量

1. 迹线

流场中标定的运动流体质点在一段时间内所经过的所有空间点的集合，称为该流体质点的迹线。

2. 流线

用欧拉法描述流场，在某一瞬时 t_1，流场中某点 1 处流体质点的速度为 $\boldsymbol{v}_1$，沿 $\boldsymbol{v}_1$ 矢量方向

无穷小距离 ds_1 处取点 2,点 2 处流体质点在同一瞬时 t_1 的速度为 v_2,沿 v_2 矢量方向无穷小距离 ds_2 处取点 3,点 3 处流体质点的速度为 v_3。依此类推,可以找到点 $4,5,\cdots$。这样,在 t_1 瞬时可以得到一条空间折线(连接点 $1,2,3,4,5,\cdots$ 构成),当各折线段 ds 趋于零时,该折线的极限为一条光滑的曲线 s,曲线 s 就称为 t_1 时刻过点 1 的流线,如图 2-1(a) 所示。

流线的定义:流场中某一瞬时的一条空间曲线,在该线上各点的流体质点的速度矢量与曲线在该点的切线重合。

根据前面的叙述,可得出流线的如下特征:

(1) 过空间固定点流线的形状,在定常流场中不随时间变化,而在非定常流场中,要随时间变化。这是由于非定常流场中流体质点速度随时间改变。所以在瞬时 t_2 通过流场空间点 1 的速度矢量将改变为 v_1',按流线的定义,t_2 瞬时流过点 1 的流线将改变为 s',如图 2-1(b) 所示。

(2) 定常流场中经过某一点的流线和经过该点流体质点的迹线重合。

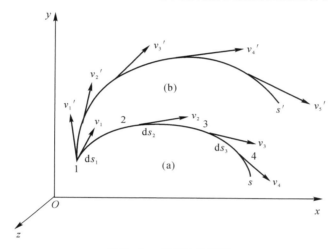

图 2-1　流场中的流线

(a)t_1 瞬时过点 1 的流线；　(b)t_2 瞬时过点 1 的流线

(3) 一般情况下流线不会相交。因为空间每一点只能有一个速度方向,所以不能有两条流线同时通过一点。但有三种情况例外:在速度为零的点上,如图 2-2(a) 所示的 A 点,通常称 A 点为驻点;在速度无穷大的点上,如图 2-2(b) 所示的 O 点,通常称 O 点为奇点;流线相切,如图 2-2(a) 所示的 B 点,上、下两股速度不等的流体在 B 点相切。

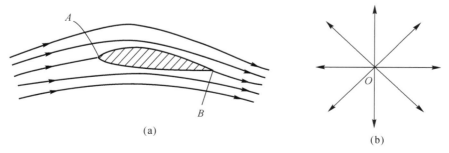

图 2-2　具有流线相交的流场

(a) 具有驻点及流线相切的流动；　(b) 具有奇点的流动

（4）流场中每一点都有流线通过，所有流线的集合称为流线谱或简称流谱。

由流线上任意点的速度矢量与流线相切这一性质，可以求出流线的微分方程。如图 2-3 所示，设在流线上某点 $M(x，y，z)$ 处的速度为 v（其分量为 $v_x，v_y，v_z$），M 点的流线微段长 ds（其分量为 $\delta_x，\delta_y，\delta_z$）。根据流线的定义可知，$ds$ 与各坐标轴的夹角同速度与相应坐标轴的夹角相同，因而相应的夹角余弦必相等，即

$$\left.\begin{aligned}\cos(v,i)=\frac{v_x}{v}=\frac{\mathrm{d}x}{\mathrm{d}s}\\\cos(v,j)=\frac{v_y}{v}=\frac{\mathrm{d}y}{\mathrm{d}s}\\\cos(v,k)=\frac{v_z}{v}=\frac{\mathrm{d}z}{\mathrm{d}s}\end{aligned}\right\}\qquad(2-6)$$

式中 $i，j，k$ 分别为 $x，y，z$ 轴方向上的单位矢量。由式（2-6）可求出

$$\frac{\mathrm{d}x}{v_x}=\frac{\mathrm{d}y}{v_y}=\frac{\mathrm{d}z}{v_z}\qquad(2-7)$$

式（2-7）就是流线的微分方程式。当速度分布为已知时，根据式（2-7）可求出流场中通过任意点流线的形状。

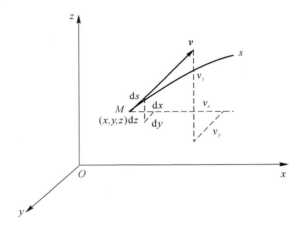

图 2-3 流线微段和速度的分量

例 2-1 已知二维定常不可压流动的速度分布为 $v_x=ax，v_y=-ay$，a 为常数。求通过点 $P(2,1)$ 的流线方程。

解 由式（2-7）得流线的微分方程

$$\frac{\mathrm{d}x}{x}=-\frac{\mathrm{d}y}{y}$$

积分后可得

$$\ln xy=C_1$$

即

$$xy=C（常数）$$

将 P 点坐标代入上式，得出 $C=2$。

最后可得通过 P 点的流线为

$$xy = 2$$

可见流线是等边双曲线,以 x,y 轴为渐近线。若以 x,y 轴同时当作固壁,且只研究在第一象限的流动,则上述流动为直角内的流动(见图 2-4)。

3. 流管

在流场中取一条不为流线的封闭曲线 C,经过曲线 C 上每一点作流线,由这些流线集合构成的管状曲面称为流管,如图 2-5 所示。

由于流管是由流线构成的,因此流体不能穿出或穿入流管表面。在任意瞬时,流场中的流管类似于真实的固体管壁。

4. 流量

定义流量是单位时间内穿过指定截面的流体量,则体积流量和质量流量的表达式分别为

$$Q = \iint\limits_{S} (\boldsymbol{v} \cdot \boldsymbol{n}) \mathrm{d}S \tag{2-8}$$

$$\dot{m} = \iint\limits_{S} \rho (\boldsymbol{v} \cdot \boldsymbol{n}) \mathrm{d}S \tag{2-9}$$

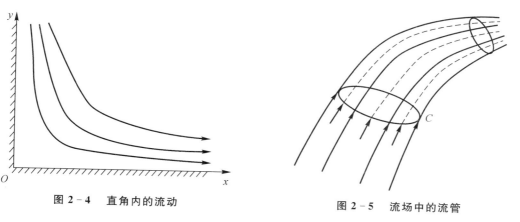

图 2-4　直角内的流动　　　　　图 2-5　流场中的流管

2.2　流体微团的运动分析

2.2.1　微团的运动分析

流体运动与刚体运动不同,刚体运动是由平移运动和绕某瞬时轴的旋转运动所组成的。而流体运动除了具有类似于刚体的平移和旋转运动外,通常还具有变形运动(包括直线变形和剪切变形)。因流体运动较刚体运动多了变形运动形式,所以流体运动形式要比刚体运动形式复杂得多。

为分析问题方便起见,先在二维情况下研究流体微团运动及变形情况。如图 2-6 所示,在流场中任取一个矩形流体微团 $ABCD$,其两边的边长分别为 δ_x,δ_y,且 δ_x,δ_y 均为小量。

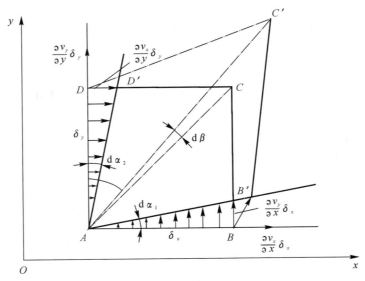

图 2－6　二维流场中的流体微团

设 v_x, v_y 为 A 点处流体微团的分速度,且分速度 v_x, v_y 都是空间点坐标的连续函数。则 B, D 两点的速度可用泰勒级数在 A 点的展开式表达。忽略二阶以上小量后,可得 B 点的分速度为

$$v_{Bx} = v_x + \frac{\partial v_x}{\partial x}\delta_x$$

$$v_{By} = v_y + \frac{\partial v_y}{\partial x}\delta_x$$

由此可得 B 点相对于 A 点在 x 轴方向的速度为

$$v_{Bx} - v_x = \frac{\partial v_x}{\partial x}\delta_x$$

B 点相对于 A 点在 y 轴方向的速度为

$$v_{By} - v_y = \frac{\partial v_y}{\partial x}\delta_x$$

同理,可得 D 点相对于 A 点在 x 轴方向的速度为

$$v_{Dx} - v_x = \frac{\partial v_x}{\partial y}\delta_y$$

D 点相对于 A 点在 y 轴方向的速度为

$$v_{Dy} - v_y = \frac{\partial v_y}{\partial y}\delta_y$$

由此可见,在单位时间内,矩形的角点 B, D 除了随 A 点一起平移外,还相对 A 点分别移动了 $\frac{\partial v_x}{\partial x}\delta_x, \frac{\partial v_y}{\partial x}\delta_x$ 和 $\frac{\partial v_x}{\partial y}\delta_y, \frac{\partial v_y}{\partial y}\delta_y$。下面分别分析各项代表的运动。

相对速度 $\frac{\partial v_x}{\partial x}\delta_x$ 和 $\frac{\partial v_y}{\partial y}\delta_y$ 是矩形 $ABCD$ 边线的直线变形速度,在 dt 时间内 AB 边伸长到 $AB' = AB + \frac{\partial v_x}{\partial x}\delta_x dt$,$AD$ 边伸长到 $AD' = AD + \frac{\partial v_y}{\partial y}\delta_y dt$(见图 2－7)。

矩形 $ABCD$ 的面积相对变化率为

$$\frac{\mathrm{d}(\delta S)}{\delta S \cdot \mathrm{d}t} = \frac{AB' \cdot AD' - AB \cdot AD}{AB \cdot AD \cdot \mathrm{d}t}$$

式中，δS 为矩形 $ABCD$ 的面积，它就等于 $\delta_x \delta_y$。在略去高阶小量的情况下

$$\frac{\mathrm{d}(\delta S)}{\delta S \cdot \mathrm{d}t} = \frac{\partial v_x}{\partial x} + \frac{\partial v_y}{\partial y}$$

将以上分析推广到三维情况，可得流体微团体积的相对变化率为三个方向变形率的代数和，即

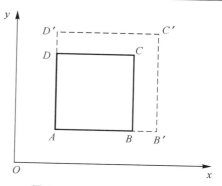

图 2 - 7 　流体微团的微变形

$$\frac{\mathrm{d}(\delta V)}{\delta V \cdot \mathrm{d}t} = \frac{\partial v_x}{\partial x} + \frac{\partial v_y}{\partial y} + \frac{\partial v_z}{\partial z} \qquad (2-10)$$

式中，δV 是原微团的体积，它等于 $\delta_x \delta_y \delta_z$。

相对速度 $\dfrac{\partial v_y}{\partial x}\delta_x$ 和 $\dfrac{\partial v_x}{\partial y}\delta_y$ 表示了 AB 边和 AD 边绕 A 点的转动。若规定逆时针转动为正，显然，AB 边的转动角速度为

$$\frac{\mathrm{d}\alpha_1}{\mathrm{d}t} = \frac{\partial v_y}{\partial x}\delta_x / \delta_x = \frac{\partial v_y}{\partial x}$$

AD 边的转动角速度为

$$\frac{\mathrm{d}\alpha_2}{\mathrm{d}t} = -\frac{\partial v_x}{\partial y}\delta_y / \delta_y = -\frac{\partial v_x}{\partial y}$$

若将微团在 xOy 平面投影中两条互相垂直线绕 z 轴转动角速度的平均值定义为微团绕 z 轴的转动角速度 ε_z，则有

$$\varepsilon_z = \frac{1}{2}\left(\frac{\partial v_y}{\partial x} - \frac{\partial v_x}{\partial y}\right) \qquad (2-11)$$

若将上述两条互相垂直线在单位时间内的夹角变化量之半定义为微团在 z 轴上的角变形率，则有

$$\gamma_z = \frac{1}{2}\left(\frac{\partial v_y}{\partial x} + \frac{\partial v_x}{\partial y}\right) \qquad (2-12)$$

同理可得对于三维情况，流体微团的转动角速度和角变形率为

$$\left.\begin{aligned}
\varepsilon_x &= \frac{1}{2}\left(\frac{\partial v_z}{\partial y} - \frac{\partial v_y}{\partial z}\right) \\[4pt]
\varepsilon_y &= \frac{1}{2}\left(\frac{\partial v_x}{\partial z} - \frac{\partial v_z}{\partial x}\right) \\[4pt]
\varepsilon_z &= \frac{1}{2}\left(\frac{\partial v_y}{\partial x} - \frac{\partial v_x}{\partial y}\right)
\end{aligned}\right\} \qquad (2-13)$$

$$\left.\begin{aligned}
\gamma_x &= \frac{1}{2}\left(\frac{\partial v_z}{\partial y} + \frac{\partial v_y}{\partial z}\right) \\[4pt]
\gamma_y &= \frac{1}{2}\left(\frac{\partial v_x}{\partial z} + \frac{\partial v_z}{\partial x}\right) \\[4pt]
\gamma_z &= \frac{1}{2}\left(\frac{\partial v_y}{\partial x} + \frac{\partial v_x}{\partial y}\right)
\end{aligned}\right\} \qquad (2-14)$$

由此可见，流体微团的运动，除了像刚体那样有平移运动和旋转运动外，还包含着线变形

运动(体积变化)和角变形运动。流体微团的旋转运动和角变形运动,由式(2-13)和式(2-14)中的六个交叉偏导数决定。

2.2.2　散度、旋度和速度位

在流体力学中,定义各速度分量在其分量方向上的方向导数之和为速度矢量的散度,即

$$\mathrm{div}\boldsymbol{v} = \nabla \cdot \boldsymbol{v} = \frac{\partial v_x}{\partial x} + \frac{\partial v_y}{\partial y} + \frac{\partial v_z}{\partial z} \tag{2-15}$$

由式(2-10)可知,速度的散度的物理意义是标定流体微团在运动过程中的相对体积变化率。下面从通过空间某一个固定的控制面的体积流量来分析速度的散度的含义。

若在流场中取一固定的矩形六面体,其边长分别为 $\delta_x, \delta_y, \delta_z$(见图 2-8)。设六面体中心的速度分量为 v_x, v_y, v_z,且各速度分量为空间点坐标的连续函数。图 2-8 中标出了控制面上的垂直速度分量,各面上速度分量的大小可通过在中心点的泰勒级数展开式得到。因此,可得垂直于 x 轴的左、右两侧平面上平均垂直速度分量分别为 $v_x - \frac{\partial v_x}{\partial x}\frac{\delta_x}{2}$ 和 $v_x + \frac{\partial v_x}{\partial x}\frac{\delta_x}{2}$。因为垂直于 x 轴的两平面的面积是 $\delta_y\delta_z$,所以通过左侧平面流入控制体的体积流量为 $\left[v_x - \frac{\partial v_x}{\partial x}\frac{\delta_x}{2}\right]\delta_y\delta_z\mathrm{d}t$,通过右侧平面流出控制体的体积流量为 $\left[v_x + \frac{\partial v_x}{\partial x}\frac{\delta_x}{2}\right]\delta_y\delta_z\mathrm{d}t$,通过这两个平面的净流出体积流量为 $\frac{\partial v_x}{\partial x}\delta_x\delta_y\delta_z\mathrm{d}t$。

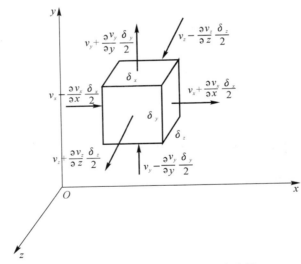

图 2-8　各控制面上的垂直速度分量

由一点发出的体积流量的定义为

$$\lim_{\delta V \to 0} \frac{\text{体积流出量} - \text{体积流入量}}{\delta V \mathrm{d}t}$$

同理推论到其他 4 个平面,便可得上式的值为 $\frac{\partial v_x}{\partial x} + \frac{\partial v_y}{\partial y} + \frac{\partial v_z}{\partial z}$,它等于单位时间内空间某

一点处,单位体积控制体内发出的体积净流出量,并且与流体微团在运动中体积相对变化率相等。

由上面对速度散度的分析可看出,在对流场的不同描述方法下,速度散度的物理含义在形式上存在差异。但同时注意到,如果将控制体内的流体作为标定的流体微团,那么通过控制面的体积净流出量正是标定流体微团的体积变化率。同理,若将标定流体微团边界作为控制体边界,可以得到同样的结论。由此得知,在对流场的不同描述方法下,速度散度的物理含义的本质是一样的。

显然,以上的分析是在假定流体的密度没有变化的情况下,即流体的运动视为不可压流。

上节中,将流体微团的旋转角速度用相应的速度分量的交叉导数表达,但在分析问题时多采用旋度 $\boldsymbol{\omega}$,且定义旋度为旋转角速度的两倍,即

$$\boldsymbol{\omega} = 2\boldsymbol{\varepsilon}$$

$$\boldsymbol{\omega} = \mathrm{curl}\boldsymbol{v} = \left(\frac{\partial v_z}{\partial y} - \frac{\partial v_y}{\partial z}\right)\boldsymbol{i} + \left(\frac{\partial v_x}{\partial z} - \frac{\partial v_z}{\partial x}\right)\boldsymbol{j} + \left(\frac{\partial v_y}{\partial x} - \frac{\partial v_x}{\partial y}\right)\boldsymbol{k} \tag{2-16}$$

在流体力学中,可根据流体微团是否有旋转运动,而将流体运动分为有旋运动和无旋运动两大类。在流场中,如果流体微团不发生旋转运动即 $\boldsymbol{\omega} = \boldsymbol{0}$,则称这种运动为无旋运动。反之,如果 $\boldsymbol{\omega} \neq \boldsymbol{0}$,则称为有旋运动。

对空气动力学中的许多问题来说,可以把流动看作是无旋运动,即 $\boldsymbol{\omega} = \boldsymbol{0}$,于是从式(2-16)可得

$$\frac{\partial v_z}{\partial y} = \frac{\partial v_y}{\partial z}$$

$$\frac{\partial v_x}{\partial z} = \frac{\partial v_z}{\partial x}$$

$$\frac{\partial v_y}{\partial x} = \frac{\partial v_x}{\partial y}$$

由数学分析可知,上式是 $v_x \mathrm{d}x + v_y \mathrm{d}y + v_z \mathrm{d}z$ 能够成为某一函数 $\phi(x, y, z)$ 的全微分的充分必要条件。因此在无旋流动中,必然存在这样一个函数,它的全微分等于

$$\mathrm{d}\phi = v_x \mathrm{d}x + v_y \mathrm{d}y + v_z \mathrm{d}z = \frac{\partial \phi}{\partial x}\mathrm{d}x + \frac{\partial \phi}{\partial y}\mathrm{d}y + \frac{\partial \phi}{\partial z}\mathrm{d}z \tag{2-17}$$

这里,$\phi(x, y, z)$ 称为速度位或速度位函数,是标量。由式(2-17)可得

$$v_x = \frac{\partial \phi}{\partial x}, \quad v_y = \frac{\partial \phi}{\partial y}, \quad v_z = \frac{\partial \phi}{\partial z} \tag{2-18}$$

在柱极坐标(r, θ, z)下

$$v_r = \frac{\partial \phi}{\partial r}, \quad v_\theta = \frac{1}{r}\frac{\partial \phi}{\partial \theta}, \quad v_z = \frac{\partial \phi}{\partial z} \tag{2-19}$$

例 2-2　在例 2-1 流场中,已知 $v_x = ax$,$v_y = -ay$,求位函数 ϕ。

解　由式(2-18)知 $v_x = \frac{\partial \phi}{\partial x}$,$v_y = \frac{\partial \phi}{\partial y}$,将 v_x,v_y 分别对 x,y 进行积分,得

$$\phi = \frac{1}{2}ax^2 + f_1(y)$$

$$\phi = -\frac{1}{2}ay^2 + f_2(x)$$

由

$$\frac{\partial v_y}{\partial x} - \frac{\partial v_x}{\partial y} = 0 - 0 = 0$$

可知流场存在速度位函数 ϕ，于是有

$$f_1(y) = -\frac{1}{2}ay^2$$

$$f_2(x) = \frac{1}{2}ax^2$$

最后得

$$\phi = \frac{1}{2}a(x^2 - y^2)$$

等位线是 $a(x^2 - y^2) = C'$，为等边双曲线，以 $x = y$，及 $x = -y$ 两直线为其渐近线，画出来的流线和等位线如图 2-9 所示。图中的实线表示流线，虚线表示等位线。该流动称为直角流动。

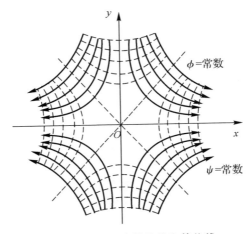

图 2-9　流场中的流线和等位线

例 2-3　有一二维流动，其流线族为圆心在原点的一系列同心圆，即 $v_r = 0, v_\theta = \dfrac{k}{r}$。求流场的速度位函数 ϕ（k 为常数）。

解　假定流场存在速度位 ϕ，应用式（2-19）可得

$$v_r = \frac{\partial \phi}{\partial r} = 0, \quad v_\theta = \frac{1}{r}\frac{\partial \phi}{\partial \theta} = \frac{k}{r}$$

将 v_r, v_θ 分别对 r, θ 积分，得

$$\phi = f_1(\theta) \quad 且 \quad \phi = k\theta + f_2(r)$$

由 $\dfrac{\partial \phi}{\partial r} = 0$ 可知 $f_2(r) = 0$，并且在 $f_1(\theta) = k\theta$ 的情况下，所得速度位 ϕ 的两个表达式一致，即 $\phi = k\theta$。由速度位 ϕ 存在的条件又可得出流场一定是无旋流场（除原点外）。该流场的流线和等位线如图 2-10 所示。该流动为流体力学中的基本流动，通常称为点涡流动。

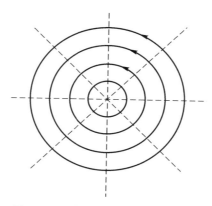

图 2-10 点涡流动的流线和等位线

例 2-4 设某二维流动的速度分布为 $v_x = ay$，$v_y = 0$，a 为常数。求该流场的速度位函数。

解 假定流场存在速度位 ϕ，于是有

$$v_x = \frac{\partial \phi}{\partial x} = ay, \quad v_y = \frac{\partial \phi}{\partial y} = 0$$

将 v_x，v_y 进行积分后得

$$\phi = axy + f_1(y) \quad 且 \quad \phi = f_2(x)$$

显然，无法找到 $f_1(y)$ 和 $f_2(x)$ 使上面的两个表达式一致。故此，速度位函数 ϕ 不存在。另外，注意到

$$\mathrm{curl}_z \boldsymbol{v} = \frac{\partial v_y}{\partial x} - \frac{\partial v_x}{\partial y} = -a \neq 0$$

该流动为有旋流动，即不存在速度位函数 ϕ，这与前面的结论相符。该流动称为平面库埃特（Couette）流动。

2.3 旋 涡 运 动

前面已经指出，流体的运动可以分为无旋运动和有旋运动两种，无旋运动是流场中微团的旋转角速度 $\boldsymbol{\varepsilon} = \boldsymbol{0}$ 的运动，而有旋运动则是流场中微团的旋转角速度 $\boldsymbol{\varepsilon} \neq \boldsymbol{0}$ 的运动。

旋涡运动是自然界、日常生活中以及工程实际中经常见到的现象。例如龙卷风是一种强大的旋涡运动；在船尾的后面、河床的拐弯处以及水管的突然扩大处等都会产生旋涡；飞机在飞行时同样也会拖出旋涡。总之旋涡运动是实际存在的一种重要的运动，因而对于旋涡运动的研究有着重要的意义。

2.3.1 涡线、涡管及旋涡强度

如同全流场可用流线来描述一样，有旋运动的旋涡场也可用涡线来描述。因此由速度矢量所构成的速度场里所引进的关于流线、流管、流量等一系列概念，可以套用到由旋转角速度

矢量所构成的旋涡场里来。

和流线相类似,涡线是充满运动流体的旋涡场中的一系列曲线,它具有这样的性质:在某瞬时该曲线上微团的旋转角速度矢量(旋转轴线方向按右手定则确定)都和曲线相切,如图2-11所示。

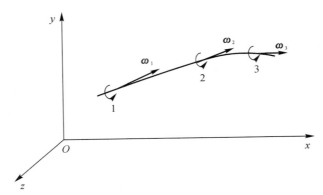

图 2-11　流场中的涡线

与流线方程相似,可以写出涡线的微分方程式为

$$\frac{\mathrm{d}x}{\varepsilon_x} = \frac{\mathrm{d}y}{\varepsilon_y} = \frac{\mathrm{d}z}{\varepsilon_z} \qquad (2-20)$$

一般情况下 $\boldsymbol{\varepsilon}$ 是坐标和时间的函数,涡线随时间而改变,在定常流中 $\boldsymbol{\varepsilon}$ 只是坐标的函数,涡线不随时间改变。

某瞬时 t,在旋涡场中任取一条非涡线的光滑封闭曲线(曲线不得与同一条涡线相交于两点),过该曲线的每一点作涡线,这些涡线形成的管状曲面称为涡管(见图 2-12)。

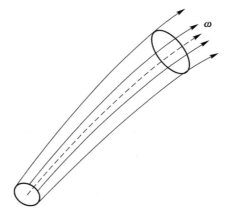

图 2-12　旋涡场中的涡管

类似于流量,通过任一截面(截面积为 σ)的涡通量称为涡量,定义为

$$\iint_\sigma \boldsymbol{\varepsilon} \cdot \boldsymbol{n} \mathrm{d}\sigma = \iint_\sigma \varepsilon_n \mathrm{d}\sigma$$

涡管的侧表面是涡面,在这个涡面上流体微团的角速度矢量 $\boldsymbol{\varepsilon}$ 与涡面的单位法向矢量 $\boldsymbol{n}$ 相垂直,这表示了旋涡的涡通量不能穿越涡管表面,正好像流量不能穿越流管表面一样。涡管

截面的大小和所取的围线大小有关,因此涡管可大可小,也可以是无限小,涡线是横截面积趋于零的涡管。

设在涡管上取一截面,截面积为 σ,则定义

$$\kappa = 2\iint_\sigma \varepsilon_n \mathrm{d}\sigma \qquad (2-21)$$

为旋涡强度,又称涡量强度。旋度则是涡管截面趋于零时的旋涡强度。

应当指出,虽然涡场、涡线、涡量等在概念上和流场、流线、流量等相似,但不能把两者混淆起来。涡线和流线应该是不相同的,如果运动有涡,便存在涡线,运动无涡则不存在涡线,但是只要有流体运动,不论是否有涡,流线总是存在的。

2.3.2　速度环量与斯托克斯定理

在 2.2 节中,给出了流场中流体微团的旋转运动及旋度的概念。而在某一流动区域中所有流体旋度的总效应则是以速度环量 Γ 来体现的。

首先,对流场中速度矢量沿任意一条指定曲线的线积分

$$\int_A^B \boldsymbol{v} \cdot \mathrm{d}\boldsymbol{s} \qquad (2-22)$$

进行分析。因为

$$\boldsymbol{v} = v_x \boldsymbol{i} + v_y \boldsymbol{j} + v_z \boldsymbol{k}$$
$$\mathrm{d}\boldsymbol{s} = \mathrm{d}x \boldsymbol{i} + \mathrm{d}y \boldsymbol{j} + \mathrm{d}z \boldsymbol{k}$$

故式(2-18)可写成

$$\int_A^B (v_x \mathrm{d}x + v_y \mathrm{d}y + v_z \mathrm{d}z) \qquad (2-23)$$

式中 A,B 为指定曲线的端点。

一般情况下,线积分值和 A 到 B 的积分路径有关,但在无旋流场中,因有速度位存在,则有

$$\int_A^B \boldsymbol{v} \cdot \mathrm{d}\boldsymbol{s} = \int_A^B (v_x \mathrm{d}x + v_y \mathrm{d}y + v_z \mathrm{d}z) = \int_A^B \mathrm{d}\phi = \phi_B - \phi_A \qquad (2-24)$$

由上式可知,当流场中有速度位存在时,速度矢量沿任意指定曲线的线积分只取决于积分曲线两端 B 和 A 处速度位 ϕ 值之差,而和积分路径无关。所以在无旋流场中求速度线积分时可以取最方便的路线进行。

如果积分路径为一闭合曲线,则速度线积分的值定义为速度环量,即

$$\Gamma = \oint \boldsymbol{v} \cdot \mathrm{d}\boldsymbol{s} \qquad (2-25)$$

这时,速度环量取逆时针积分方向为正,如图 2-13 所示。

由式(2-24)可知,在无旋流场中,如果速度位是单值函数,则 Γ 应等于零,即

$$\Gamma = \oint \mathrm{d}\phi = \phi_A - \phi_A = 0 \qquad (2-26)$$

在 2.2 节中,定义速度的旋度为

$$\mathrm{curl}\boldsymbol{v} = \left(\frac{\partial v_z}{\partial y} - \frac{\partial v_y}{\partial z}\right)\boldsymbol{i} + \left(\frac{\partial v_x}{\partial z} - \frac{\partial v_z}{\partial x}\right)\boldsymbol{j} + \left(\frac{\partial v_y}{\partial x} - \frac{\partial v_x}{\partial y}\right)\boldsymbol{k}$$

其分量形式为

$$\left.\begin{array}{l}\mathrm{curl}_x \boldsymbol{v} = \left(\dfrac{\partial v_z}{\partial y} - \dfrac{\partial v_y}{\partial z}\right) = \omega_x \\[3mm] \mathrm{curl}_y \boldsymbol{v} = \left(\dfrac{\partial v_x}{\partial z} - \dfrac{\partial v_z}{\partial x}\right) = \omega_y \\[3mm] \mathrm{curl}_z \boldsymbol{v} = \left(\dfrac{\partial v_y}{\partial x} - \dfrac{\partial v_x}{\partial y}\right) = \omega_z \end{array}\right\} \qquad (2-27)$$

且旋度各分量在某点的值,由绕该点闭合曲线上的环量在闭合曲线收缩向该点时的极限来定义。例如,在图2-14中,环绕 $abcd$ 流体微团的速度线积分,在流体微团收缩向中心点时,则有

$$\omega_z = \lim_{\Delta \hat{S} \to 0}\left\{\frac{\oint (v_x \mathrm{d}x + v_y \mathrm{d}y)}{\Delta \hat{S}}\right\} = \lim_{\Delta \hat{S} \to 0}\left\{\frac{\Delta \Gamma}{\Delta \hat{S}}\right\} \qquad (2-28)$$

式中, $\Delta \hat{S}$ 为积分路径所包围的面积。

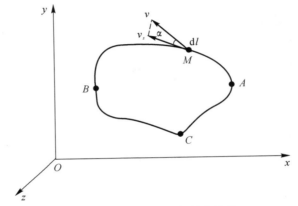

图 2-13　速度环量与积分路径

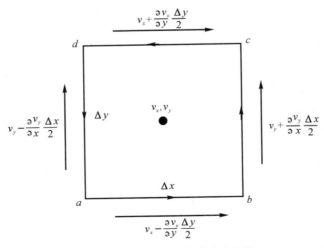

图 2-14　沿微团边界的速度分量

对任意空间平面式(2-28)可写成

$$\omega_n = \mathrm{curl}_n \boldsymbol{v} = \lim_{\Delta \hat{S} \to 0} \left\{ \frac{\oint \boldsymbol{v} \cdot \mathrm{d}\boldsymbol{s}}{\Delta \hat{S}} \right\} \tag{2-29}$$

这里的 ω_n 表示垂直于 $\Delta \hat{S}$ 平面的 $\boldsymbol{\omega}$ 分量。

将流场中任一连续曲面画分成 k 个 $\Delta \hat{S}_i$ 块,如图 2-15 所示。

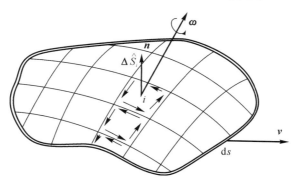

图 2-15　斯托克斯定理

若流动为已知,则每个小块上垂直于该小块的旋度分量可用式(2-27)求出。将式 (2-29)应用于图 2-15 中的第 1 个小块,得

$$(\omega_n \Delta \hat{S})_1 = \left(\oint \boldsymbol{v} \cdot \mathrm{d}\boldsymbol{s} \right)_1$$

将所有小块上的 $(\omega_n \Delta \hat{S})_i$ 作和,得

$$\sum_{i=1}^{k} (\omega_n \Delta \hat{S})_i = \sum_{i=1}^{k} \left(\oint \boldsymbol{v} \cdot \mathrm{d}\boldsymbol{s} \right)_i \tag{2-30}$$

在对式(2-30)右端所有速度线积分作和时,注意到所有为两块速度线积分共同的路径,在它上面的速度线积分对和式不产生贡献。因此,所有块上速度线积分的和正好等于绕整个曲面 S 边界上的速度线积分。式(2-30)在每个小块 $\Delta \hat{S}_i \to 0$ 时为一准确关系式,即

$$\iint\limits_{S} \omega_n \mathrm{d}\hat{S} = \oint \boldsymbol{v} \cdot \mathrm{d}\boldsymbol{s} = \Gamma \tag{2-31}$$

式(2-31)是著名的斯托克斯定理的数学表达式。斯托克斯定理表明,沿空间任一封闭曲线 L 上的环量,等于贯穿以此曲线所成的任意曲面上旋度的面积分。据此定理,一个涡管的旋涡强度可以用沿此涡管的围线的环量值代替,所以环量也就成了涡强的同义词。如果曲线所围成的区域中无涡通量,则沿此围线的环量为零。

式(2-31)表明,流场中若沿任意闭合曲线的速度环量为零,则流场中的流动是无旋的。例如,对于旋涡流动 $v_\theta = k/r$,该流动除原点 $r = 0$ 外,是处处无旋的。式(2-31)的积分值只有在积分闭合曲线内不包括 $r = 0$ 点时,其值为零。如果原点 $r = 0$ 在积分闭合曲线中,即积分闭合曲线中存在点涡,则式(2-31)的积分值不为零。

在旋涡流动中,沿一流线(即 $r =$ 常数)作速度线积分,注意到 $\boldsymbol{v} \cdot \mathrm{d}\boldsymbol{s} = (k/r) r \mathrm{d}\theta$,便得

$$\Gamma = \oint \boldsymbol{v} \cdot \mathrm{d}\boldsymbol{s} = \int_0^{2\pi} (k/r) r \mathrm{d}\theta = 2\pi k$$

用 $\Gamma/(2\pi)$ 代替 k,便得到旋涡流动的等价表达式

$$v_\theta = \frac{\Gamma}{2\pi r}$$

旋涡流动的速度位和流函数(定义见 2.4)分别为

$$\phi = (\Gamma/2\pi)\theta, \quad \psi = -(\Gamma/2\pi)\ln r$$

通常将围绕包含点涡闭合曲线上的速度环量 Γ 称为点涡强度。

2.3.3　直线涡的诱导速度及毕奥－萨瓦定律

把流场中由旋涡存在而产生的速度称为诱导速度。诱导速度的大小可由毕奥-萨瓦公式来确定。在不可压流动中,此公式指出了强度为 Γ 的微段长度 $\mathrm{d}L$ 涡线对周围流场所产生的诱导速度 $\mathrm{d}\boldsymbol{w}$,其数学表达式为

$$\mathrm{d}\boldsymbol{w} = \frac{\Gamma}{4\pi}\frac{\mathrm{d}\boldsymbol{L} \times \boldsymbol{r}}{r^3} \tag{2-32}$$

或

$$\mathrm{d}w = \frac{\Gamma}{4\pi}\frac{\sin\alpha}{r^2}\mathrm{d}L \tag{2-33}$$

式中,$\mathrm{d}L$ 为涡线上的微段长度;r 为流场中任意点至微段的距离;α 为微段 $\mathrm{d}L$ 与 r 之间的夹角;Γ 为旋涡强度。

$\mathrm{d}\boldsymbol{w}$ 的方向垂直于 ONM 平面(见图 2-16)。

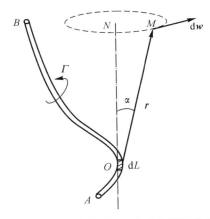

图 2-16　微段涡线 $\mathrm{d}L$ 产生的诱导速度

若流场中有一段直线涡 AB 线(见图 2-17),旋涡强度为 Γ,应用式(2-33),则微段 $\mathrm{d}L$ 对点 M 的诱导速度为

$$\mathrm{d}w = \frac{\Gamma}{4\pi}\frac{\sin\alpha\,\mathrm{d}L}{r^2}$$

由于 $\mathrm{d}w$ 垂直于 MAB,所以

$$w = \int_A^B \mathrm{d}w = \frac{\Gamma}{4\pi}\int_A^B \frac{\sin\alpha}{r^2}\mathrm{d}L \tag{2-34}$$

作 MC 垂直于 AB,设 $MC = h$,由图 2-17 中三角形 EDF 和 DFM 可找到

$$EF = \mathrm{d}L = \frac{FD}{\sin\alpha}$$

$$FD = r\mathrm{d}\alpha$$

由此得

$$\mathrm{d}L = \frac{r\mathrm{d}\alpha}{\sin\alpha}$$

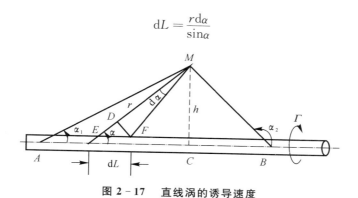

图 2 - 17　直线涡的诱导速度

另外，从三角形 ECM 中可得

$$r = \frac{h}{\sin\alpha}$$

将 r 及 $\mathrm{d}L$ 值代入式(2 - 34)，得

$$w = \frac{\Gamma}{4\pi h}\int_{\alpha_1}^{\alpha_2}\sin\alpha\mathrm{d}\alpha = \frac{\Gamma}{4\pi h}(\cos\alpha_1 - \cos\alpha_2) \tag{2 - 35}$$

诱导速度的方向是垂直于纸面的。如果涡线一端是无限长，如 B 点趋于无穷远，且 C 点与涡线另一端重合，因此时 $\alpha_2 \to \pi$，$\alpha_1 = \dfrac{\pi}{2}$，于是有

$$w = \frac{\Gamma}{4\pi h}$$

如果涡线两端都延伸到无穷远，这时 $\alpha_1 \to 0$，$\alpha_2 \to \pi$，于是有

$$w = \frac{\Gamma}{2\pi h}$$

对于无限长涡线所引起的诱导速度场，在与涡线垂直的平面上流动都是一样的，因此这种流动可看作是平面流动，通常称平面点涡流动。

2.3.4　海姆霍兹旋涡定理

流场中存在的旋涡是由流体的黏性所产生的。但如果我们关心的是旋涡产生以后的效应，那么可以用理想流体的观点来研究旋涡问题。在理想流体里涡线或涡管有如下三条定理。

定理一　在同一瞬间沿涡线或涡管的旋涡强度不变。

设在某瞬时，在流场中取一包围一段涡线的开缝圆筒（见图 2 - 18）。若流场中除涡线外，处处无旋，则在这一开缝圆筒上每一点的旋度为零。因此，沿围成开缝圆筒边界的速度线积分为零。又因组成缝的两边线上的速度积分（b 到 c 和 d 到 a）对总积分的贡献，在缝宽趋于零时,刚好相互抵消,为使总线积分为零,必有 a 到 b 的线积分同 c 到 d 的线积分大小相等、符号相反。由此可知穿过圆筒上、下截面的涡线旋涡强度应完全相同。由于圆筒的上、下截面位置是任选的,所以沿涡线旋涡强度是不变的。这一定理称为海姆霍兹第一定理。

定理二　涡线不能在流体中中断,只能在流体边界上中断或形成闭合圈。

将海姆霍兹第一定理进一步推广,来分析涡线在开缝圆筒内部中断的情况。如果这种情况发生,那么开缝圆筒边界上 a 到 b 与 c 到 d 的线积分的大小就不再相等,即沿开缝圆筒边界的线积分不再为零。所以,涡线不能在流体中中断,只能中断于流体边界或形成闭合圈。这一定理称为海姆霍兹第二定理。例如在二维风洞做实验时,机翼上的涡线(翼展方向)止于两侧的洞壁;还有一种是涡管可以伸到无穷远去,例如三维机翼上的涡线(与翼展同向的)在左、右两端折转后成为尾涡,向后伸到无限远去。

定理三　在理想流中,涡的强度不随时间变化,既不会增强也不会削弱或消失。

图 2 – 18　围绕涡线的开缝圆筒

本定理称为海姆霍兹第三定理。从本定理可以看出,在无黏流中,由于流体微团只受垂直于微团表面的法向力,不受切向力,所受合力通过微团质心,即不存在使微团旋转的外力。若流体运动原无旋则永远无旋,若原有旋则保持旋涡强度不变。

实际流体都是有黏性的,涡强是会随时间变化的。不过空气的黏性是很小的,黏性使涡强的衰减并不很显著,所以仍可按理想流体里涡强不衰减处理。

2.4　连续方程和流函数

2.4.1　连续方程

流体在运动时,应服从一条普遍规律,即质量守恒定律。这条定律在空气动力学中的数学表达式称为连续方程或质量方程。

如果将 2.2.2 节中对六面体体积流量的分析应用到六面体质量流量的分析,那么在 dt 时间内,流出六面体的总的质量为

$$\left[\frac{\partial(\rho v_x)}{\partial x} + \frac{\partial(\rho v_y)}{\partial y} + \frac{\partial(\rho v_z)}{\partial z}\right]\delta_x\delta_y\delta_z dt$$

另外,流体密度随时间的变化也影响六面体内流体的总质量。设在 t 时刻六面体内流体的平均密度为 ρ,$t + dt$ 时的平均密度为 $\rho + \frac{\partial\rho}{\partial t}dt$,则在 dt 时间内由于密度的变化而使六面体内增加的流体质量为

$$\frac{\partial \rho}{\partial t}\delta_x \delta_y \delta_z \mathrm{d}t$$

根据质量守恒定律,流出六面体流体的总质量应该等于六面体内流体总质量的减少,由此得

$$\frac{\partial \rho}{\partial t} + \frac{\partial (\rho v_x)}{\partial x} + \frac{\partial (\rho v_y)}{\partial y} + \frac{\partial (\rho v_z)}{\partial z} = 0 \qquad (2-36)$$

用矢量表达的形式为

$$\frac{\partial \rho}{\partial t} + \nabla (\rho \boldsymbol{v}) = 0 \qquad (2-37)$$

这就是微分形式的连续方程(质量方程)。

若流动是定常可压的,则 $\frac{\partial \rho}{\partial t} = 0$,因而连续方程具有下列形式

$$\frac{\partial (\rho v_x)}{\partial x} + \frac{\partial (\rho v_y)}{\partial y} + \frac{\partial (\rho v_z)}{\partial z} = 0 \qquad (2-38)$$

或

$$\nabla (\rho \boldsymbol{v}) = 0 \qquad (2-39)$$

式(2-36)可以写成

$$\frac{\partial \rho}{\partial t} + v_x \frac{\partial \rho}{\partial x} + v_y \frac{\partial \rho}{\partial y} + v_z \frac{\partial \rho}{\partial z} + \rho \left(\frac{\partial v_x}{\partial x} + \frac{\partial v_y}{\partial y} + \frac{\partial v_z}{\partial z} \right) = 0$$

上式中前四项是 ρ 对 t 的全导数,因此可以得到另一个形式的连续方程

$$\frac{\mathrm{d}\rho}{\mathrm{d}t} + \rho \left(\frac{\partial v_x}{\partial x} + \frac{\partial v_y}{\partial y} + \frac{\partial v_z}{\partial z} \right) = 0 \qquad (2-40)$$

对于定常不可压缩流体,$\rho =$ 常数,即 $\frac{\mathrm{d}\rho}{\mathrm{d}t} = 0$,由式(2-36)可得不可压缩流体在定常流动时的连续方程

$$\frac{\partial v_x}{\partial x} + \frac{\partial v_y}{\partial y} + \frac{\partial v_z}{\partial z} = 0$$
$$\nabla \boldsymbol{v} = 0 \qquad (2-41)$$

或
柱极坐标系中为

$$\frac{\partial v_r}{\partial r} + \frac{1}{r} \left(v_r + \frac{\partial v_\theta}{\partial \theta} \right) + \frac{\partial v_z}{\partial z} = 0$$

2.4.2　流函数

对于二维定常不可压缩流动,连续方程式(2-41)可写为

$$\frac{\partial v_x}{\partial x} + \frac{\partial v_y}{\partial y} = 0 \qquad (2-42)$$

由高等数学可知式(2-42)表明 $v_x \mathrm{d}y - v_y \mathrm{d}x$ 是某一函数 ψ 的全微分,即

$$\mathrm{d}\psi = v_x \mathrm{d}y - v_y \mathrm{d}x \qquad (2-43)$$

又

$$\mathrm{d}\psi = \frac{\partial \psi}{\partial y}\mathrm{d}y + \frac{\partial \psi}{\partial x}\mathrm{d}x \qquad (2-44)$$

故有

$$v_x = \frac{\partial \psi}{\partial y}, \quad v_y = -\frac{\partial \psi}{\partial x} \tag{2-45}$$

函数 $\psi(x, y)$ 称为流函数。现在求流函数 $\psi(x, y)$ 为常数的曲线。令式(2-43)中的 $\mathrm{d}\psi = 0$，得到

$$v_x \mathrm{d}y - v_y \mathrm{d}x = 0$$

即

$$\frac{\mathrm{d}x}{v_x} = \frac{\mathrm{d}y}{v_y} \tag{2-46}$$

式(2-46)说明，曲线 $\psi(x, y) = C$ 上各点的切线方向和该点处的速度方向重合，因此 $\psi(x, y) = C$ 的曲线为一条流线。式(2-46)和式(2-45)相同，为平面流动的流线方程。

在二维不可压流场上作任意曲线 $M_0 M_1$（见图 2-19）。现计算每秒流过此曲线与垂直于 xOy 平面单位长度所成的截面上的体积流量 Q。设在 $M_0 M_1$ 曲线上取微段弧长 $\mathrm{d}s$，$\mathrm{d}s$ 方向沿着由 M_0 至 M_1 的方向，与 $\mathrm{d}s$ 垂直的单位法向矢量 $\boldsymbol{n}$，其方向取在与流体速度 $\boldsymbol{v}$ 方向在 $M_0 M_1$ 截面的同侧。通过微小面积 $\mathrm{d}s \cdot 1$ 的流量

$$\mathrm{d}Q = v_\mathrm{n} \mathrm{d}s \cdot 1 = v_\mathrm{n} \mathrm{d}s$$

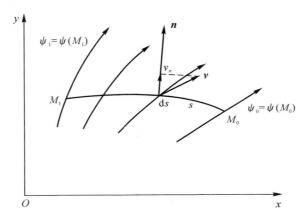

图 2-19　流场中的流线及速度分量

其中 v_n 为法向速度，法向分速度可用坐标轴上的分速度 v_x, v_y 按下式表达：

$$v_\mathrm{n} = v_x \cos(\boldsymbol{n}, x) + v_y \cos(\boldsymbol{n}, y)$$

由此得

$$\mathrm{d}Q = [v_x \cos(\boldsymbol{n}, x) + v_y \cos(\boldsymbol{n}, y)] \mathrm{d}s$$

因式中

$$\cos(\boldsymbol{n}, x) = \frac{\mathrm{d}y}{\mathrm{d}s}, \quad \cos(\boldsymbol{n}, y) = -\frac{\mathrm{d}x}{\mathrm{d}s}$$

所以

$$\mathrm{d}Q = v_x \mathrm{d}y - v_y \mathrm{d}x$$

根据式(2-43)

$$\mathrm{d}Q = \mathrm{d}\psi$$

则沿 $M_0 M_1$ 截面的总流量

$$Q = \int_{M_0}^{M_1} \mathrm{d}q_V = \int_{M_0}^{M_1} \mathrm{d}\psi = \psi(M_1) - \psi(M_0) \qquad (2-47)$$

上式说明,通过任意曲线 M_0M_1 与垂直于 xOy 平面单位长度所组成截面的体积流量,等于该曲线两端点流函数之差,而与曲线的形状无关。因此,若通过两给定点作流线,由此两条流线所界定的流管的流量,即为两流线上流函数数值之差。

下面来讨论二维定常不可压流场中流函数与速度位的关系。根据式 (2 - 18) 和式 (2 - 45),可得

$$\left. \begin{array}{l} v_x = \dfrac{\partial \phi}{\partial x} = \dfrac{\partial \psi}{\partial y} \\[2mm] v_y = \dfrac{\partial \phi}{\partial y} = -\dfrac{\partial \psi}{\partial x} \end{array} \right\} \qquad (2-48)$$

式(2-48)建立了速度位与流函数之间的关系。

取速度位梯度与流函数梯度的数量积(点积)

$$\mathbf{grad}\phi \cdot \mathbf{grad}\psi = \left(\frac{\partial \phi}{\partial x}\boldsymbol{i} + \frac{\partial \phi}{\partial y}\boldsymbol{j} \right) \cdot \left(\frac{\partial \psi}{\partial x}\boldsymbol{i} + \frac{\partial \psi}{\partial y}\boldsymbol{j} \right) = \frac{\partial \phi}{\partial x}\frac{\partial \psi}{\partial x} + \frac{\partial \phi}{\partial y}\frac{\partial \psi}{\partial y} =$$

$$\frac{\partial \psi}{\partial y}\frac{\partial \psi}{\partial x} - \frac{\partial \psi}{\partial x}\frac{\partial \psi}{\partial y} = 0$$

上式表明了等位线族($\phi(x,y)=C$ 的曲线族)与流线族正交。

例 2 - 5　已知一二维均匀直线流动,$v_x = A$,$v_y = B$,A,B 为常数,求流场的流函数及速度位。

解　由式(2 - 45)得

$$v_x = \frac{\partial \psi}{\partial y} = A, \quad v_y = -\frac{\partial \psi}{\partial x} = B$$

积分后得

$$\psi = Ay + f_1(x) \quad 且 \quad \psi = -Bx + f_2(y)$$

由解的同一性可知

$$f_1(x) = -Bx, \quad f_2(y) = Ay$$

即

$$\psi = Ay - Bx$$

由式(2 - 18)得

$$v_x = \frac{\partial \phi}{\partial x} = A, \quad v_y = \frac{\partial \phi}{\partial y} = B$$

积分后得

$$\phi = Ax + f_1(y) \quad 且 \quad \phi = By + f_2(x)$$

由解的同一性可知

$$f_1(y) = By, \quad f_2(x) = Ax$$

即

$$\phi = Ax + By$$

由求得的流函数和速度位,可求出流线的斜率为

$$\left(\frac{\mathrm{d}y}{\mathrm{d}x} \right)_s = \frac{B}{A}$$

等位线的斜率为

$$\left(\frac{\mathrm{d}y}{\mathrm{d}x}\right)_p = -\frac{A}{B}$$

而

$$\left(\frac{\mathrm{d}y}{\mathrm{d}x}\right)_s \left(\frac{\mathrm{d}y}{\mathrm{d}x}\right)_p = -1$$

于是可知均匀直线流动中的流线族与等位线族是正交的（见图 2 - 20）。

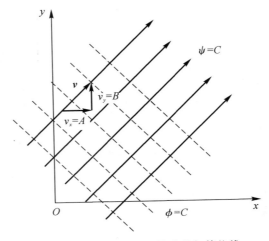

图 2 - 20　直匀流场中的流线与等位线

例 2 - 6　设二维不可压流动中 $v_r = f(r), v_\theta = 0$，求满足质量守恒定律所要求的 $f(r)$ 的表达式及流函数和速度位。

解　由二维不可压流动的质量守恒定律的数学表达式（式(2 - 41)）

$$\nabla \boldsymbol{v} = 0$$

可得

$$\frac{\mathrm{d}v_r}{\mathrm{d}r} + \frac{1}{r} v_r = 0$$

积分后得 v_r 的解为

$$v_r = \frac{k}{r}$$

式中，k 为常数。

在极坐标系中

$$v_r = \frac{1}{r}\frac{\partial \psi}{\partial \theta}, \quad v_\theta = -\frac{\partial \psi}{\partial r}$$

积分后得

$$\psi = k\theta + f_1(r), \quad \psi = f_2(\theta)$$

由解的同一性可知

$$f_1(r) = 0, \quad f_2(\theta) = \theta$$

最后得

$$\psi = k\theta$$

这里的常数 k 由通过半径为 r 的圆周的体积流量 Q 求出,即 $Q = 2\pi r v_r = 2\pi k, k = \dfrac{Q}{2\pi}$。

　　由流函数表达式可看出,该流场的流线族为所有通过坐标原点的直线组成,即流线在原点处相交。又由速度表达式可知,原点处的速度为无穷大。由流线的定义,该流场在原点处为流动的奇点。这一类流动在流体力学中称为点源(或汇)流动(见图 2 - 21)。

　　由式(2 - 19)可得

$$v_r = \frac{\partial \phi}{\partial r} = \frac{Q}{2\pi r}, \qquad v_\theta = \frac{1}{r}\frac{\partial \phi}{\partial \theta} = 0$$

积分后得到的解为

$$\phi = \frac{Q}{2\pi}\ln r + f_1(\theta), \qquad \phi = f_2(r)$$

由解的同一性可得

$$f_1(\theta) = 0, \qquad f_2(r) = \frac{Q}{2\pi}\ln r$$

即

$$\phi = \frac{Q}{2\pi}\ln r$$

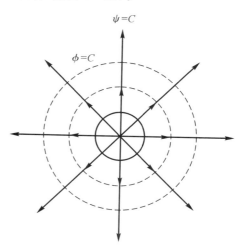

　　由得到的速度位的解可看出,流场的等位线族是由一系列圆心在原点的同心圆组成的。显然,流线族与等位线族是互相正交的。

图 2 - 21　点源流动的流线与等位线

2.5　欧拉运动方程及其积分

　　前几节讨论了流体的几个运动学问题,本节讨论的是属于动力学的问题。在理想流体中,应用牛顿第二定律,可以建立起流体微团上所作用的力和它的加速度之间的微分关系式,这种关系式称为欧拉方程。

2.5.1　欧拉运动方程

　　牛顿第二定律指出,流体微团动量的变化取决于流体微团的受力。若给定流体微团的质量为 $\rho\delta_x\delta_y\delta_z$,则牛顿第二定理的数学表达式为

$$\boldsymbol{F} \cdot \delta_x\delta_y\delta_z = \frac{\mathrm{d}}{\mathrm{d}t}(\rho\,\delta_x\,\delta_y\,\delta_z\,\boldsymbol{v})$$

式中,$\boldsymbol{F}$ 为作用在微团单位体积上的力,它包括表面力和质量力。

　　上式等号右端为微团所具有的动量随时间的变化率。应用质量守恒定律,上式可简写为

$$\boldsymbol{F} = \rho\,\frac{\mathrm{d}\boldsymbol{v}}{\mathrm{d}t} \tag{2 - 49}$$

　　现在通过图 2 - 22 来分析理想流体中流体微团所受的表面力以及质量力对微团加速度的影响。在理想流体中微团表面不受切向力。

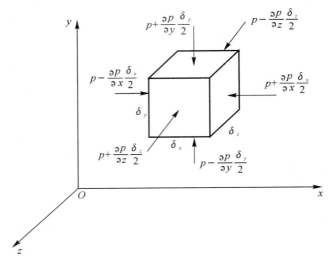

图 2 - 22   流体微团的受力

为了方便起见,在流场中画出一块微元六面体,边长分别为 δ_x, δ_y, δ_z(见图 2 - 22),并且只讨论 x 轴方向的力,至于 y 轴和 z 轴方向的力可以用类似的方法得到。设流体微团中心点的坐标为 (x,y,z),压强为 p。由于压强是连续分布的,将压强函数经泰勒级数展开并只保留前两项,结果得到作用在垂直于 x 轴左侧表面中心点的压强为 $p - \dfrac{\partial p}{\partial x}\dfrac{\delta_x}{2}$,也是左侧表面上的平均压强。左侧表面的压力为 $\left(p - \dfrac{\partial p}{\partial x}\dfrac{\delta_x}{2}\right)\delta_y\,\delta_z$,指向 x 轴正方向。右侧表面的压力为 $\left(p + \dfrac{\partial p}{\partial x}\dfrac{\delta_x}{2}\right)\delta_y\delta_z$,指向负 x 轴负方向,于是沿 x 轴向整个左、右侧表面的合力为

$$\left(p - \frac{\partial p}{\partial x}\frac{\delta_x}{2}\right)\delta_y\,\delta_z - \left(p + \frac{\partial p}{\partial x}\frac{\delta_x}{2}\right)\delta_y\,\delta_z = -\frac{\partial p}{\partial x}\delta_x\,\delta_y\,\delta_z$$

其次设 X,Y,Z 分别表示单位质量的彻体力(质量力)在 x,y,z 轴上的投影。这块流体的质量是 $\rho\delta_x\delta_y\delta_z$,所以这块流体的彻体力在 x 轴方向的投影为

$$\rho\,\delta_x\,\delta_y\,\delta_z \cdot X$$

加速度的表达式是式(2 - 3),应用牛顿第二定律,则可得 x 轴方向的关系式为

$$\rho\,\delta_x\,\delta_y\,\delta_z \cdot X - \frac{\partial p}{\partial x}\delta_x\,\delta_y\,\delta_z = \frac{\mathrm{d}v_x}{\mathrm{d}t} \cdot \rho\,\delta_x\,\delta_y\,\delta_z$$

用这块流体的质量除两端,则得到单位质量的形式

$$\left.\begin{aligned} X - \frac{1}{\rho}\frac{\partial p}{\partial x} &= \frac{\mathrm{d}v_x}{\mathrm{d}t} \\[2pt] Y - \frac{1}{\rho}\frac{\partial p}{\partial y} &= \frac{\mathrm{d}v_y}{\mathrm{d}t} \\[2pt] Z - \frac{1}{\rho}\frac{\partial p}{\partial z} &= \frac{\mathrm{d}v_z}{\mathrm{d}t} \end{aligned}\right\} \tag{2 - 50}$$

这就是直角坐标系中的理想流体的运动微分方程,称为欧拉运动方程。

欧拉方程组既可应用到理想可压流,也可以应用到理想不可压流,它是空气动力学的原始方程组之一。

对于有黏性流体来说,可以用类似的推导方法,但必须将黏性力项加进去,最后可推出黏性流体的运动方程,称为纳维-斯托克斯方程,见第 6 章。

如果将式(2-50)中的加速度项展开,则可把欧拉方程写成

$$\left.\begin{aligned}
X - \frac{1}{\rho}\frac{\partial p}{\partial x} &= \frac{\partial v_x}{\partial t} + v_x\frac{\partial v_x}{\partial x} + v_y\frac{\partial v_x}{\partial y} + v_z\frac{\partial v_x}{\partial z} \\
Y - \frac{1}{\rho}\frac{\partial p}{\partial y} &= \frac{\partial v_y}{\partial t} + v_x\frac{\partial v_y}{\partial x} + v_y\frac{\partial v_y}{\partial y} + v_z\frac{\partial v_y}{\partial z} \\
Z - \frac{1}{\rho}\frac{\partial p}{\partial z} &= \frac{\partial v_z}{\partial t} + v_x\frac{\partial v_z}{\partial x} + v_y\frac{\partial v_z}{\partial y} + v_z\frac{\partial v_z}{\partial z}
\end{aligned}\right\} \tag{2-51}$$

式(2-51)这 3 个微分式规定了气流里压强的变化和速度的变化以及彻体力的关系。不妨把速度的变化以及和彻体力的存在看作是压强之所以有变化的原因,如果彻体力为零,则只有速度变化产生压强变化,正加速度将产生负压强梯度,也就是说,在流动过程中如果流速越来越大时,相应的压强必是越来越小,或者说加速度过程是对应于压强下降的;反之,流速下降的过程对应于压强上升。如果速度变化为零,则只有彻体力产生压强变化。以静止液体为例,如果彻体力只是重力产生的,此时单位质量彻体力只是 $Y = -g$,则 $\frac{\partial p}{\partial y} = -\rho g$,那么这时压强只有竖向有梯度,这种压强差作用在一个物体上的合力就是浮力。在空气中运动的飞行器,由重力场产生的压力差是极小的,因为空气的密度很小。譬如在海平面上,空气的密度 $\rho = 1.225 \text{kg/m}^3$,则 $\frac{\partial p}{\partial y} = -1.225 \times 9.8 \text{N/m}^3 = -12\text{N/m}^3$,即高度相差 1m,压强相差 12N/m^2。这个量和因流动而引起的压强差相比,往往是很小的数,可以忽略不计。

欧拉运动微分方程组式(2-51)还可以改写为另外的形式。为此进行变换,先变换其第一式,在方程组第一式等号右边加上下列各项:

$$\pm v_y\frac{\partial v_y}{\partial x}, \ \pm v_z\frac{\partial v_z}{\partial x}$$

这样就得到

$$X - \frac{1}{\rho}\frac{\partial p}{\partial x} = \frac{\partial v_x}{\partial t} + \left(v_x\frac{\partial v_x}{\partial x} + v_y\frac{\partial v_y}{\partial x} + v_z\frac{\partial v_z}{\partial x}\right) + v_y\left(\frac{\partial v_x}{\partial y} - \frac{\partial v_y}{\partial x}\right) + v_z\left(\frac{\partial v_x}{\partial z} - \frac{\partial v_z}{\partial x}\right)$$

不难看出,在第一个括号内,是二分之一的速度二次方对 x 的偏微分,即

$$\frac{\partial}{\partial x}\left(\frac{v^2}{2}\right) = \frac{\partial}{\partial x}\left(\frac{v_x^2 + v_y^2 + v_z^2}{2}\right) = v_x\frac{\partial v_x}{\partial x} + v_y\frac{\partial v_y}{\partial x} + v_z\frac{\partial v_z}{\partial x}$$

所以

$$X - \frac{1}{\rho}\frac{\partial p}{\partial x} - \frac{\partial}{\partial x}\left(\frac{v^2}{2}\right) = \frac{\partial v_x}{\partial t} + v_y\left(\frac{\partial v_x}{\partial y} - \frac{\partial v_y}{\partial x}\right) + v_z\left(\frac{\partial v_x}{\partial z} - \frac{\partial v_z}{\partial x}\right) =$$
$$\frac{\partial v_x}{\partial t} + (v_z w_y - v_y w_z)$$

类似地,进行另外两方程的变换,最后得到

$$
\left.
\begin{array}{l}
X - \dfrac{1}{\rho}\dfrac{\partial p}{\partial x} - \dfrac{\partial}{\partial x}\left(\dfrac{v^2}{2}\right) - \dfrac{\partial v_x}{\partial t} = v_z w_y - v_y w_z \\[3mm]
Y - \dfrac{1}{\rho}\dfrac{\partial p}{\partial y} - \dfrac{\partial}{\partial y}\left(\dfrac{v^2}{2}\right) - \dfrac{\partial v_y}{\partial t} = v_x w_z - v_z w_x \\[3mm]
Z - \dfrac{1}{\rho}\dfrac{\partial p}{\partial z} - \dfrac{\partial}{\partial z}\left(\dfrac{v^2}{2}\right) - \dfrac{\partial v_z}{\partial t} = v_y w_x - v_x w_y
\end{array}
\right\}
\tag{2-52}
$$

2.5.2　伯努利方程及其应用

尽管欧拉方程看起来复杂，但欧拉方程可以在无旋流动的全场进行积分，也可以在有旋流动中沿流线进行积分。

1. 无旋流中的积分

在无旋流中有速度位存在，且式（2-52）中各分式等号右端的旋度为零。将式（2-52）的三个分式分别乘以 $\mathrm{d}x, \mathrm{d}y, \mathrm{d}z$，于是有

$$
\left.
\begin{array}{l}
\dfrac{\partial U}{\partial x}\mathrm{d}x - \dfrac{1}{\rho}\dfrac{\partial p}{\partial x}\mathrm{d}x = \dfrac{\partial v_x}{\partial t}\mathrm{d}x + \dfrac{\partial}{\partial x}\left(\dfrac{v^2}{2}\right)\mathrm{d}x \\[3mm]
\dfrac{\partial U}{\partial y}\mathrm{d}y - \dfrac{1}{\rho}\dfrac{\partial p}{\partial y}\mathrm{d}y = \dfrac{\partial v_y}{\partial t}\mathrm{d}y + \dfrac{\partial}{\partial y}\left(\dfrac{v^2}{2}\right)\mathrm{d}y \\[3mm]
\dfrac{\partial U}{\partial z}\mathrm{d}z - \dfrac{1}{\rho}\dfrac{\partial p}{\partial z}\mathrm{d}z = \dfrac{\partial v_z}{\partial t}\mathrm{d}z + \dfrac{\partial}{\partial z}\left(\dfrac{v^2}{2}\right)\mathrm{d}z
\end{array}
\right\}
\tag{2-53}
$$

式中，U 为重力位函数。令

$$
X = \frac{\partial U}{\partial x}, \quad Y = \frac{\partial U}{\partial y}, \quad Z = \frac{\partial U}{\partial z}
$$

利用

$$
\frac{\partial v_x}{\partial t} = \frac{\partial}{\partial t}\frac{\partial \phi}{\partial x} = \frac{\partial}{\partial x}\frac{\partial \phi}{\partial t}
$$

$$
\frac{\partial v_y}{\partial t} = \frac{\partial}{\partial t}\frac{\partial \phi}{\partial y} = \frac{\partial}{\partial y}\frac{\partial \phi}{\partial t}
$$

$$
\frac{\partial v_z}{\partial t} = \frac{\partial}{\partial t}\frac{\partial \phi}{\partial z} = \frac{\partial}{\partial z}\frac{\partial \phi}{\partial t}
$$

的性质，将式（2-53）作和，得

$$
\mathrm{d}\left(\frac{\partial \phi}{\partial t}\right) + \frac{1}{2}\mathrm{d}(v^2) + \frac{1}{\rho}\mathrm{d}p = \mathrm{d}U
\tag{2-54}
$$

积分后得

$$
\int \frac{\mathrm{d}p}{\rho} + \frac{v^2}{2} + \frac{\partial \phi}{\partial t} = U + f(t)
\tag{2-55}
$$

此积分称为拉格朗日积分，可用于可压缩非定常位流。

当流体是不可压缩流体时，因为 ρ 为常数，所以式（2-55）可写成

$$
\frac{p}{\rho} + \frac{v^2}{2} + \frac{\partial \phi}{\partial t} = U + f(t)
\tag{2-56}
$$

对不可压定常流，$\dfrac{\partial \phi}{\partial t} = 0$，而任意函数 $f(t)$ 为一常数 C，式（2-55）变为

$$\frac{p}{\rho} + \frac{v^2}{2} = U + C \tag{2-57}$$

或

$$\frac{1}{2}\rho v^2 + p - \rho U = C \tag{2-58}$$

上两式就是理想不可压定常流的伯努利方程。式(2-58)中等号左边三项分别表示单位质量流体所具有的动能、压力能和位能,这三种能量总称机械能。它们三者之间可以互相转化,但总和是不变的。

在空气的扰流问题中,重力可以略去,式(2-58)变为

$$p + \frac{1}{2}\rho v^2 = C \tag{2-59}$$

上式中第一项为静压,第二项为动压,C 为总压(通常用 p_0 表示),即

$$p_0 = p + \frac{1}{2}\rho v^2 \tag{2-60}$$

在这里可以将总压 p_0 理解为驻点压强。譬如远前方有一股平行的直匀流(速度为 v_∞)流过一个上、下对称的物体,如图 2-23 所示。这时气流分成两路绕物体上、下两边流去。现考察中间分界流线上的流动情况:在该流线上流体微团的速度越接近物面越减小,压强则逐渐增大,一直到驻点 A 处为止,在该点处速度已降为零,压强 p 就达到了最大值即 p_0,因此 p_0 是驻点的压强。

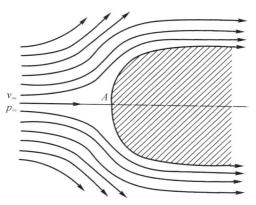

图 2-23　直匀流绕对称物体的流动

例 2-7　用文德利管测流量。

解　文德利管是一段有细腰的管子,如图 2-24 所示。管截面积由大变小,又由小变大,都是渐变的。文德利管的最大截面积 A_1 和最小截面积 A_2 都是已知的。把这样的一段管子插接在一条有低速流体流动的管道里(串联),如果测得 A_1 和 A_2 两截面上的流体静压差 $(p_1 - p_2)$,就能用连续方程和伯努利方程把管道中的流量算出来。

假定文德利管是水平放置的,则管道中流体的流动不受重力的影响,按式(2-60)有

$$p_1 + \frac{1}{2}\rho v_1^2 = p_2 + \frac{1}{2}\rho v_2^2$$

用连续方程,v_1 和 v_2 与管截面面积成反比

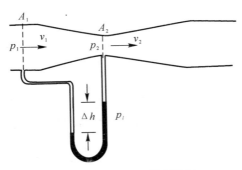

图 2-24　文德利管测流量

$$v_1 = v_2 \left(\frac{A_2}{A_1} \right)$$

将此式代入前式,得

$$v_2 = \sqrt{2(p_1 - p_2) / \left[\rho (1 - A_2^2 / A_1^2) \right]} \quad (\text{m/s})$$

式中,p 的单位是 N/m^2,ρ 的单位是 kg/m^3,体积流量是

$$Q = v_2 A_2 \quad (\text{m}^3 / \text{s})$$

例 2-8　在海平面上,有低速直匀流(流速为 v_∞)流过一个翼型(见图 2-25)。远前方直匀流的静压 $p = p_\infty = 101\,200\,\text{N/m}^2$,流速 $v_\infty = 100\,\text{m/s}$。已知 A,B,C 三点的速度分别是 $v_A = 0, v_B = 150\,\text{m/s}, v_C = 50\,\text{m/s}$。空气在海平面的密度 $\rho = 1.225\,\text{kg/m}^3$。求 A,B,C 三点的压强。

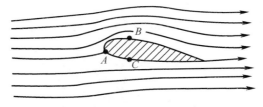

图 2-25　低速翼型扰流

解　流动是无旋的,伯努利常数在全场上通用。根据远前方条件得

$$p_0 = 101\,200 + \frac{1.225}{2} \times (100^2) = 107\,325 \ \text{N/m}^2$$

p_0 就是通用于全流场的常数。

$$\frac{1}{2} \rho v_\infty^2 = \frac{1}{2} \times 1.225 \times (100^2) = 6\,125 \ \text{N/m}^2$$

$$p_A = p_0 - \frac{\rho}{2} v_A^2 = p_0 = 107\,325 \ \text{N/m}^2$$

$$p_B = p_0 - \frac{\rho}{2} v_B^2 = 107\,325 - 0.612\,5 \times 22\,500 = 93\,544 \ \text{N/m}^2$$

$$p_C = p_0 - \frac{\rho}{2} v_C^2 = 107\,325 - 1\,531 = 105\,790 \ \text{N/m}^2$$

2. 有旋流动中的积分

在有旋流动中欧拉方程可沿流线进行积分。利用流线微分方程,有

$$\frac{v_x}{v_y} = \frac{\mathrm{d}x}{\mathrm{d}y}, \qquad \frac{v_y}{v_z} = \frac{\mathrm{d}y}{\mathrm{d}z}, \qquad \frac{v_z}{v_x} = \frac{\mathrm{d}z}{\mathrm{d}x}$$

代入欧拉方程式(2-51),得

$$\left. \begin{aligned} \frac{\partial U}{\partial x}\mathrm{d}x - \frac{1}{\rho}\frac{\partial p}{\partial x}\mathrm{d}x &= \frac{\partial v_x}{\partial t}\mathrm{d}x + \frac{1}{2}\mathrm{d}(v_x^2) \\ \frac{\partial U}{\partial y}\mathrm{d}y - \frac{1}{\rho}\frac{\partial p}{\partial y}\mathrm{d}y &= \frac{\partial v_y}{\partial t}\mathrm{d}y + \frac{1}{2}\mathrm{d}(v_y^2) \\ \frac{\partial U}{\partial z}\mathrm{d}z - \frac{1}{\rho}\frac{\partial p}{\partial z}\mathrm{d}z &= \frac{\partial v_z}{\partial t}\mathrm{d}z + \frac{1}{2}\mathrm{d}(v_z^2) \end{aligned} \right\} \tag{2-61}$$

将上式作和,得

$$\mathrm{d}U - \frac{\mathrm{d}p}{\rho} = \left(\frac{\partial v_x}{\partial t}\mathrm{d}x + \frac{\partial v_y}{\partial t}\mathrm{d}y + \frac{\partial v_z}{\partial t}\mathrm{d}z \right) + \frac{1}{2}\mathrm{d}v^2 \tag{2-62}$$

由于有旋流动不存在位函数,只有在定常流动情况下,才能得到去掉非定常项的式(2-55)的结果。

由此得出结论,在定常无黏流中,总压 p_0 在全无旋流场中均为一常数,而在有旋流场中,同一流线上的总压相同,不同流线上的总压是不同的。

2.6　能　量　方　程

对于不可压流,密度 ρ 是常数,流场的主要变量是压强 p 和速度 v。前面的连续方程和动量方程都是关于 p 和 v 的方程,因此,对于不可压流动,连续方程和动量方程已经封闭,已经可以求解具体的流动问题。

然而,对于可压流,密度 ρ 也是一个变量。为了使该系统封闭,需要再补充一个基本方程,这就是本节要推导的能量方程。流体力学中的能量方程是基于一般的能量守恒律:能量既不能创造,也不能消灭,它只能从一种形式转换成另一种形式。

取某封闭边界内的一定质量的物质,这些物质定义为一个系统。由于系统内的分子和原子永远是运动的,因此系统具有一定的能量。为简单起见,设系统的质量为单位质量,单位质量含有的内能用 e 表示。

系统以外的区域定义为外界环境。假设外界环境传给系统热量 δq,同时外界环境对系统做功 δw。热量和功都是能量的表现形式。所以当外界环境对系统传热或做功时,系统的内能将发生变化,内能的变化用 de 表示。根据能量守恒定律,有

$$\delta q + \delta w = de \tag{2-63}$$

式(2-63)就是热力学第一定律的表达式。

对如图 2-26 所示的流体微团,运用热力学第一定律,设

$B_1 =$ 外界环境传递给流体微团热量的传热率

$B_2 =$ 外界环境对流体微团做功的功率

$B_3 =$ 流体微团能量的变化率

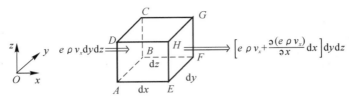

图 2-26 流体微团在 x 轴方向能量变化

根据热力学第一定律,有

$$B_1 + B_2 = B_3 \tag{2-64}$$

由于式(2-64)的每一项都包含能量的时间变化率,因此严格地讲式(2-64)是功率式,但是它描述的是能量守恒原理,因此习惯上也把式(2-64)称为能量方程。

设单位质量流体热传导功率为 $\dot{q}$(单位为 $J/(kg \cdot s)$),则总的热传导率为 $\rho \dot{q} \delta_x \delta_y \delta_z$。如果流动有黏性,则热量可以通过热传导和质量扩散的方式传入流体微团,将黏性作用导致微团热量单位体积下增加的功率表示为 $\dot{Q}'_{\text{viscous}}$,则单位体积下的传热率为

$$\rho \dot{q} + \dot{Q}'_{\text{viscous}}$$

外界环境对流体微团做的功包括表面力、质量力和黏性力所做的功,单位体积下的功率可以表示为

$$-\nabla \cdot (p\boldsymbol{v}) + \rho(\boldsymbol{f} \cdot \boldsymbol{v}) + \dot{W}'_{\text{viscous}}$$

流体微团的单位体积的能量(内能＋动能)变化率可以表示为

$$\rho \frac{\mathrm{d}\left[(e + v^2/2)\right]}{\mathrm{d}t} = \frac{\partial}{\partial t}\left[\rho(e + v^2/2)\right] + \nabla \cdot \left[\rho(e + v^2/2)\boldsymbol{v}\right]$$

由式(2-64),可得微分形式的能量守恒方程如下:

$$\frac{\partial}{\partial t}\left[\rho(e + v^2/2)\right] + \nabla\left[\rho(e + v^2/2)\boldsymbol{v}\right] = \rho \dot{q} - \nabla(p\boldsymbol{v}) + \rho(\boldsymbol{f} \cdot \boldsymbol{v}) + \dot{Q}'_{\text{viscous}} + \dot{W}'_{\text{viscous}}$$

$$\tag{2-65}$$

如果流动是定常($\partial/\partial t = 0$)、无黏($\dot{Q}'_{\text{viscou}} = 0$,$\dot{W}'_{\text{viscous}} = 0$)、绝热($\dot{q} = 0$),并且忽略彻体力($\boldsymbol{f} = 0$),那么式(2-65)可以化简为

$$\nabla\left[\rho(e + v^2/2)\boldsymbol{v}\right] = -\nabla \cdot (p\boldsymbol{v}) \tag{2-66}$$

在能量方程中,引入了另外一个未知的流场变量 e。现在有三个方程,即连续方程、动量方程和能量方程,但它们包含了 4 个独立的变量:ρ,p,$\boldsymbol{v}$ 和 e。通过热力学状态关系可以获得有关 e 的第四个方程。如果气体是完全气体,那么

$$e = c_V T \tag{2-67}$$

式(2-67)中,c_V 是定容比热容,见第 4 章。式(2-67)又引入了另外一个独立变量 —— 温度 T。利用完全气体状态方程就可以使这几个方程组成系统封闭

$$p = \rho R T \tag{2-68}$$

对于定常不可压理想气体流动,ρ 和 e 往往是定值,代入式(2-66),沿流线上可推导得到式(2-59)的形式。

习　　题

2-1　什么叫流线、流管？流线与迹线有什么区别？

2-2　直角坐标系中，流场速度分量的分布为

$$v_x = 2xy^2, \quad v_y = 2x^2y$$

试证过点 $(1,7)$ 的流线方程为

$$y^2 - x^2 = 48$$

2-3　设流场中的速度大小及流线的表达式为

$$|\boldsymbol{v}| = \sqrt{x^2 + 2xy + 2y^2}, \quad 2xy + y^2 = 常数$$

求速度分量的表达式。

$$\left[答：\begin{cases} v_x = x + y \\ v_y = -y \end{cases} 或 \begin{cases} v_x = -x - y \\ v_y = y \end{cases}\right]$$

2-4　求 2-3 题中速度分量 v_x 的最大变化率及方向。

$$[答：\pm(\boldsymbol{i} + \boldsymbol{j}), \pm\sqrt{2}]$$

2-5　试证在柱坐标系 (r, θ, z) 下，速度的散度表达式为

$$\mathrm{div}\boldsymbol{v} = \frac{\partial v_r}{\partial r} + \frac{1}{r}\left(v_r + \frac{\partial v_\theta}{\partial \theta}\right) + \frac{\partial v_z}{\partial z}$$

2-6　在不可压流中，下列哪几个流动满足质量守恒条件？

(a) $v_x = -x^3\sin y$
$v_y = -3x^2\cos y$

(b) $v_x = x^3\sin y$
$v_y = -3x^2\cos y$

(c) $v_x = 2r\sin\theta\cos\theta$
$v_y = -2r\sin^2\theta$

(d) $|\boldsymbol{v}| = \dfrac{k}{r^2}$
$x^2 + y^2 = 常数$

[答：(a)(d) 满足，(b)(c) 不满足]

2-7　流体运动具有分速度

$$\begin{cases} v_x = \dfrac{x}{(x^2 + y^2 + z^2)^{3/2}} \\[2mm] v_y = \dfrac{y}{(x^2 + y^2 + z^2)^{3/2}} \\[2mm] v_z = \dfrac{z}{(x^2 + y^2 + z^2)^{3/2}} \end{cases}$$

试问该流场是否有旋？如果无旋，求出其速度位函数。

$$[答：无旋；-(x^2 + y^2 + z^2)^{-\frac{1}{2}} + C]$$

2-8　有不可压流体作定常运动，其速度场为

$$\begin{cases} v_x = ax \\ v_y = ay \\ v_z = -2az \end{cases}$$

式中 a 为常数。求：

(1) 线变形率、角变形率；

(2) 流场是否有旋；

(3) 是否有速度位函数存在。

[答：(2) 无旋；(3) 存在速度位函数]

2-9　设不可压流动的流函数为 $\psi=3x^2y-y^3$，问是否有速度位函数存在？如有，求其位函数。

[答：存在速度位函数；$\phi=x^3-3xy^2+C,C$ 为任意常数]

2-10　二维位流流场为 $\phi=\dfrac{x^3}{3}-x^2-xy+y^2$，求曲线 $x^2y=-4$ 上点 $(2,-1)$ 处的切向速度分量。

[答：$v_t=-\dfrac{3}{2}\boldsymbol{i}-\dfrac{3}{2}\boldsymbol{j}$]

2-11　设下列几种函数分别代表流动的 3 个分速度：

(1) $v_x=kx$，$v_y=-ky$，$v_z=0$；　　　(2) $v_x=kx$，$v_y=-ky$，$v_z=kx$；

(3) $v_x=kx$，$v_y=-ky$，$v_z=kz$；　　　(4) $v_x=kx$，$v_y=ky$，$v_z=-2kz$；

(5) $v_x=kx$，$v_y=ky$，$v_z=kz$；

k 是常数。问哪几种情况可以代表不可压流动？

[答：(1)(2)(4) 为不可压流动]

2-12　某一流场可描述为 $|v|=f(r)$，$x^2+y^2=$ 常数。问 $f(r)$ 应具有什么形式，流场才能满足连续条件？为什么？

[答：$f(r)=Cr^n,C>0,n$ 为任意常数]

2-13　二维点涡诱导的无旋流场是否满足连续条件？

[答：满足连续条件]

2-14　某二维流动可描述为 $|v|=\sqrt{x^2+4xy+5y^2}$，$xy+y^2=$ 常数。试以两种方法证明习题图 2-14 中对 $\mathrm{crul}_z\boldsymbol{v}$ 在暗影区的面积分等于 -4。

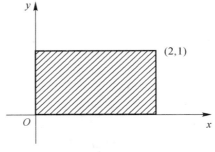

习题图 2-14

2-15　一架小飞机以 180km/h 的速度在海平面上飞行，求驻点处的表压（即大于或小于大气压的那部分压强）及相对流速为 60m/s 处的表压。

[答：$1\,531.31\mathrm{Pa}，-673.78\mathrm{Pa}$]

第3章　　不可压缩理想流体绕物体的流动

本章将研究空气动力学中比较简单的一类问题 —— 不可压缩理想流体无旋流动。这是一种理想化了的近似模型,比真实流体的运动要容易处理。通过利用基本无旋运动解的叠加方法,讨论在工程中具有重要意义的无环量与有环量的圆柱绕流问题,并推导得到库塔-茹科夫斯基升力定理。

3.1　　不可压缩理想流体的无旋运动

3.1.1　拉普拉斯方程和边界条件

在上一章中,介绍了一般情况下流动所满足的基本方程,现在开始讨论这些基本方程的解法。对于实际流动问题,由于它们所满足的基本方程很复杂,而且确定流动的边界状态也是千变万化的,因此,要对一般实际流动问题求解基本方程是非常困难的。但是,对于不可压理想流体的无旋运动,由基本方程导得的速度位方程形式比较简单,可以利用现有的一些数学工具,对一些物体的绕流问题进行求解。

在上一章中已经提到,在空气动力学中,可以根据流体微团是否有旋转运动把流体运动分为无旋运动和有旋运动。

无旋运动的特征在于流体微团运动速度的旋度等于零,即

$$\mathrm{curl} \boldsymbol{v} = \boldsymbol{0} \tag{3-1}$$

式(3-1)的分量形式为

$$\left. \begin{array}{l} \dfrac{\partial v_x}{\partial z} = \dfrac{\partial v_z}{\partial x} \\[2mm] \dfrac{\partial v_x}{\partial y} = \dfrac{\partial v_y}{\partial x} \\[2mm] \dfrac{\partial v_y}{\partial z} = \dfrac{\partial v_z}{\partial y} \end{array} \right\} \tag{3-2}$$

式中,v_x,v_y,v_z 分别为速度 $\boldsymbol{v}$ 在 x,y,z 三个方向的分速度。

在数学分析中可知,式(3-1)或式(3-2)是

$$v_x \mathrm{d}x + v_y \mathrm{d}y + v_z \mathrm{d}z$$

能够成为某一函数全微分的充分和必要条件。因此,在无旋运动中,必然存在一个函数 $\phi(x, y, z)$,它的全微分为

$$\mathrm{d}\phi = v_x \mathrm{d}x + v_y \mathrm{d}y + v_z \mathrm{d}z \tag{3-3}$$

这个函数 $\phi(x, y, z)$ 称之为速度位函数,或称为位函数。由式(3-3),很容易得到下列关系式

$$v_x = \frac{\partial \phi}{\partial x}$$
$$v_y = \frac{\partial \phi}{\partial y}$$
$$v_z = \frac{\partial \phi}{\partial z}$$

$$(3-4)$$

根据质量守恒定律,不可压定常流体应满足的连续方程为

$$\frac{\partial v_x}{\partial x} + \frac{\partial v_y}{\partial y} + \frac{\partial v_z}{\partial z} = 0$$

将式(3-4)代入上式,可得定常不可压理想流体的无旋运动应满足基本方程

$$\frac{\partial^2 \phi}{\partial x^2} + \frac{\partial^2 \phi}{\partial y^2} + \frac{\partial^2 \phi}{\partial z^2} = 0 \qquad (3-5)$$

令

$$\mathbf{\nabla}^2 = \frac{\partial^2}{\partial x^2} + \frac{\partial^2}{\partial y^2} + \frac{\partial^2}{\partial z^2} \qquad (3-6)$$

式中,$\mathbf{\nabla}^2$ 为拉普拉斯算子,这个算子在电场理论、流体流场理论和其他物理场理论中都很重要,用拉普拉斯算子代入式(3-5),则定常不可压理想流体的无旋运动应满足的基本方程可简写为

$$\mathbf{\nabla}^2 \phi = 0 \qquad (3-7)$$

式(3-5)和式(3-7)在数学分析中称为拉普拉斯方程。

在数学上,凡是满足拉普拉斯方程的函数都称之为调和函数。因此,要找一个能代表具体的定常不可压理想位流的绕流问题的解,就是找一个能符合具体绕流问题的边界条件的调和函数。流动的位流函数所应满足的基本方程都是式(3-5)或式(3-7),但是流体所流过的物体形状各不相同,流动情况的解当然会互不相同。要解这种问题,在数学上称之为边值问题。

所谓边界条件,就是在流场的边界上对流动所规定的条件。通常,绕物体外部流动的流场边界可分为外边界和内边界。对于飞行器的空气动力学问题而言,其内边界为飞行器表面,外边界为离飞行器无限远处流场的边界。

流体动力学中的边值问题,按照在边界上所给的条件是对位函数自身值给出的,还是对位函数的法向导数给出的,可以分为下述 3 种类型:

(1)第一边值问题,又称为狄利里希特问题,它给出边界上位函数自身值。

(2)第二边值问题,又称为诺曼问题,它给定边界上位函数的法向导数值。

(3)第三边值问题,又称为混合边值问题,或称庞卡莱问题,它给出一部分边界上的位函数的自身值,而在另一部分边界上则给出位函数的法向导数值。

空气动力学问题大多属于第二边值问题。如果把坐标系和飞行器连接在一起,即采用相对坐标系,则外边界条件是在远离物体处,流体相对于物体的速度应为直匀流速 v_∞;内边界条件是物体表面不允许流体穿透,或者说物体表面处,沿物面的法向分速应等于零。下面,把上述边界条件用位函数来表示。

由式(3-4)可知,位函数在 3 个方向上的偏导数等于速度在 3 个坐标轴方向的分量。实际上,不仅对 3 个坐标轴方向,对任意指定的方向,上述论述也成立。

设在无旋流场中,某个点 P 的速度为 v,s 为过 P 点的任意曲线,v_s 为速度 v 在曲线 s 的切

线(过 P 点)方向的分量。设过 P 点的曲线 s 的切线的 3 个方向余弦分别为 $\cos(s,x),\cos(s,y),\cos(s,z)$,则 P 点处切线方向分速度可写为

$$v_s = v_x\cos(s,x) + v_y\cos(s,y) + v_z\cos(s,z)$$

式中,v_x,v_y,v_z 分别为速度 $\boldsymbol{v}$ 在 x,y,z 三个坐标轴方向的分量。

由几何关系可得

$$\cos(s,x) = \frac{\mathrm{d}x}{\mathrm{d}s}$$

$$\cos(s,y) = \frac{\mathrm{d}y}{\mathrm{d}s}$$

$$\cos(s,z) = \frac{\mathrm{d}z}{\mathrm{d}s}$$

由此可得

$$v_s = \frac{\partial \phi}{\partial x}\frac{\mathrm{d}x}{\mathrm{d}s} + \frac{\partial \phi}{\partial y}\frac{\mathrm{d}y}{\mathrm{d}s} + \frac{\partial \phi}{\partial z}\frac{\mathrm{d}z}{\mathrm{d}s} = \frac{\partial \phi}{\partial s} \qquad (3-8)$$

即位函数在某个给定方向的偏导数等于速度在这个方向的分量。

由此可以得出,在相对坐标系内,假若取远离物体处流体相对于物体的流动方向为 x 轴方向,则外边界条件为

$$\left.\begin{array}{l} \dfrac{\partial \phi}{\partial x} = v_\infty \\[3mm] \dfrac{\partial \phi}{\partial y} = \dfrac{\partial \phi}{\partial z} = 0 \end{array}\right\} \qquad (3-9)$$

内边界条件为,在物面上

$$\frac{\partial \phi}{\partial n} = 0 \qquad (3-10)$$

式中,$\boldsymbol{n}$ 为物面法线方向。

可以证明,式(3-5)或式(3-7)中每一个方程的解,若在给定物体的表面上分别满足式(3-10)并且在无限远处能满足式(3-9)时,其解是唯一的(对于绕物体的环量一定的情况),也就是说,如果在无限远处和物体表面上分别满足外、内边界条件,此外,绕物体的环量大小已确定,则绕该物体的无旋不可压理想流动的唯一性也就得到了确定。

因此,求解物体的不可压缩无黏无旋绕流的流动问题就简化为求解拉普拉斯方程的合适的特解这一数学问题。

3.1.2　流动的叠加

在这一节里,将要证明:由于式(3-5)或式(3-7)是线性的,因而可以把一些流动"叠加"起来。也就是说,如果已知两个或更多个流动,它们的速度位函数分别为 $\phi_1,\phi_2,\cdots,\phi_n$,并且,对于每一个流动都分别满足拉普拉斯方程,那么由这些流动叠加而得的流动 $\phi = \phi_1 + \phi_2 + \cdots + \phi_n$ 也必然满足拉普拉斯方程。因此,将一些不可压无旋流动叠加起来所得到的流动也是不可压缩和无旋的。而且叠加所得的流动自动满足叠加的各流动加在一起所给出的边界条件。

假设 $\phi_1,\phi_2,\cdots,\phi_n$ 分别满足拉普拉斯方程的基本流动,即

$$\frac{\partial^2 \phi_i}{\partial x^2} + \frac{\partial^2 \phi_i}{\partial y^2} + \frac{\partial^2 \phi_i}{\partial z^2} = 0 \quad i = 1, 2, \cdots, n$$

令 ϕ 为由上述基本流动叠加而得的新的流动的速度位函数，即

$$\phi = \phi_1 + \phi_2 + \cdots + \phi_n$$

则可得

$$\frac{\partial^2 \phi}{\partial x^2} + \frac{\partial^2 \phi}{\partial y^2} + \frac{\partial^2 \phi}{\partial z^2} = \frac{\partial^2 (\phi_1 + \phi_2 + \cdots + \phi_n)}{\partial x^2} + \frac{\partial^2 (\phi_1 + \phi_2 + \cdots + \phi_n)}{\partial y^2} + \frac{\partial^2 (\phi_1 + \phi_2 + \cdots + \phi_n)}{\partial z^2} =$$

$$\left[\frac{\partial^2 \phi_1}{\partial x^2} + \frac{\partial^2 \phi_1}{\partial y^2} + \frac{\partial^2 \phi_1}{\partial z^2} \right] + \left[\frac{\partial^2 \phi_2}{\partial x^2} + \frac{\partial^2 \phi_2}{\partial y^2} + \frac{\partial^2 \phi_2}{\partial z^2} \right] + \cdots +$$

$$\left[\frac{\partial^2 \phi_n}{\partial x^2} + \frac{\partial^2 \phi_n}{\partial y^2} + \frac{\partial^2 \phi_n}{\partial z^2} \right] = 0$$

即由位函数 $\phi_1, \phi_2, \cdots, \phi_n$ 叠加而得的流动也满足拉普拉斯方程，它也是不可压理想无旋流动。

根据速度分量与位函数的关系，由式（3-4）可得，对于 x 轴向速度分量

$$v_x = \frac{\partial \phi}{\partial x} = \frac{\partial (\phi_1 + \phi_2 + \cdots \phi_n)}{\partial x}$$

即

$$v_x = v_{x_1} + v_{x_2} + \cdots + v_{x_n}$$

式中，$v_{x_1}, v_{x_2}, v_{x_n}$ 分别为流动1、流动2、流动 n 的速度的 x 轴向分量。因此，流场中各点的速度分量都是可以叠加的。

值得注意的是，流场各点处的压强值不能用叠加的方法来获得。理由很简单，因为压强与速度的函数关系是非线性的。因此，描述参数的关系式是否为线性的，是叠加原理是否有效的关键。

3.2　拉普拉斯方程的基本解

由 3.1 节中讨论可知，不可压位流所满足的基本方程为拉普拉斯方程，并且，不可压位流的解具有可叠加的特性，这无论对于二维流动还是三维流动都是正确的。在这一节中，将列举一些简单的例子说明流动叠加原理在解流体流动问题中的应用。

为了使问题叙述简要起见，只讨论二维情况。所谓二维流动，是指所有的流动参数只是两个坐标的函数。如果取 xOy 平面为流动平面，则流动参数都与坐标 z 无关，因此速度位所满足的拉普拉斯方程在二维流动中简化为

$$\frac{\partial^2 \phi}{\partial x^2} + \frac{\partial^2 \phi}{\partial y^2} = 0 \tag{3-11}$$

3.2.1　直匀流、点源和点涡

在上一章中，已经给出了直匀流、点源和点涡的速度位函数。下面简单分析这些流动。

1. 直匀流

直匀流是一种最简单的平行流动，流场中各点的流速的大小及其指向都相同。

设该流动为

$$\begin{cases} v_x = a \\ v_y = b \end{cases}$$

式中，a，b 均为常数。把上式代入式（3-2）中的第二式可知，这种流动满足无旋条件，因此，它有速度位函数存在。

由式（3-3），在二维情况下，速度位的全微分为

$$\mathrm{d}\phi = v_x \mathrm{d}x + v_y \mathrm{d}y = a\mathrm{d}x + b\mathrm{d}y$$

由此可得

$$\phi = \int \mathrm{d}\phi = ax + by \tag{3-12}$$

式（3-12）为直匀流的速度位函数。很显然，它满足二维条件下的拉普拉斯方程式（3-11）。

常用的直匀流是沿 x 轴方向的，其速度值通常用 v_∞ 来表示。令式（3-12）中，系数 a 等于 v_∞，系数 b 等于零，则沿 x 轴方向直匀流的位函数和流函数为

$$\left.\begin{array}{l} \phi = v_\infty x \\ \psi = v_\infty y \end{array}\right\} \tag{3-13}$$

2. 点源

源可正可负。正源是从流场某点有一定流量向四面八方流开去的一种流动。点汇（又名汇）是一种与正源的流动方向相反的向心流动。这种流动只有径向速度，没有周向速度，而且，离源的距离相等处，其径向速度的大小也相同。

设点源位于原点处，在离原点距离为 r 处的径向速度为 v_r，那么，这个源的总流量可写为

$$Q = 2\pi r v_r$$

式中，Q 为单位时间内流出（入）点源的总的流体体积（单位厚度），在定常条件下，其值为常数。因此

$$v_r = \frac{Q}{2\pi r}$$

上式表明，径向速度与距源的距离成反比例。此情况下的 v_x 和 v_y 为

$$\begin{cases} v_x = \dfrac{Q}{2\pi} \dfrac{x}{x^2 + y^2} \\ v_y = \dfrac{Q}{2\pi} \dfrac{y}{x^2 + y^2} \end{cases}$$

把上式代入式（3-2），可知这种流动满足无旋条件，因而，它有速度位函数存在。

由式（3-3）并积分可得位于原点的点源的速度位为

$$\phi = \frac{Q}{4\pi} \ln(x^2 + y^2) \tag{3-14}$$

对应的流函数为

$$\psi = \frac{Q}{2\pi} \arctan \frac{y}{x} \tag{3-15}$$

根据数学中坐标轴平移原理，当点源位置在 (ξ, η) 处时，其速度位为

$$\phi = \frac{Q}{4\pi}\ln\left[(x-\xi)^2 + (y-\eta)^2\right] \tag{3-16}$$

对应的流函数为

$$\psi = \frac{Q}{2\pi}\arctan\frac{y-\eta}{x-\xi} \tag{3-17}$$

3. 点涡

这里说的点涡,实际上可看作是上一章中所提及的涡管的一种极限情况。假设把涡管截面缩小到趋于零,则除了涡所在的那一点之外,整个平面流场上的流动全是无旋的。流体绕点涡作圆周运动,只有周向速度,其径向速度为零。流体微团的周向速度与其离点涡的距离成反比例。

类似于点源情况,可得位于原点的点涡的速度位函数为

$$\phi = \frac{\Gamma}{2\pi}\arctan\frac{y}{x} \tag{3-18}$$

式中,Γ 为常数,称之为点涡的强度,逆时针方向转动为正。

在这个流场上沿一条封闭曲线计算环量时,如果封闭曲线包含点涡在内,所确定的环量值都等于点涡强度,而与封闭曲线的形状无关。这与上一章中斯托克斯定理的结论一致。如果封闭曲线不包含点涡在内,则沿该封闭曲线的环量等于零。

对应的流函数为

$$\psi = -\frac{\Gamma}{4\pi}\ln(x^2 + y^2) \tag{3-19}$$

对于位置在 (ξ,η) 处的点涡,根据坐标轴平移定理,其速度位函数为

$$\phi = \frac{\Gamma}{2\pi}\arctan\frac{y-\eta}{x-\xi} \tag{3-20}$$

对应的流函数为

$$\psi = -\frac{\Gamma}{4\pi}\ln\left[(x-\xi)^2 + (y-\eta)^2\right] \tag{3-21}$$

3.2.2 等强度的点源和点汇 —— 偶极子

设在 $(-\varepsilon, 0)$ 点有强度为 Q 的点源,在 $(\varepsilon, 0)$ 点有强度为 Q 的点汇,两者相距 2ε,流体由点源流出分散开来,然后向点汇集中。根据叠加原理,这种流动情况的位函数和流函数为

$$\phi = \frac{Q}{4\pi}\ln\frac{(x+\varepsilon)^2 + y^2}{(x-\varepsilon)^2 + y^2}$$

$$\psi = \frac{Q}{2\pi}\left[\arctan\frac{y}{x+\varepsilon} - \arctan\frac{y}{x-\varepsilon}\right]$$

现在考虑一种极限情况:令点源和点汇分别向坐标原点无限靠近,同时规定点源和点汇的强度随之增大,使 $2\varepsilon Q$ 保持为某一常数 M。称这种极限流动情况为偶极子,其对应的流动情况如图 3-1 所示。下面确定偶极子的位函数和流函数。

因为 ε 是个小量,所以,经过简单的代数运算,可以把偶极子的位函数表达式改写为如下形式

$$\phi = \frac{Q}{4\pi} \ln(1 + Z)$$

式中，Z 为与 ε 有关的一阶小量，其值为

$$Z = \frac{4x\varepsilon}{(x - \varepsilon)^2 + y^2}$$

利用对数的级数展开式把位函数表达式展开成幂级数形式，略去高阶小量，并注意到偶极子强度与点源强度和 ε 之间的联系，可把偶极子的位函数写成

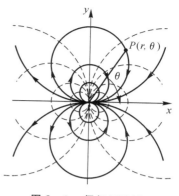

图 3 - 1　偶极子流谱

$$\phi = \lim_{\substack{\varepsilon \to 0 \\ Q \to \infty}} \frac{Q}{4\pi} \left[\frac{4x\varepsilon}{(x - \varepsilon)^2 + y^2} - \frac{1}{2} \left(\frac{4x\varepsilon}{(x - \varepsilon) + y^2} \right)^2 \right] = \frac{M}{2\pi} \frac{x}{x^2 + y^2} \qquad (3 - 22)$$

这就是位于坐标原点、强度为 M 的偶极子的位函数。

用类似的步骤可得偶极子的流函数表达式

$$\psi = -\frac{M}{2\pi} \frac{y}{x^2 + y^2} \qquad (3 - 23)$$

令 ψ 等于常数 $M/(4\pi C)$，则流线方程为

$$x^2 + (y + C)^2 = C^2 \qquad (3 - 24)$$

令 ϕ 等于常数 $M/(4\pi C_1)$，则等位线方程为

$$(x - C_1)^2 + y^2 = C_1^2 \qquad (3 - 25)$$

由此可得，偶极子流动的流线族是和 x 轴相切的、圆心位于 y 轴上的一族圆；而等位线族是和 y 轴相切的、圆心位于 x 轴上的一族圆，分别如图 3 - 1 中的实线圆和虚线圆所示。

由式（3 - 4）可得，流场各点处，偶极子所产生的 x 轴方向和 y 轴方向速度分量以及合速度值可写为

$$\left. \begin{aligned} v_x &= \frac{\partial \phi}{\partial x} = \frac{M(y^2 - x^2)}{2\pi (x^2 + y^2)^2} \\ v_y &= \frac{\partial \phi}{\partial y} = -\frac{M(2xy)}{2\pi (x^2 + y^2)^2} \\ v &= \sqrt{v_x^2 + v_y^2} = \frac{M}{2\pi} \frac{1}{x^2 + y^2} \end{aligned} \right\} \qquad (3 - 26)$$

值得注意的是，偶极子是等强度的点源和点汇无限趋近时的极限情况，它是有轴线和方向的。点汇和点源所在的直线位置就是它的轴线，它的正指向是由点汇指向点源。图 3 - 1 所给出的流谱以及式（3 - 22）和式（3 - 23）给出的位函数和流函数表达式是对于以 x 轴为轴线、方向是沿负 x 轴方向的偶极子的流谱及位函数和流函数。

如果偶极子位于原点，其正指向和负 x 轴的夹角为 α，则根据坐标轴转动定理，其位函数和流函数为

$$\left. \begin{aligned} \phi &= \frac{M}{2\pi} \cdot \frac{x\cos\alpha + y\sin\alpha}{x^2 + y^2} \\ \psi &= -\frac{M}{2\pi} \cdot \frac{y\cos\alpha - x\sin\alpha}{x^2 + y^2} \end{aligned} \right\} \qquad (3 - 27)$$

对于位于 (ξ, η) 处，其正指向和负 x 轴夹角为 α 的偶极子，则根据坐标轴的转动定理和平移定理，它对应的位函数和流函数分别为

$$\left.\begin{array}{l}\phi = \dfrac{M}{2\pi}\dfrac{(x-\xi)\cos\alpha + (y-\eta)\sin\alpha}{(x-\xi)^2 + (y-\eta)^2}\\[3mm]\psi = -\dfrac{M}{2\pi}\dfrac{(y-\eta)\cos\alpha - (x-\xi)\sin\alpha}{(x-\xi)^2 + (y-\eta)^2}\end{array}\right\} \qquad (3-28)$$

应该说明的是,在本书的叙述中,是把偶极子作为点源和点汇无限趋近时,两者的位函数和流函数叠加而得的一种极限情况来介绍的。有些情况下,把点源、点涡、偶极子 3 种流动都看成是满足拉普拉斯的基本解,由这些基本解(包括直匀流)可以叠加出满足各种边界条件的问题的解。由于点源、点涡和偶极子这 3 种流动在它们所在位置的那点上的速度为无限大,其他地方均是有限值,如果把这一点从流场中圈出,则全流场都无奇异点。这是一种孤立奇点的流动,因此又称之为奇点流。利用这种奇点流动进行叠加,来确定实际流动问题解的方法,在空气动力学中称之为奇点法。

在某些应用中,采用所谓的"旋涡偶极子"。比较式(3-14)、式(3-15)和式(3-18)、式(3-19)可以得出,点源的流函数与点涡的位函数形式完全相同。因此,如果把一个位于$(\varepsilon,0)$处强度为$+\Gamma$的点涡和一个位于$(-\varepsilon,0)$处强度为$-\Gamma$的点涡叠加起来,则组合流动的位函数和流函数分别与由点源和点汇叠加而得的流函数和位函数相对应。当正、负点涡无限趋近,并保持$2\pi\Gamma$不变时,则构成旋涡偶极子,它的等位线和流线分别与由点源、点汇构成的流线相一致。

前面讨论的是由源汇构成的偶极子和旋涡偶极子的轴线相一致的情况。根据坐标轴转动定理很容易看出,如果把一个位于$(0,\varepsilon)$的强度为$+\Gamma$的点涡和一个位于$(0,-\varepsilon)$的强度为$-\Gamma$的点涡叠加起来,并且设两者无限趋近时,其旋涡强度对应增大,使$2\varepsilon\Gamma$值保持为常数M,则所得到的旋涡偶极子的位函数和流函数表达式与式(3-22)和式(3-23)完全一样。因此,可以看出,轴线在x轴上的点源、点汇、偶极子与轴线在y轴上的旋涡偶极子是相互对应的。

3.2.3 直匀流中的点源

在和x轴平行的直匀流里,在原点处放置强度为Q的点源,就会产生如图 3-2 那样的流动。根据流动叠加原理,它们叠加后的流函数和位函数分别为

$$\left.\begin{array}{l}\phi(x,y) = v_\infty x + \dfrac{Q}{4\pi}\ln(x^2 + y^2)\\[3mm]\psi(x,y) = v_\infty y + \dfrac{Q}{2\pi}\arctan\dfrac{y}{x}\end{array}\right\} \qquad (3-29)$$

流场各点处的x轴方向和y轴方向的分速度的量值分别为

$$\left.\begin{array}{l}v_x = v_\infty + \dfrac{Q}{2\pi}\dfrac{x}{x^2 + y^2}\\[3mm]v_y = \dfrac{Q}{2\pi}\dfrac{y}{x^2 + y^2}\end{array}\right\} \qquad (3-30)$$

由式(3-30)可以看出,当离原点的距离趋于无限远时,其x轴方向的分速度等于直匀流速度,y轴方向的分速度等于零。因此,在流场外边界处,其速度的大小等于直匀流的速度,方向沿x轴正向。这是由于在远离原点处,点源产生的影响趋于零,其速度值只由直匀流所决定的缘故。在流场中,有一个具有特殊意义的点,在该点处,流动速度等于零。称流动速度为零

的点为驻点。

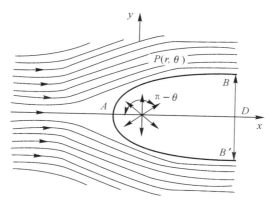

图 3 - 2 直匀流中点源的流动

设 A 处流动速度为零,即

$$v_x = v_y = 0$$

将上式代入式(3 - 30),经简单运算后,可以确定驻点 A 的坐标为

$$\begin{cases} x_A = -\dfrac{Q}{2\pi v_\infty} \\ y_A = 0 \end{cases}$$

式中,下标"A"代表驻点 A 的参数。由上式可见,驻点位于负 x 轴上,离原点的距离为 $Q/(2\pi v_\infty)$。在驻点处,点源产生的速度恰好和直匀流的速度相抵消。下面,确定过驻点的流线方程,并研究其形状特点。

根据流函数为常数时代表一条流线的性质,令过驻点的流函数值为 C,即

$$C = v_\infty y + \frac{Q}{2\pi}\arctan\frac{y}{x}$$

常数 C 可用驻点坐标 (x_A, y_A) 确定,即

$$C = \frac{Q}{2}$$

因此,过驻点的流线方程为

$$y = \frac{Q}{2\pi v_\infty}\left(\pi - \arctan\frac{y}{x}\right) \tag{3 - 31}$$

这是在驻点 A 的分叉的流线。直匀流流过来时速度逐渐下降,到驻点 A 时速度降为零。过驻点 A 后分成上、下对称的流动,它和 y 轴交于上、下对称的两点,即 $(0, \pm Q/(4v_\infty))$。当 x 趋于正无穷大时,y 值趋于 $Q/(2v_\infty)$,即曲线 AB 和 AB' 在无穷远处逐渐趋于平行于 x 轴的直线,如图 3 - 2 中的曲线 BAB' 所示。

由上一章可知,流线是气流不可逾越的线,从这个含义上看,可以把流线看作是一个固体壁面。因此,流线 BAB' 像一道围墙一样把流场划分为内、外两部分,其外部流场可以看作为由直匀流中放置了一个形状如 BAB' 那样的物体所造成的流动。由此可见,由于点源不断地向空间提供一定的流体,它具有撑开气流的作用,点汇的作用与此相反,它能收拢气流。由 BAB' 构成的物体的后面是不封口的,所以是一个半无限物体。其所以不封口是因为在流场

里只放了一个点源,单位时间有流量加入流场,其前端既然是封闭的,全部流量必然要沿 x 轴正向流去,并一直延伸到无限远处。这个半无限体的宽度随 x 轴方向逐渐增大,最后趋于一个定值 D,其值可由式(3 - 31)令 x 趋于无穷大而得

$$D = 2y = \frac{Q}{v_\infty}$$

定义流场中某一点的压强系数为

$$C_p = \frac{p - p_\infty}{\frac{1}{2}\rho v_\infty^2} \tag{3 - 32}$$

沿半无限体外表面的压强系数分布,可以用伯努利方程求得,即

$$C_p = \frac{p - p_\infty}{\frac{1}{2}\rho v_\infty^2} = 1 - \left(\frac{v}{v_\infty}\right)^2$$

式中,v 为流场某点处合速度的大小。在半无限体外表面上,把速度表达式式(3 - 30)代入上式,可得

$$C_p = -\frac{\sin 2\theta}{\pi - \theta} - \left(\frac{\sin\theta}{\pi - \theta}\right)^2$$

式中,θ 等于 $\arctan(y/x)$。

物体表面压强系数分布沿 x 轴方向的变化关系如图 3 - 3 所示。由图可见,在驻点处,速度为零,压强系数等于 1。从驻点向后流动,流动速度迅速增大,压强系数迅速降低,在离驻点不远处,压强系数降为零,那里的合速度正好等于直匀流速度。再往后继续流动,气流速度进一步增大,压强系数进一步降低。在物体表面,存在一个最大速度点,该处的压强系数最小,故该点又称为最低压强点。以后气流的速度逐渐下降,压强系数逐渐回升,在 x 趋于无穷远处,速度恢复到远前方的值,对应的压强系数恢复为零。这个例子说明,在直匀流里放置一根顺气流的半无限长物

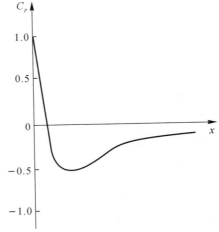

图 3 - 3　半无限体表面压强系数

体,在头部附近产生很大的扰动,在头部附近形成一个低速高压区,随后速度迅速上升,压强急剧下降。这是大部分钝头物体低速流动的特点。

3.3　绕圆柱的流动

3.3.1　绕圆柱的无环量流动

流体以 v_∞ 速度沿正 x 轴方向作直匀流动,其位函数和流函数由式(3 - 13)给出。如果在这个直匀流上叠加一个沿 x 轴线的偶极子,可以获得直匀流绕圆柱的无环量流动。这一组合

流动的位函数和流函数为

$$\left.\begin{array}{l}\phi = v_\infty x + \dfrac{M}{2\pi}\dfrac{x}{x^2+y^2}\\[3mm]\psi = v_\infty y - \dfrac{M}{2\pi}\dfrac{y}{x^2+y^2}\end{array}\right\} \tag{3-33}$$

令 $M/(2\pi v_\infty) = a^2$，则式 (3-33) 可写为

$$\left.\begin{array}{l}\phi = v_\infty \left(r + \dfrac{a^2}{r}\right)\cos\theta\\[3mm]\psi = v_\infty \left(r - \dfrac{a^2}{r}\right)\sin\theta\end{array}\right\} \tag{3-34}$$

式中 $r = \sqrt{x^2+y^2}$，$\theta = \arctan(y/x)$。

由式 (3-34) 可见，零流线 $(\psi = 0)$ 除 x 轴线以外，还有一个半径为 a、圆心在原点处的圆，如图 3-4 所示。很容易看出，式 (3-34) 所表示的流动是无旋的，并且在半径为 a 的圆的外部的每一个点处都满足连续方程，因此，可以把它看作无穷远处为沿正 x 轴方向的直匀流绕圆柱体的无旋流动。

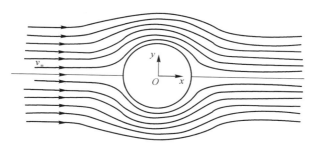

图 3-4　绕圆柱的无旋流动

通过微分，可以求得整个流场中的速度分量为

$$\left.\begin{array}{l}v_x = v_\infty \left(1 - \dfrac{a^2}{r^2}\cos2\theta\right)\\[3mm]v_y = -v_\infty \dfrac{a^2}{r^2}\sin2\theta\end{array}\right\} \tag{3-35}$$

在圆柱体表面上，$r = a$，代入式 (3-35)，可得圆柱表面速度分布为

$$v_x = v_\infty(1 - \cos2\theta)$$
$$v_y = -v_\infty\sin2\theta$$

即在圆柱表面上，合速度为 v、径向分速度 v_r 和周向分速度 v_θ 分别为

$$v = \sqrt{v_x^2 + v_y^2} = \sqrt{v_r^2 + v_\theta^2} = 2v_\infty\sin\theta$$
$$v_r = 0$$
$$v_\theta = -2v_\infty\sin\theta$$

根据伯努利方程和压强系数定义，圆柱表面压强分布为

$$C_p = 1 - \frac{v^2}{v_\infty^2} = 1 - 4\sin^2\theta \tag{3-36}$$

压强系数分布曲线如图 3-5 所示。由图可见，在圆柱表面有两个驻点，称之为前驻点和后

驻点,分别对应着 θ 等于 0 和 π 处,在这两个驻点处,压强系数等于 +1。从前驻点起,沿圆柱的上、下表面流速逐渐增大,在 θ 等于 $\pi/2$ 和 $3\pi/2$ 处,速度达到最大值,为来流速度 v_∞ 的两倍;压强系数达到最小值,为 -3.0。过了最小压强点以后,流速逐渐下降,压强逐渐回升。在后驻点处,速度又下降为零,压强系数值达到 1.0。因此,在圆柱体表面,从前驻点到后驻点,流动经历了一个加速过程和减速过程。在流体加速过程中,沿物体表面的压强梯度是负的,通常称之为顺压梯度;在流体减速过程中,沿物体表面的压强梯度是正的,通常称之为逆压梯度。物体表面压强梯度的这种差别,对实际流体有黏性流动的状态影响很大,这在第 6 章中将会作简要讨论。

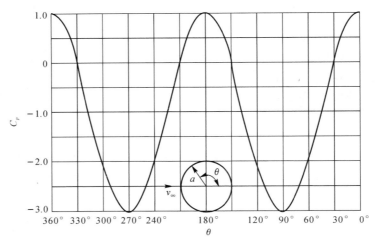

图 3-5 圆柱表面压强系数

由图 3-5 可以看出,这个绕圆柱的无环量流动,其压强系数的分布不仅上下对称,而且前后也对称。虽然,在圆柱表面上的压强系数分布是变化的,有些地方压强系数为正,有些地方压强系数为负,但压强总合力在 x 轴方向和 y 轴方向的分力都为零,总的作用在圆柱表面上的合力也等于零。不过,对于实际流动,由于流体具有黏性,流体向后流动时,到了后半个圆柱表面时,流体不可能贴着物面不断地减速下去,后半个圆柱表面上的压强恢复也不可能完全兑现,此外,流体和圆柱表面的摩擦会产生摩擦应力,因此,在沿远前方来流方向会形成一个空气动力——阻力。

不考虑流体的黏性作用,不仅像绕圆柱体这样的前后对称的物体上没有阻力,而且,对于任何一个封闭物体的绕流情况,计算所得的阻力(即沿流动方向的气动力)都等于零。这个结果是 18 世纪法国著名数学家达朗贝尔得出的。虽然这个结论是由数学上推导得出的,但是却与实际情况和人类对自然界的客观认识根本不符,因此,人们通常称之为达朗贝尔疑题。理想流体的理论得出的结论与实际情况很不相符并在一段时间内影响了流体力学,特别是理想流体力学的发展,人们认为用无黏流的位流理论去研究实际流动问题没有什么实用价值,后来,随着对事物认识的深入,才进一步理解位流理论的价值及其对实际问题的适用范围。例如,对于像机翼类型的流线型物体,撇开黏性来处理问题是一种很合乎逻辑的抽象,它抓住了影响物理现象的主要因素,能获得有指导意义的有价值的结果。早期由经验得出来的良好翼型的最大的升力与阻力的比值不过为几十比一,随着位流理论的发展,用位流理论指导设计的翼型的升力与阻力之比的最大值已经达到三百比一，这充分说明了忽略黏性的位流理论的指导意义。

3.3.2　绕圆柱体的有环量流动及库塔-茹科夫斯基定理

1. 绕圆柱的有环量流动

上一小节中，由直匀流和偶极子叠加获得绕圆柱的无环量流动。现在，如果再在圆心处叠加上一个点涡，由于点涡造成的流动是绕点涡的圆周运动，所以绕圆柱的无环量流动叠加上点涡之后，圆柱（即二维平面上的圆）这条流线不会被破坏，它代表绕圆柱的有环量的流动。x 轴方向的直匀流、位于原点轴线为 x 轴的偶极子和位于原点的点涡三者叠加以后组合流动的流谱如图 3-6 所示。其位函数和流函数为

$$\left.\begin{array}{l} \phi = v_\infty \left(r + \dfrac{a^2}{r} \right) \cos\theta - \dfrac{\Gamma}{2\pi}\theta \\[3mm] \psi = v_\infty \left(r - \dfrac{a^2}{r} \right) \sin\theta + \dfrac{\Gamma}{2\pi}\ln r \end{array}\right\} \tag{3-37}$$

通过微分，可以求得整个流场中的速度分量为

$$\left.\begin{array}{l} v_x = v_\infty \left(1 - \dfrac{a^2}{r^2}\cos 2\theta \right) + \dfrac{\Gamma}{2\pi}\dfrac{\sin\theta}{r} \\[3mm] v_y = - v_\infty \dfrac{a^2}{r^2}\sin 2\theta - \dfrac{\Gamma}{2\pi}\dfrac{\cos\theta}{r} \end{array}\right\} \tag{3-38}$$

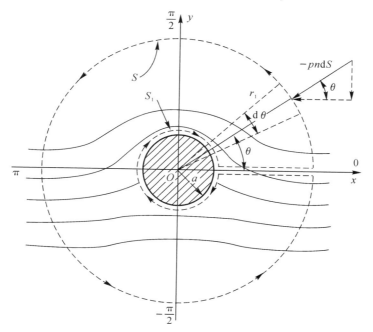

图 3-6　绕圆柱有环量流动

在圆柱表面上，$r = a$，代入式（3-38）可得圆柱表面速度分布为

$$v_x = v_\infty (1 - \cos 2\theta) + \frac{\Gamma}{2\pi} \frac{\sin\theta}{a}$$

$$v_y = -v_\infty \sin 2\theta - \frac{\Gamma}{2\pi} \frac{\cos\theta}{a}$$

即在圆柱表面上,合速度 v、径向分速度 v_r 和周向分速度 v_θ 分别为

$$v = -2v_\infty \sin\theta - \frac{\Gamma}{2\pi a}$$

$$v_r = 0$$

$$v_\theta = -2v_\infty \sin\theta - \frac{\Gamma}{2\pi a}$$

对于绕圆柱的无环量流动,前后驻点位于 x 轴和圆柱的两个交点处,即$(-a,0)$和$(a,0)$。加上点涡以后,绕圆柱的有环量流动的驻点位置将沿圆柱表面移动。为了研究驻点位置随点涡强度的变化,分析上式中合速度关系式。

在驻点处合速度 v 应等于零。若令 θ_s 为驻点对应的 θ 值,则

$$\theta_s = \arcsin\left(-\frac{\Gamma}{4\pi a v_\infty}\right)$$

因为

$$\sin\theta_s = y_s / a$$

由此可得,直角坐标系中,有环量时圆柱表面驻点位置为

$$\left.\begin{array}{l} x_s = \pm\sqrt{a^2 - y_s^2} \\ y_s = -\dfrac{\Gamma}{4\pi v_\infty} \end{array}\right\} \tag{3-39}$$

由式(3-39)可见,当点涡强度变大时驻点将向下移动;随点涡强度继续增大到 $\Gamma = 4\pi v_\infty a$ 时,两个驻点在 y 轴上点$(0,-a)$处重合;点涡强度进一步增大,式(3-39)不再成立,驻点将离开圆柱表面,位于圆柱体之下。图3-7给出了几种不同点涡强度范围时的驻点位置示意图。

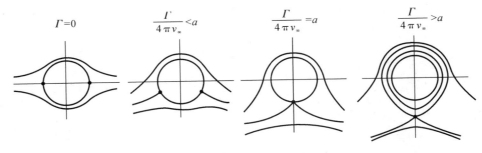

图 3-7 不同点涡强度时的驻点

由图3-6可见,对于绕圆柱的有环量流动情况,流谱仍然是左、右对称的,但上、下却不再对称了。因此,在垂直于远前方来流速度方向,应该有作用力存在。在垂直于来流方向的空气动力的分力称之为升力,可以通过沿圆柱表面压强系数的积分而获得。

2. 库塔-茹科夫斯基定理

根据动量守恒定律,流体流过由控制面 $\hat{S}$ 围成的区域 $\hat{R}$ 时,流体满足动量定理:

$$\frac{\partial}{\partial t}\iiint_{\hat{R}}\rho\boldsymbol{v}\,\mathrm{d}\hat{R}+\iint_{\hat{S}}\rho\boldsymbol{v}(\boldsymbol{v}\cdot\boldsymbol{n})\,\mathrm{d}\hat{S}=-\boldsymbol{F}_e-\iint_{\hat{S}}p\boldsymbol{n}\,\mathrm{d}\hat{S}+\iiint_{\hat{R}}\rho\boldsymbol{g}\,\mathrm{d}\hat{R} \tag{3-40}$$

式中,等号左边的两项度量单位时间流经这一区域的流体所获得的动量;等号右边三项度量引起动量增大的作用力。动量的增加来自两项贡献:等号左边的第一项是在给定瞬时内流体动量的增加率,在定常流动中它等于零;等号左边的第二项度量通过控制面 $\hat{S}$ 的动量通量,代表单位时间内流体离开 $\hat{S}$ 的动量与进入的动量之差;等号右边的第一项 $\boldsymbol{F}_e$ 表示物体作用于流体上的外力;等号右边的第二项是控制面上的压强对控制面内流体上的力的总贡献;等号右边第三项代表作用在 $\hat{R}$ 内流体上的净彻体力。

考虑定常、忽略外力和彻体力的情况,由式(3-40)可得作用在流体上的力

$$\boldsymbol{F}=-\iint_{\hat{S}}p\boldsymbol{n}\,\mathrm{d}\hat{S}-\iint_{\hat{S}}\rho\boldsymbol{v}(\boldsymbol{v}\cdot\boldsymbol{n})\,\mathrm{d}\hat{S} \tag{3-41}$$

现在从动量定理出发,确定绕圆柱体有环量时的流动的升力。

以原点为中心,画一个半径为 r_1 的大控制面 S,整个控制面还包括圆柱的表面 S_1 及连接 S 和 S_1 的两条割线(见图 3-6 中的虚线)。在连接 S 和 S_1 的两条割线上的压强和动量的变化都相互抵消了,因此对整个结果没有影响,可以不考虑它们。S_1 上空气动力的作用是物体所受到的合力。在所研究的情况下,左右对称,没有阻力。因此,在圆柱表面作用的只有升力,用 Y 表示。其值可根据动量定理写为

$$Y=-\int_s p\cos(\boldsymbol{n},y)\mathrm{d}S-\int_s \rho v_n v_y\mathrm{d}S$$

式中,v_n 为垂直于控制面方向的分速;$\boldsymbol{n}$ 为控制面法线方向。

上式积分是沿着半径为 r_1 的圆(即控制面 S)进行的。在该圆上,有关系式

$$\cos(\boldsymbol{n},y)=\sin\theta$$
$$\mathrm{d}S=r_1\mathrm{d}\theta$$

因此可得

$$Y=-2\int_{-\frac{\pi}{2}}^{\frac{\pi}{2}}r_1 p\sin\theta\mathrm{d}\theta-2\int_{-\frac{\pi}{2}}^{\frac{\pi}{2}}\rho r_1 v_n v_y\mathrm{d}\theta$$

把压强用伯努利公式改成速度,并应用上一小节所得到的绕圆柱有环量流动的速度关系式,可把上式右侧第一个积分写为

$$-2\int_{-\frac{\pi}{2}}^{\frac{\pi}{2}}r_1 p\sin\theta\mathrm{d}\theta=\frac{1}{2}\rho v_\infty\Gamma\left(1+\frac{a^2}{r_1^2}\right)$$

由式(3-38),令 $r=r_1$,则第二个积分中的 v_y 可写为

$$v_y=-\frac{v_\infty a^2}{r_1^2}\sin2\theta-\frac{\Gamma}{2\pi}\frac{\cos\theta}{r_1}$$

由此可得,第二个积分为

$$-2\int_{-\frac{\pi}{2}}^{\frac{\pi}{2}}\rho r_1 v_n v_y\mathrm{d}\theta=\frac{1}{2}\rho v_\infty\Gamma\left(1-\frac{a^2}{r_1^2}\right)$$

由此可得,升力为

$$Y=\frac{1}{2}\rho v_\infty\Gamma\left[\left(1+\frac{a^2}{r_1^2}\right)+\left(1-\frac{a^2}{r_1^2}\right)\right]=\rho v_\infty\Gamma \tag{3-42}$$

上式表明,作用在垂直于纸面单位长度圆柱体上的升力,其大小等于来流的速度乘以流体密度

再乘以环量,指向是把来流方向逆着环量的方向旋转$90°$,升力等于$\rho v_\infty \Gamma$。这个结果称之为库塔-茹科夫斯基定理。

这里虽然是通过绕圆柱的流动来证明库塔-茹科夫斯基定理的,但是可以把其结论推广到一般形状的封闭物体中去。因为,只要物体是封闭的不是半无限体,代表物体作用的点源和点汇的强度总和必然相等。这种点源和点汇虽然不像偶极子那样是重叠在一起的,但是,在远离物体的地方,它们的作用和一个偶极子的作用基本相似。从前面库塔-茹科夫斯基定理证明过程中可以看到,控制面S的半径r_1值对积分的结果没有影响,也就是说,可以把控制面S取得很大,使得在控制面上,具体物体与圆柱体形状差异对控制面流动参数的影响可忽略不计。由此可见,在证明库塔-茹科夫斯基定理时,可以不限制于取什么样的物体形状,关键在于具有一定姿态的某种物体形状的环量值。有了环量又有了一个直匀流,那就会产生一个升力。当然,库塔-茹科夫斯基定理只解决了绕物体的环量和物体所产生的升力之间的联系,至于什么样的物体形状在什么条件下能形成多大的环量,有待于进一步研讨。

前面从动量定理出发,导出了环量和物体产生的升力之间的关系式,下面,直接从环量引起的圆柱表面速度及压强变化来理解库塔-茹科夫斯基定理。由图3-4和图3-5可以看出,在无环量时,绕圆柱上、下表面的气流是对称的,因而上、下表面上的速度和压强分布是对称的,结果y轴方向的分力为零。如果加上一个顺时针方向旋转的环量,绕圆柱上表面的气流由于叠加了一个同方向的速度,因而速度增大,压强减小。与此相反,绕圆柱下表面的气流速度减小,压强增大。所以对于绕圆柱有环量的流动,将产生一个与环量大小有关的升力,环量越大,升力也越大。

习　　题

3-1　设有直匀流v_∞以正x轴方向流过位于原点的点源,点源强度为Q。试求半无限体表面上最大垂直分速$v_{y\max}$的位置及速度值,并证明,在该点处,合速度的大小正好等于直匀流速度v_∞。

[答:$\theta_1 = 113.22°, \theta_2 = 246.78°, v_x = 0.689\ 2v_\infty, v_y = 0.724\ 6v_\infty$]

3-2　令$G(x,y)$是二维拉普拉斯方程的解,证明$G(x,y)$可以代表二维无黏不可压缩的位函数或流函数。

3-3　在正三角形的三个角点$(a,0),(-a,0),(0,\sqrt{3}a)$处放入三个等强度点源,试写出该流动的流函数,确定其驻点坐标,并粗略地勾画出对应的流谱。

[答:驻点位置$(0,a/\sqrt{3})$]

3-4　叠加中心在原点的点涡和点源,试证其合成流动是一种螺旋形流动。在这一种流动中,速度与极半径之间的夹角处处相等,其值等于$\arctan(\Gamma/Q)$。

3-5　在$(-a,0)$和$(a,0)$处分别放入强度相等的点源和点汇。直匀流(流速为v_∞)沿x轴流来。设点源强度$Q = 2\pi v_\infty a$,试求流动的流函数、前后驻点的位置及零流线的形状。该零流线所代表的封闭物称之为兰金卵形,试确定该兰金卵形的短半轴值。

[答:驻点$(\pm\sqrt{3}a,0)$,短半轴$1.306\ 5a$]

3－6　试证位于 $(-a,0)$ 和 $(a,0)$ 的等强度点源和点汇,对无限远处(即 x,y 远大于 a)的作用和一个位于原点的偶极子的作用完全一样。

3－7　试证位于 $(0,a)$ 和 $(0,-a)$ 处的两个等强度的旋转方向完全相反的点涡,当 $a \to 0$,同时保持 $2\pi a\Gamma$ 为常数,其对应的流动与轴线在 x 轴上的偶极子完全相同。

3－8　在 $(-a,0)$ 和 $(a,0)$ 处分别布置强度为 Q 的等强度点汇和点源,直匀流(流速为 v_∞)沿 x 轴方向流来。试写出合成流动的流函数,并证明包含驻点的流线方程为

$$y=0$$

$$x^2 + y^2 - a^2 = -\frac{2ay}{\tan(2\pi v_\infty y/Q)}$$

设 $a=v_\infty=Q/(2\pi)=1$,画出合成流动对应的物体形状。

3－9　相距 $2a$、强度为 Q 的等强度点源和点汇,位于一条与正 x 轴成 $45°$ 角的直线上,点源和点汇相对于原点对称。试证当 $a \to 0$,并保持 $2\pi aQ$ 等于常数 M 时,由此形成的偶极子的流函数为

$$\psi = -\frac{M}{2\pi} \frac{\sqrt{2}}{2} \frac{y-x}{x^2+y^2}$$

3－10　试证在直匀流中,半径为 a 的圆柱体表面上的压强系数为

$$C_p = 1 - 4\sin^2\theta \left(1 + \frac{\Gamma}{4\pi a v_\infty \sin\theta}\right)^2$$

设绕圆柱的环量为 Γ。

3－11　某二维流场的流函数可写成如下表达式

$$\psi = 100y\left(1-\frac{25}{r^2}\right) + \frac{628}{2\pi}\ln\left(\frac{r}{5}\right)$$

试求:零流线的形状,驻点的位置,绕物体的环量,无限远处的速度和作用在该物体上的力。

〔答:驻点为 $-11.5°,168.5°$〕

第4章 高速可压缩流基础知识

随着气流速度的增大,不可压缩流假设引起的误差越来越多,例如在海平面,当流速大于 100m/s 时密度变化已较为显著,在高速流动中,必须将空气视为密度变化的可压流体来处理。因此,高速空气动力学又称为可压缩流体动力学或气体动力学。

可压缩流与不可压缩流相比,问题要复杂些。在不可压缩流中,较小速度差引起的压强差不大,因而密度变化和温度变化较小,近似将密度和温度视为常数,故表征气流的参数只有速度和压强。然而,在可压缩流中,相当大的速度差所引起的密度差和温度差不可忽略,气流参数有速度、压强、密度和温度。

本章首先分析可压缩流的基本特性和一维等熵流等基础内容,然后重点讨论超声速气流中的膨胀波和激波现象与参数变化关系式,为分析第 5 章一维定常可压缩管内流动和第 8 章绕翼型的可压缩流动提供必要的基础知识。

4.1 热力学基础知识

热力学是研究热能和机械能之间的转换以及各种工作介质有关特性的一门学科。热力学的理论基础是热力学第一定律和第二定律。在研究气体高速流动问题时,热力学的概念和有关定律仍可应用到微团运动上,但此时关心的是流动过程的热力学性质和各流动参数的变化规律。下面介绍空气的热力学方面的基础知识。

4.1.1 完全气体假设、状态方程、内能和焓

1. 状态方程与完全气体假设

热力学指出,任何气体的压强 p、密度 ρ 和绝对温度 T 不是相互独立的,三者之间有确定的关系,即

$$f(p,\rho,T)=0 \tag{4-1}$$

此函数关系称为状态方程。此方程的具体表达式可因介质的种类以及温度和压强的不同而异。

完全气体的状态方程可表示为

$$p=\rho RT \tag{4-2}$$

此方程又称为克拉贝隆方程。只要气体的温度不太高,压强不太大,R 基本是个常量,即 $R=287.053\mathrm{N}\cdot\mathrm{m}/(\mathrm{kg}\cdot\mathrm{K})$,称为气体常数。可用式(4-2)表示 p,ρ,T 间关系的气体称为完全气体。

2. 内能

气体的内能包括分子微观热运动(取决于温度值)所包含的动能(分子平移、转动和振动

的内部动能),以及由于分子间存在作用力而形成分子相互作用的内部位能。对于完全气体,分子间无作用力,因此单位质量(1kg)气体所具有的内能 e 仅仅是温度的函数,即

$$e = e(T) \tag{4-3}$$

既然内能 e 只取决于温度 T,所以它是一个与变化过程无关的状态参数。

3. 焓值

在热力学,特别是气体动力学中,还常常引入另一个代表热含量的参数焓 h,

$$h = e + \frac{p}{\rho} \tag{4-4}$$

因为 p/ρ 代表单位质量气体的压力能,故 h 表示单位质量气体的内能和压力能的总和。对于完全气体,焓只取决于温度,故也是一个状态参数。

应指出,完全气体这种理想化模型在气体动力学的一些领域,例如高超声速流动时的高温气体动力学中,已相当程度地偏离实际情况,必须考虑真实气体效应。

4.1.2 热力学第一定律

1. 热力学第一定律表达式

热力学第一定律是热力学基本定律之一,是能量守恒这一普遍物理定律在热力学上的具体应用。此定律指明,外界传给一个封闭物质系统(流动着的气体微团是其中之一)的热量等于系统内能的增量和系统对外界所做机械功的总和。对单位质量气体的微小变化过程,热力学第一定律可表示为

$$\mathrm{d}q = \mathrm{d}e + p\mathrm{d}\left(\frac{1}{\rho}\right) \tag{4-5}$$

式中,$\mathrm{d}q$ 是外界传给 1kg 质量气体的热量;$\mathrm{d}e$ 是 1kg 质量气体的内能的增量;$\frac{1}{\rho}$ 是单位质量气体所占的体积,叫作比体积,故 $p\mathrm{d}\left(\frac{1}{\rho}\right)$ 是 1kg 质量气体压强所做的机械功。在国际单位制中,式(4-5)各项的单位均为 J/kg。

2. 热力学过程、完全气体的比热容和比热容比

热力学第一定律中的 $\mathrm{d}q$ 和 $p\mathrm{d}\left(\frac{1}{\rho}\right)$ 与微小变化的过程有关。下面简单说明此定律在几种过程中的应用。

(1)等容过程。此时 $\mathrm{d}\left(\frac{1}{\rho}\right)=0$,按式(4-5),外加热都用来增加气体的内能,即

$$\mathrm{d}q = \mathrm{d}e = c_V \mathrm{d}T \tag{4-6}$$

式中 $c_V = \left(\frac{\mathrm{d}Q}{\mathrm{d}T}\right)_{V=C}$,称为定容比热容,是单位质量气体在等容过程中温度每升高 1℃ 所需的热量,单位是 J/(kg·K)。由式(4-6),并取 $T=0$ 时 $e=0$,则

$$e = \int_0^T c_V \mathrm{d}T = c_V T \tag{4-7a}$$

或

$$e_2 - e_1 = c_V(T_2 - T_1) \tag{4-7b}$$

（2）等压过程。此时 $\mathrm{d}p = 0$，由式（4-4）和式（4-5），可得

$$\mathrm{d}q = \mathrm{d}e + p\mathrm{d}\left(\frac{1}{\rho}\right) = \mathrm{d}e + \mathrm{d}\left(\frac{p}{\rho}\right) = \mathrm{d}h \tag{4-8}$$

令

$$\mathrm{d}q = c_p\mathrm{d}T$$

其中 $c_p = \left(\dfrac{\mathrm{d}q}{\mathrm{d}T}\right)_{p=C}$，称为定压比热容，是单位质量气体在等压过程中温度每升高 1℃ 需增加的热量。在气体动力学中近似取 $c_p = 1\,004.7\mathrm{J}/(\mathrm{kg}\cdot\mathrm{K})$。取 $T = 0$ 时 $h = 0$，则有

$$h = c_pT = (c_V + R)T \tag{4-9}$$

因此，h 又可视为在等压条件下气体温度从零升到 T 所需加的热量。

如果引入比热比 $\gamma = \dfrac{c_p}{c_V}$，则 h 可写为

$$h = \frac{\gamma}{\gamma - 1}\frac{p}{\rho} \tag{4-10}$$

4.1.3 热力学第二定律

热力学第二定律指明能量相互转化是有条件的、有方向的，即一个方向的变化过程可以实现，而反方向的变化过程或者不能实现或者只能有条件地实现。例如，热可以从高温物体传给低温物体，但热却不能从低温物体传向高温物体；通过摩擦机械功可全部变成热，但热却不能百分之百地转变为功；等等。据此，在热力学上有可逆过程和不可逆过程之分。如果将变化过程一步步地倒回去，介质的一切热力学参数均回到初始值且外界情况也都复旧，则是可逆过程，否则就是不可逆过程。上面所说的高温物体向低温物体传热以及机械功通过摩擦产生热均是不可逆过程。

热力学第二定律有许多表述方法。这里引用熵这个状态参数在不可逆过程中的变化来叙述热力学第二定律。

定义单位质量气体的熵为（非单位质量气体的熵 S 用大写）

$$\mathrm{d}s = \frac{\mathrm{d}q}{T} \tag{4-11}$$

而 $\dfrac{\mathrm{d}q}{T}$ 和 $\mathrm{d}q$ 不同，它可以表示为一个全微分

$$\frac{\mathrm{d}q}{T} = \frac{1}{T}\left[\mathrm{d}e + p\mathrm{d}\left(\frac{1}{\rho}\right)\right] = \mathrm{d}\left[c_V\ln T + R\ln\left(\frac{1}{\rho}\right)\right] \tag{4-12}$$

即 s 也是一个状态参数。

在研究热力学过程中，有意义的是熵的增量，即从初始状态 1 变到状态 2 的 Δs 值。由式（4-12）可得

$$\Delta s = s_2 - s_1 = \int_1^2 \mathrm{d}s = c_V\ln\frac{T_2}{T_1} + R\ln\frac{\rho_1}{\rho_2}$$

再利用 $R = c_p - c_V$，$p = \rho RT$，上式可改写为

$$\Delta s = c_V \ln \left[\frac{T_2}{T_1} \left(\frac{\rho_1}{\rho_2} \right)^{\gamma-1} \right] \tag{4-13}$$

或

$$\Delta s = c_V \ln \left[\frac{p_2}{p_1} \left(\frac{\rho_1}{\rho_2} \right)^{\gamma} \right] \tag{4-14}$$

热力学第二定律指出:在绝热变化过程的孤立系统中,如果过程可逆则熵值保持不变,$\Delta s = 0$,称为等熵过程;如果过程不可逆,则熵值必须增加,$\Delta s > 0$。因此,热力学第二定律亦可称为熵增原理。由于引入熵这个参数,就提供了判断过程是否可逆的标准和衡量不可逆程度的尺度。

在高速气体流动过程中的不可逆是因气体的黏性摩擦、激波的出现以及因温度梯度存在而引起的热传导。一般而言,在绕流的流场大部分区域中速度梯度和温度梯度不大,流动可近似视为绝热可逆的,熵增 $\Delta s = 0$,称为等熵流。一条流线上熵值不变叫沿流线等熵,全流场熵值相同称为均(匀)熵流。

对于等熵流,由式(4-14)可得

$$\frac{p_2}{\rho_2^{\gamma}} = \frac{p_1}{\rho_1^{\gamma}} \tag{4-15}$$

此式表示气体在等熵流动过程中 p 和 ρ 的关系式,称为等熵关系式,而 γ 又称为等熵指数。

当考虑物面上附面层及其后尾迹流区,或是穿过激波的流动过程时,气体的黏性和热传导不可忽略,流动是熵增的不可逆过程。不等熵过程的参数变化不符合式(4-15),熵增量 Δs 可由参数变化按式(4-13)或式(4-14)计算。

4.2　声速和马赫数

4.2.1　微弱扰动在介质中的传播速度 —— 声速

由于物体的存在或运动(称为扰源)而使流场诸参数 p, ρ, T, v 等发生了变化,则说流场受到了扰动。由于气体是可压的,在某处受到的扰动就要以有限速度向四面八方传播。微弱扰动指的是气体参数发生非常微小变化的扰动,又称为小扰动。小扰动的传播速度只取决于气体的性质及状态参数,而与何种扰源及其成因无关。由于声波是最易为人感觉到的一种微弱扰动的传播,习惯上就将小扰动在气体中的传播速度称为声速,用符号 a 表示。

为了求出 a 的计算公式,现考虑如图 4-1 所示的一个固定扰源在静止空气中不断发生微弱扰动的情况。此时扰动将以球面波的形式向四面八方传播,波速为 a,经过 t 秒后扰动波及的球面半径为 $r = at$。球面外为未扰动气体,参数为 $p, \rho, T, v = 0$;球面内是受扰气体,其参数和微团速度均发生微小的变化 $\mathrm{d}p, \mathrm{d}\rho, \mathrm{d}T$ 和 $\mathrm{d}v$。

采用和球面波固连在一起的动坐标,并在波前后取一个微小控制区 $11'22'$,其中 $11'$ 和 $22'$ 与波前平行,12 与 $1'2'$ 与波前垂直,$11'$ 和 $22'$ 的面积均为 $\mathrm{d}A$。一小段球面波可近似当作平面

波来处理,应用一维定常可压流的连续方程有

$$\rho a\,\mathrm{d}A = (\rho + \mathrm{d}\rho)(a - \mathrm{d}v)\,\mathrm{d}A$$

消去 $\mathrm{d}A$ 并略去二阶微量得

$$a\,\mathrm{d}\rho = \rho\,\mathrm{d}v \tag{4-16}$$

再由动量方程得

$$\mathrm{d}p = \rho a\,\mathrm{d}v \tag{4-17}$$

由式(4-16)和式(4-17)两式消去 $\mathrm{d}v$,最后可得

$$a^2 = \frac{\mathrm{d}p}{\mathrm{d}\rho} \tag{4-18}$$

这就是声速计算公式,它指明小扰动的传播速度与介质的压缩性大小有关,即取决于压强变化与密度变化之比。对容易压缩的流体声速值小,对不易压缩的流体声速值大,而完全不可压的流体声速为无限大。

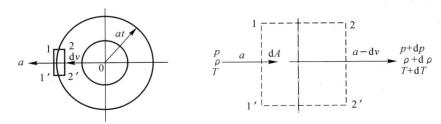

图 4-1　声速的计算

小扰动在可压气体中的传播过程非常接近绝热可逆过程,即等熵过程。这首先是扰动的传播速度相当快,气体受扰后来不及与周围气体进行热交换,变化过程接近绝热。其次,微弱扰动引起气体微团诸物理参数变化十分微小,故可将其近似视为一个可逆过程。因此,在计算声速时,可近似使用等熵关系式 $\dfrac{p}{\rho^{\gamma}} = C$ 来计算 $\dfrac{\mathrm{d}p}{\mathrm{d}\rho}$,即

$$a^2 = \left(\frac{\mathrm{d}p}{\mathrm{d}\rho}\right)_{s=C} = \gamma\frac{p}{\rho} = \gamma R T \tag{4-19}$$

此式说明,声速 a 值只取决于气体的属性(不同气体的 γ 和 R 值不同)和当地的温度的高低。对于同一种气体而言,a 只取决于当地温度,故 a 也是一个状态参数。对空气,若取 $\gamma = 1.4$,$R = 287.053\mathrm{N} \cdot \mathrm{m}/(\mathrm{kg} \cdot \mathrm{K})$,则

$$a = 20.046\,8\sqrt{T} \approx 20.05\sqrt{T} \tag{4-20}$$

声速随温度变化的原因:气体分子无规则热运动的速度正比于 $\sqrt{T}$,T 越高分子热运动速度越大,扰动传播的速度也就越快。

4.2.2　马赫数 Ma 及其物理意义

流场上任一点处流速与当地声速之比定义为马赫数,符号为 Ma,即

$$Ma = \frac{v}{a} \tag{4-21}$$

一般说,流场上各点的流速和声速是不同的,故 Ma 指的是当地值,称为当地马赫数。例如,来流马赫数 $Ma_\infty = \dfrac{v_\infty}{a_\infty}$,即来流速度 v_∞ 与来流温度所对应的声速 a_∞ 之比。

在高速空气动力学中,Ma 是一个非常重要的无量纲参数,是一个反映压缩性大小的相似准则。众所周知,衡量空气在流动过程中压缩性大小的尺度是密度的相对变化量 $\dfrac{\Delta\rho}{\rho}$,而 $\dfrac{\Delta\rho}{\rho}$ 是与 Ma 值的大小密切相关的。这是因为,从量级上说有

$$a^2 = \frac{\mathrm{d}p}{\mathrm{d}\rho} \sim \frac{\Delta p}{\Delta\rho} \sim \frac{\rho v^2}{\Delta\rho} \sim \frac{v^2}{\left(\dfrac{\Delta\rho}{\rho}\right)}$$

故

$$\frac{\Delta\rho}{\rho} \sim \frac{v^2}{a^2} = Ma^2 \tag{4-22}$$

可见,Ma 的大小标志运动空气压缩性的大小,Ma 越大则引起的压缩性越大。当 $Ma < 0.3$,$\left|\dfrac{\Delta\rho}{\rho}\right| < 5\%$ 时,可近似视为不可压缩流体。

Ma 还代表单位质量气体的动能和内能之比,即

$$\frac{\text{动能}}{\text{内能}} = \frac{\dfrac{v^2}{2}}{c_V T} = \frac{\dfrac{v^2}{2}}{\dfrac{1}{\gamma - 1}\dfrac{p}{\rho}} = \frac{\gamma(\gamma - 1)}{2}Ma^2 \tag{4-23}$$

因此,Ma 很小说明动能相对于内能很小,速度的变化不会引起气体温度的显著变化,对不可压缩流体不仅可以认为密度 ρ 是常值,而且温度也是常值。当 Ma 较高时,动能相对于内能较大,速度的变化将引起温度的显著变化,密度和温度均是变数。

4.3　高速一维定常流

一维可压缩定常流比不可压缩流复杂些,流动参数增加为 4 个:p、ρ、T 和 v,需要 4 个基本方程才能求解。已有 3 个基本方程:状态方程、连续方程和理想流动量方程。为求解出 4 个流动参数,应补充第 4 个方程 —— 能量方程。

4.3.1　一维定常绝热流的能量方程

这里研究的能量方程是绝热一维流中能量守恒定律的具体表达式。在绝热条件下,流体微团的动能与内能的变化应等于作用在微团上外力所做的功。

1. 一维等熵流的能量方程

对于不计黏性作用的绝热高速一维流,微团的运动过程是等熵过程。此时的能量方程可由欧拉方程并利用等熵关系沿流线积分求出。由欧拉方程的伯努利积分有

$$\frac{v^2}{2} + \int \frac{\mathrm{d}p}{\rho} = C \quad \text{(沿流线)} \tag{4-24}$$

因为沿流线是等熵流动,利用等熵关系 $p/\rho^{\gamma}=C$,可得

$$\int \frac{\mathrm{d}p}{\rho}=\int \frac{\gamma}{\gamma-1}R\mathrm{d}T=\frac{\gamma}{\gamma-1}RT$$

将此式代入式(4-24)得到一维等熵流的能量方程为

$$\frac{v^2}{2}+\frac{\gamma}{\gamma-1}RT=C \quad (沿流线) \tag{4-25}$$

或

$$\frac{v^2}{2}+\frac{a^2}{\gamma-1}=C \quad (沿流线) \tag{4-26}$$

或

$$\frac{v^2}{2}+\frac{\gamma}{\gamma-1}\frac{p}{\rho}=C \quad (沿流线) \tag{4-27}$$

或

$$\frac{v^2}{2}+c_p T=C \quad (沿流线) \tag{4-28}$$

利用式(4-4)h 定义,也可用式(2-66)推导出相同结果,式(4-25)～式(4-28)就是一维等熵流能量方程的各种表达形式。由这些式子可知,当沿流线(或沿流管轴线)速度增大时,温度 T、声速 a、焓值 h 均下降;反之,流速减小时,T,a 和 h 则增大,但单位质量气体的动能和焓之和保持不变。

2. 绝热不等熵流的能量方程

如果沿流线的流动是有黏性摩擦的,只要绝热条件仍成立,上面由一维等熵流动导出的能量方程在形式上仍然成立。这是因为气体在流动过程中克服摩擦所消耗的机械功变成为热,但在绝热条件下所产生的热仍加给气体本身,因此总能量仍然不变。这就是说,绝热流动中黏性摩擦的作用并不改变动能和总焓的总和,只是其中一部分动能转变为焓而已。

对于实际高速一维流动,绝热流的条件近似满足,绝热流的一维能量方程是可用的。另外,对于理想不可压流,$\rho=C$,故由式(4-24)可得

$$\frac{p}{\rho}+\frac{v^2}{2}=C \quad (沿流线)$$

即能量方程与伯努利方程合而为一。

4.3.2　一维定常绝热流参数间的基本关系式

对一维定常绝热流,可以确定沿流线(或沿管截面轴线)参数间的关系式,但常需给出参考点上的参数值。常用的参考点是驻点或临界点。

1. 使用驻点参考量的参数关系式

根据一维绝热流的能量方程,在驻点处流速和动能为零,焓达到最大值,称为总焓或驻点焓,用 h_0 表示,则有

$$h+\frac{v^2}{2}=h_0 \tag{4-29}$$

或

$$T + \frac{v^2}{2c_p} = T_0 \tag{4-30}$$

式中，T_0 是 $v=0$ 时驻点处的温度，称为总温 T_0（或用相应的声速 a_0 表示）。和 h_0 一样，T_0（或 a_0）也是可以代表一维绝热流的总能量的常值。T_0 可以是流动过程中真正存在的驻点处温度，也可以只是一个参考值。而 T 是 $v \neq 0$ 点处的当地温度，称为静温。由式（4-30）可得总静温之比为

$$\frac{T_0}{T} = 1 + \frac{v^2}{2c_p T} = 1 + \frac{\gamma - 1}{2} Ma^2 \tag{4-31}$$

此式说明在一维绝热流中总静温之比只取决于当地马赫数。由于直接测量 T 相当困难，而 T_0 则容易测得，故通常是由 T_0 和 Ma 计算 T。

在一维绝热有黏流中，定义流线上任一点 i（或任一截面）处的总压 p_{0i} 是该处流速等熵滞止为零时所达到的压强，即

$$\frac{p_{0i}}{p_i} = \left(\frac{T_0}{T_i} \right)^{\frac{\gamma}{\gamma-1}} = \left(1 + \frac{\gamma - 1}{2} Ma^2 \right)^{\frac{\gamma}{\gamma-1}} \tag{4-32}$$

现取流线上 1 点和其下游 2 点来计算其熵增。由式（4-14）和式（4-32）可得

$$\Delta s = s_2 - s_1 = c_V \ln \left[\frac{p_2}{p_1} \left(\frac{\rho_1}{\rho_2} \right)^{\gamma} \right] = -c_V (\gamma - 1) \ln \frac{p_{0,2}}{p_{0,1}} \tag{4-33}$$

由热力学第二定律知 $\Delta s > 0$，故 $p_{0,2} < p_{0,1}$，即沿流动方向虽然 T_0 不变，但 p_0 值下降。

对一维等熵流，由式（4-33）可得 $p_{0,2} = p_{0,1}$，即 T_0，p_0，ρ_0 这 3 个总参数均不变。由等熵关系式和状态方程又可得

$$\frac{p_0}{p} = \left(1 + \frac{\gamma - 1}{2} Ma^2 \right)^{\frac{\gamma}{\gamma-1}} \tag{4-34}$$

$$\frac{\rho_0}{\rho} = \left(1 + \frac{\gamma - 1}{2} Ma^2 \right)^{\frac{1}{\gamma-1}} \tag{4-35}$$

应注意，式（4-31）的应用条件是一维绝热流，而式（4-34）、式（4-35）和式（4-31）同时使用则仅对等熵流才是对的。为使用方便，此三式已取 Ma 为自变数列成表格，见书后附录中附表 2 和附表 3。

2. 使用临界参考量的参数关系式

在一维绝热流中，沿流线某点处的流速恰好等于当地的声速，即 $Ma=1$，则称为临界点或临界界面，临界参数用上标"*"表示。由一维绝热流能量方程，有

$$\frac{T^*}{T_0} = \left(\frac{a^*}{a_0} \right)^2 = \frac{2}{\gamma + 1} = 0.833 \quad (\gamma = 1.4) \tag{4-36}$$

对等熵流还有

$$\frac{p^*}{p_0} = \left(\frac{2}{\gamma + 1} \right)^{\frac{\gamma}{\gamma-1}} = 0.528 \quad (\gamma = 1.4) \tag{4-37}$$

$$\frac{\rho^*}{\rho_0} = \left(\frac{2}{\gamma + 1} \right)^{\frac{1}{\gamma-1}} = 0.634 \quad (\gamma = 1.4) \tag{4-38}$$

而式（4-36）中 a^* 为临界声速，$a^* = \sqrt{\frac{2}{\gamma + 1}} a_0$，故它也可代表一维绝热流的总能量，并将

能量方程写为

$$\frac{v^2}{2} + \frac{a^2}{\gamma-1} = \frac{\gamma+1}{\gamma-1} \frac{a^{*2}}{2} \tag{4-39}$$

在气流参数计算中,有时用 Ma 作自变量并不方便,因为流线上各点处声速值一般并不相同,按流速计算 Ma 或根据 Ma 计算流速都需要先计算声速。但从式(4-36)可知,当 T_0 值一定则 a^* 也是个定值,故也可取 a^* 作为特征速度值。若定义一个无量纲数参数

$$\lambda = \frac{v}{a^*} \tag{4-40}$$

称为速度系数,则速度 v 与 λ 成正比。现在来求 λ 和 Ma 的关系式,由 λ 定义有

$$\lambda^2 = \frac{v^2}{a^{*2}} = \frac{v^2}{a^2} \frac{a^2}{a_0^2} \frac{a_0^2}{a^{*2}} = \frac{(\gamma+1)Ma^2}{2+(\gamma-1)Ma^2} \tag{4-41}$$

$\lambda = f(Ma)$ 曲线见图 $4-2$。

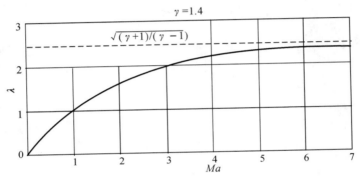

图 $4-2$ $\quad \lambda = f(Ma)$ 曲线

由式(4-41)可知,$Ma=0,\lambda=0$;$Ma<1,\lambda<1$;$Ma=1,\lambda=1$;$Ma>1,\lambda>1$;$Ma\to\infty$,$\lambda = \sqrt{\dfrac{\gamma+1}{\gamma-1}} = \sqrt{6}(\gamma=1.4)$。由式(4-41)解得

$$Ma^2 = \frac{\dfrac{2}{\gamma+1}\lambda^2}{1-\dfrac{\gamma-1}{\gamma+1}\lambda^2} \tag{4-42}$$

将式(4-42)代入式(4-31)、式(4-34)、式(4-35)三式,可得用 λ 表示的一维等熵流总静参数之比关系式

$$\left.\begin{aligned}\frac{T}{T_0} &= 1-\frac{\gamma-1}{\gamma+1}\lambda^2 = \tau(\lambda)\\[2mm]\frac{p}{p_0} &= \left(1-\frac{\gamma-1}{\gamma+1}\lambda^2\right)^{\frac{\gamma}{\gamma-1}} = \pi(\lambda)\\[2mm]\frac{\rho}{\rho_0} &= \left(1-\frac{\gamma-1}{\gamma+1}\lambda^2\right)^{\frac{1}{\gamma-1}} = \varepsilon(\lambda)\end{aligned}\right\} \tag{4-43}$$

$\tau(\lambda)$,$\pi(\lambda)$ 和 $\varepsilon(\lambda)$ 随 λ 变化曲线如图 $4-3$ 所示,并列成表格,见附录附表 4。

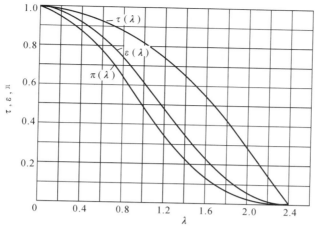

图 4 - 3　$\tau(\lambda)$,$\pi(\lambda)$,和 $\varepsilon(\lambda)$ 随 λ 变化曲线

4.4　马赫波与膨胀波

4.4.1　小扰动区的划分与马赫锥

亚声速流场和超声速流场有许多质上的差别,其中很重要的一个差别就是小扰动的传播范围或者说影响区是不同的。在一个均匀流场中,扰源发出的小扰动均以声速向四周传播,在静止气体中($Ma = 0$)、亚声速气流中($Ma < 1$)、声速气流中($Ma = 1$)以及超声速气流中($Ma > 1$)的影响区分别如图 4 - 4(a)(b)(c)(d) 所示。

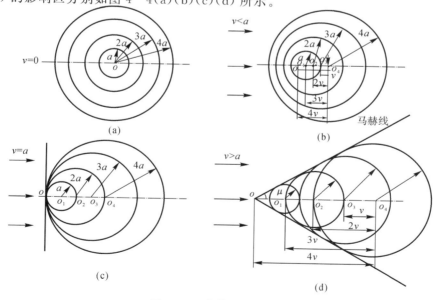

图 4 - 4　小扰动的影响区

(1)$v=0(Ma=0)$。从某瞬间看,前 i 秒发出的扰动波面是以扰源 o 为中心、ia 为半径的同心球面。只要时间够长,空间任一点均会受到扰源的影响,即扰源的影响区是全流场。

(2)$v<a(Ma<1)$。前 i 秒扰源发出的半径为 ia 的球面波要顺来流方向从 o 点下移到 o_i 点,$oo_i=iv$。由于 $iv<ia$,故扰动仍可遍及全流场。

(3)$v>a(Ma>1)$。此时 $oo_i=iv>ia$,扰源的影响不仅不能传到 o 点的前方,而且局限在以 o 为顶点所有扰动球面波的包络面——圆锥面以内。这个圆锥称为马赫锥,锥的边界线为马赫线,其半顶角

$$\mu=\arcsin\frac{1}{Ma} \tag{4-44}$$

称为马赫角,Ma 值越大,μ 角越小。

(4)$v=a(Ma=1)$。这是 $v<a$ 和 $v>a$ 时的分界点,此时马赫锥张开为 $\mu=90°$ 的铅垂面,此面右侧为扰源影响区。

由此可知,亚声速流场中小扰动可遍及全流场,气流没有达到扰源之前已感受到它的扰动,逐渐改变流向和气流参数以适应扰源的要求;而在声速和超声速流场中,小扰动不会传到扰源的上游,气流未到达扰源之前没有感受到任何扰动,因此不知道扰源的存在。

以上所述不论对二维流还是对三维流均适用。在超声速流中,对薄楔形物体马赫锥变为楔形的,对细长针锥形物体马赫锥是圆锥形的。

4.4.2 马赫波

超声速气流受到微小扰动而使气流方向产生微小变化,扰动的界面是马赫波。本节讨论平面流动情况,导出气流参数变化与方向偏转之间的微分关系式。

设有 $Ma_1>1$ 的定常、直匀超声速气流绕 AOB 壁面流动(见图 4-5)。超声速无黏气流沿 AO 壁面流来,在 O 点偏转一个微小的角度 $d\theta$,然后沿 OB 壁面向后流去。规定 OB 壁面相对于 OA 外折时 $d\theta$ 为正,内折时 $d\theta$ 为负。由于壁面偏转 $d\theta$ 角,超声速气流受到微小扰动,故在折点 O 处(扰动源点)必产生一道马赫波 OL,它与来流的夹角为 $\mu=\arcsin\frac{1}{Ma}$,波前气流参数不变,通过马赫波后气流方向偏转了 $d\theta$ 角,参数有微小增量。设波前气流参数为 $Ma(\lambda),p,v,\rho$ 等,波后气流参数为 $Ma+dMa(\lambda+d\lambda),p+dp,v+dv,\rho+d\rho$ 等。

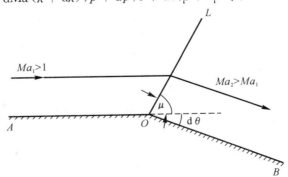

图 4-5 超声速气流绕外折壁的流动

先来分析 $d\theta > 0$ 情况。为分析方便，将波前和波后的速度 v 和 v' 分解为两个向量，一个平行波面，一个垂直波面（见图 4-6）。

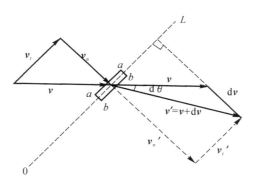

图 4-6　超声速气流绕外折壁的流动分析

取控制区"$aabb$"，并对其应用质量方程和动量方程。令 m 表示单位时间通过马赫波单位面积上的气体质量，则

$$m = \rho v_n = (\rho + d\rho)v'_n = (\rho + d\rho)(v_n + dv_n)$$

将上式等号右端展开并略去二阶小量，得

$$dv_n = -v_n \frac{d\rho}{\rho}$$

由于在平行波方向上无压强变化，故切向动量方程是

$$mv'_t - mv_t = 0 \tag{4-45}$$

而法向动量方程为

$$mdv_n = -dp$$

将 $m = \rho v_n$ 及 $dv_n = -v_n \dfrac{d\rho}{\rho}$ 代入，则得

$$v_n = a \tag{4-46}$$

这说明马赫波前气流法向分速度等于当地声速。

由式（4-45）及图 4-6 可得

$$v\cos\mu = (v + dv)\cos(\mu + d\theta) \approx (v + dv)(\cos\mu - \sin\mu d\theta)$$

或

$$\frac{dv}{v} = \tan\mu d\theta = \frac{d\theta}{\sqrt{Ma^2 - 1}} \tag{4-47}$$

式（4-47）将通过马赫波的速度变化与流向变化联系起来。因为假设理想流且气流参数变化无限小，故流动过程是等熵的。

由微分形式的理想流运动方程 $vdv = -\dfrac{1}{\rho}dp$，用 $a^2 = \gamma \dfrac{p}{\rho}$ 消去其中的 ρ，有

$$\frac{dv}{v} = -\frac{1}{\gamma Ma^2}\frac{dp}{p}$$

代入式（4-47），得

$$\frac{dp}{p} = -\frac{\gamma Ma^2}{\sqrt{Ma^2 - 1}}d\theta \tag{4-48}$$

再利用 $\dfrac{\mathrm{d}p}{\mathrm{d}\rho}=a^2$ 和 $p=\rho RT$，又得

$$\frac{\mathrm{d}\rho}{\rho}=-\frac{Ma^2}{\sqrt{Ma^2-1}}\mathrm{d}\theta \qquad (4-49)$$

$$\frac{\mathrm{d}T}{T}=-(\gamma-1)\frac{Ma^2}{\sqrt{Ma^2-1}}\mathrm{d}\theta \qquad (4-50)$$

由式(4-47)～式(4-50)可知，当壁面外折一个正 $\mathrm{d}\theta$ 小角度，伴随着流速增大，压强、密度和温度减小，气流发生膨胀，故此时的马赫波称为膨胀马赫波；当壁面内折一个负 $\mathrm{d}\theta$ 角，则伴随着流速减小，压强、密度和温度增高，气流发生压缩，此时的马赫波称为压缩马赫波。

通过马赫波后壁面上的压强系数为

$$C_p=\frac{(p+\mathrm{d}p)-p}{\dfrac{1}{2}\rho v^2}=\frac{\mathrm{d}p}{\dfrac{1}{2}\dfrac{p}{RT}Ma^2a^2}=-\frac{2\mathrm{d}\theta}{\sqrt{Ma^2-1}} \qquad (4-51)$$

应注意，上述诸公式不能直接应用到超声速气流大角度转折的情况。

4.4.3　膨胀波

超声速气流因通路扩张，例如壁面外折一个角度，或因流动条件规定从高压区过渡到低压区，气流要加速、降压，将出现膨胀波。

1. 膨胀波前后参数变化与外折角关系式

设超声速气流流过由多个无限小外折角 $\mathrm{d}\theta_1$，$\mathrm{d}\theta_2$，$\mathrm{d}\theta_3$，$\cdots$ 组成的一个凸壁面(见图4-7)，在每一个折点处都产生一道膨胀马赫波。气流每经过一道膨胀波就加速一次，有 $\cdots Ma_4 > Ma_3 > Ma_2 > Ma_1$，则 $\mu_1 > \mu_2 > \mu_3\cdots$。这些膨胀马赫波与波前气流的夹角越向后越小，因此它们在壁面外绝不会相交。

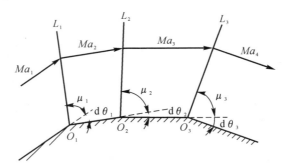

图 4-7　$Ma_1 > 1$ 的超声速气流绕多个 $\mathrm{d}\theta$ 凸壁的流动

如令 O_2，O_3，O_4 等点无限靠近 O_1 点，这些马赫波就集中起来，组成一个以 O_1 点为中心的扇形膨胀波束，称为膨胀波，如图4-8所示。

假设壁面在 O_1 点集中向外转折了一个有限角度 θ(可视为无限多个 $\mathrm{d}\theta$ 之和)，超声速气流经过发自 O_1 点的无数道马赫波连续膨胀，从 Ma_1 加速到 Ma_2，气流参数发生了有限的变化，流向也同时偏转了 θ 角。由于气流每经过一道膨胀马赫波参数只发生无限小的变化，穿过整个膨胀波束时气流参数必是连续变化的。这种连续变化是等熵的，故经过膨胀波是可逆等熵

过程。对于一定来流条件,波后气流参数只取决于总的外折角 θ,而与壁面是一次折转还是多次折转无关。

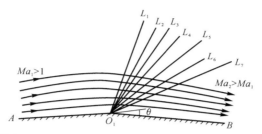

图 4 - 8　$Ma_1 > 1$ 的超声速气流绕外折角 θ 的流动

下面来推导超声速气流通过膨胀波时气流参数变化与气流方向变化间的关系式。对 $v = a \cdot Ma$ 取全微分,得

$$\frac{\mathrm{d}v}{v} = \frac{\mathrm{d}Ma}{Ma} + \frac{\mathrm{d}a}{a} = \frac{\mathrm{d}Ma}{Ma} + \frac{\mathrm{d}T}{2T} \tag{4-52}$$

再利用式(4-47)和(4-50),可得

$$\frac{\mathrm{d}Ma}{Ma} = \frac{1 + \dfrac{\gamma - 1}{2}Ma^2}{\sqrt{Ma^2 - 1}}\mathrm{d}\theta \tag{4-53}$$

壁面折角由零增大到 θ,马赫数由 Ma_1 增大到 Ma_2,积分上式有

$$\theta = \int_{Ma_1}^{Ma_2} \frac{\sqrt{Ma^2 - 1}}{1 + \dfrac{\gamma - 1}{2}Ma^2}\frac{\mathrm{d}Ma}{Ma}$$

求此积分需作变量置换,令 $t = Ma^2 - 1$,则

$$\theta = \int_{t_1}^{t_2} \frac{t}{1 + \dfrac{\gamma - 1}{2}(1 + t^2)}\frac{t\mathrm{d}t}{1 + t^2} = \left[\frac{1}{\sqrt{\dfrac{\gamma - 1}{\gamma + 1}}}\arctan\sqrt{\frac{\gamma - 1}{\gamma + 1}}\,t - \arctan t\right]_{t_1}^{t_2}$$

或

$$\theta = \left[\sqrt{\frac{\gamma + 1}{\gamma - 1}}\arctan\sqrt{\frac{\gamma - 1}{\gamma + 1}(Ma_2^2 - 1)} - \arctan\sqrt{Ma_2^2 - 1}\right] -$$
$$\left[\sqrt{\frac{\gamma + 1}{\gamma - 1}}\arctan\sqrt{\frac{\gamma - 1}{\gamma + 1}(Ma_1^2 - 1)} - \arctan\sqrt{Ma_1^2 - 1}\right] \tag{4-54}$$

这样,在给定 Ma_1 和 θ 后,Ma_2 即可由式(4-54)求出,然后再应用等熵流公式或查表由 Ma_2 求出 $\dfrac{p_2}{p_{0,2}}$,$\dfrac{\rho_2}{\rho_{0,2}}$,$\dfrac{T_2}{T_{0,2}}$ 值。由于是等熵膨胀过程,$p_{0,2} = p_{0,1}$,$\rho_{0,2} = \rho_{0,1}$,$T_{0,2} = T_{0,1}$,故当波前参数给定时波后的 p_2,ρ_2,T_2 即可求得。若给定 Ma_1 和要求的 Ma_2,则由式(4-54)也可求得所需的壁面外折角 θ。

如指定气流是从 $Ma_1 = 1$ 的声速流开始膨胀的,达到某个大于 1 的 Ma 外折角为 θ_*,则由式(4-54)可得

$$\theta_* = \sqrt{\frac{\gamma + 1}{\gamma - 1}}\arctan\sqrt{\frac{\gamma - 1}{\gamma + 1}(Ma^2 - 1)} - \arctan\sqrt{Ma^2 - 1} \tag{4-55}$$

当 $Ma \to \infty$，$\theta_{*max} = \sqrt{\dfrac{\gamma+1}{\gamma-1}} \cdot \dfrac{\pi}{2} - \dfrac{\pi}{2} = 130.45°$，此时已膨胀到压强、密度、温度均降为零的真空状态。若 $\theta > \theta_{*max}$，气流也只能膨胀转折 θ_{*max}，不能再膨胀了。事实上这种膨胀到真空状态是不会真正达到的，因为在静温降到绝对零度以前空气已经液化了，上面的计算已不再成立。

为了应用方便，已将式（4-55）和等熵流关系式一起制成表格，列在书后附录附表 3 中。下面举例说明如何利用这一数值表。

例 4-1 已知 $Ma_1 = 1.605$ 的超声速气流绕 $\theta = 20°$ 外折角，求膨胀波后的 Ma_2 和 $\dfrac{p_2}{p_1}$ 值。

解 设想 $Ma_1 = 1.605$ 的超声速气流是由 $Ma = 1$ 的超声速气流绕外折角 θ_{*1} 膨胀而来的，然后再继续外折 $\theta = 20°$ 膨胀到 Ma_2。这样算出的波后参数与 $Ma_1 = 1.605$ 的气流直接一次外折 $\theta = 20°$ 所得到结果完全一样（见图 4-9）。

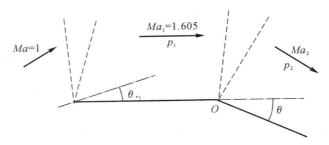

图 4-9　$Ma_1 > 1$ 的气流绕外折角 θ 后参数计算

（1）查表求出气流由 $Ma = 1$ 膨胀到 $Ma_1 = 1.605$ 的 $\theta_{*1} = 15°$，$\dfrac{p_1}{p_{0,1}} = 0.234$。

（2）计算 $Ma = 1$ 的气流总外折角 $\theta_{*2} = \theta_{*1} + \theta = 35°$。

（3）由 $\theta_{*2} = 35°$ 查表得 $Ma_2 = 2.329$，$\dfrac{p_2}{p_{0,2}} = 0.0765$。

（4）因 $p_{0,2} = p_{0,1}$，故 $\dfrac{p_2}{p_1} = \dfrac{p_2}{p_{0,2}} \dfrac{p_{0,1}}{p_1} = 0.327$。

应该指出，超声速气流产生膨胀波束不只限于沿外凸壁的流动情况，在其他一些情况下，也会产生膨胀波。例如：从平面超声速喷管射出的超声速直匀流（见图 4-10），如果在出口截面上气流的压强 p_1 高于外界压强 p_a 的话，气流一出口必继续膨胀，直到射流边界上气流压强恰好等于 p_a 为止，否则射流边界上的压强就无法平衡。这时，喷管出口的上下边缘 A，B 相当于两个扰动源，产生两道扇形膨胀波，使波后气流 $p_2 = p_a$ 以满足自由射流的等压边界条件。

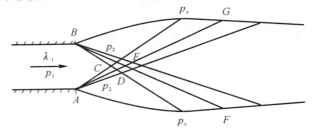

图 4-10　喷管出口膨胀波的计算

2. 超声速气流绕小外折角的近似关系式

使用式(4-54)和等熵诸关系式求解膨胀波的解时,由于通常给定的是 Ma_1(或 Ma_∞)和 θ 值,Ma_2 的准确值一般需要用数值法求解,使用表格进行插值会带来一定的误差,但当 θ 角的数值比较小(例如小于 10°)时,可使用二级近似理论求解。

设超声速来流参数为 Ma_∞ 和 p_∞,绕较小 θ 角后气流参数为 Ma 和 p,则有

$$\bar{p} = \frac{p}{p_\infty} = \frac{p}{p_0} \cdot \frac{p_0}{p_\infty} = \left(\frac{1 + \dfrac{\gamma-1}{2} Ma_\infty^2}{1 + \dfrac{\gamma-1}{2} Ma^2} \right)^{\frac{\gamma}{\gamma-1}}$$

将 $\bar{p}$ 在 $\bar{p}_\infty = 1$ 附近展开成 θ 角的泰勒级数,并取前两项,得

$$\bar{p} = 1 + \left(\frac{\mathrm{d}\bar{p}}{\mathrm{d}\theta} \right)_\infty \theta + \frac{1}{2!} \left(\frac{\mathrm{d}^2\bar{p}}{\mathrm{d}\theta^2} \right)_\infty \theta^2 \tag{4-56}$$

由式(4-48)可得

$$\frac{\mathrm{d}\bar{p}}{\mathrm{d}\theta} = -\gamma \bar{p} \frac{Ma^2}{\sqrt{Ma^2-1}} \tag{4-57}$$

由 $\bar{p}_\infty = 1$ 可得

$$\left(\frac{\mathrm{d}\bar{p}}{\mathrm{d}\theta} \right)_\infty = -\frac{\gamma Ma_\infty^2}{\sqrt{Ma_\infty^2-1}} \tag{4-58}$$

再对 $\dfrac{\mathrm{d}\bar{p}}{\mathrm{d}\theta}$ 求导,得

$$\frac{\mathrm{d}^2\bar{p}}{\mathrm{d}\theta^2} = -\frac{\gamma Ma^2}{\sqrt{Ma^2-1}} \frac{\mathrm{d}\bar{p}}{\mathrm{d}\theta} - \gamma\bar{p} \frac{Ma(Ma^2-2)}{(Ma^2-1)^{3/2}} \frac{\mathrm{d}Ma}{\mathrm{d}\theta}$$

将式(4-53)和(4-57)代入上式可得

$$\frac{\mathrm{d}^2\bar{p}}{\mathrm{d}\theta^2} = \bar{p} \frac{\gamma Ma^2}{2} \cdot \frac{(\gamma+1)Ma^4 - 4(Ma^2-1)}{(Ma^2-1)^2} \tag{4-59}$$

从而

$$\left(\frac{\mathrm{d}^2\bar{p}}{\mathrm{d}\theta^2} \right)_\infty = \frac{\gamma Ma_\infty^2}{2} \cdot \frac{(\gamma+1)Ma_\infty^4 - 4(Ma_\infty^2-1)}{(Ma_\infty^2-1)^2} \tag{4-60}$$

因此,式(4-56)最后可写为

$$\bar{p} = 1 - \frac{\gamma Ma_\infty^2}{\sqrt{Ma_\infty^2-1}}\theta + \frac{\gamma Ma_\infty^2}{4} \cdot \frac{(\gamma+1)Ma_\infty^4 - 4(Ma_\infty^2-1)}{(Ma_\infty^2-1)^2}\theta^2 \tag{4-61}$$

而 Ma 和 C_p 的计算公式分别是

$$Ma = \sqrt{\frac{2}{\gamma-1} \left\{ \left[\frac{\left(1 + \dfrac{\gamma-1}{2} Ma_\infty^2\right)^{\frac{\gamma}{\gamma-1}}}{\bar{p}} \right]^{\frac{\gamma-1}{\gamma}} - 1 \right\}} \tag{4-62}$$

和

$$C_p = \frac{2}{\gamma Ma_\infty^2}(\bar{p}-1) = -\frac{2\theta}{\sqrt{Ma_\infty^2-1}} + \left[\frac{(\gamma+1)Ma_\infty^4 - 4(Ma_\infty^2-1)}{2(Ma_\infty^2-1)^2} \right]\theta^2 \tag{4-63}$$

例 4-2　给定 $Ma_\infty = 2.538$,试用二级近似理论求气流绕外折角 $\theta = 10°$ 后的 Ma 和 $\dfrac{p}{p_\infty}$,并与准确值相比较。

解 由式(4-61),得二级近似下

$$\bar{p} = 0.505\ 8$$

$$\frac{p}{p_0} = \frac{p}{p_\infty} \frac{p_\infty}{p_0} = 0.505\ 8 \times 0.055\ 2 = 0.027\ 92$$

查表或计算得 $Ma = 2.983$。

而使用膨胀波表,由 $Ma_1 = Ma_\infty = 2.538$ 查得 $\theta_{*1} = 40°$,而 $\theta_{*2} = \theta_{*1} + \theta = 40° + 10° = 50°$,再查表得

$$Ma_2 = Ma = 3.013$$

$$\frac{p_2}{p_1} = \frac{p}{p_\infty} = \left(\frac{p/p_0}{p_\infty/p_0}\right) = \frac{0.026\ 7}{0.055\ 2} = 0.483\ 7$$

4.5 激　　波

超声速气流因通路收缩,例如壁面相对气流内折一个角度,或因流动规定从低压区过渡到高压区,气流要减速、增压,将出现与膨胀波性质完全不同的另一种波,即激波。

以超声速平面气流流过一个内折角的凹壁为例,此凹壁由多个无限小内折角 $d\theta_1, d\theta_2,$ $d\theta_3, \cdots$ 所组成,如图 4-11 所示。此时在每个折点处都产生一道压缩马赫波,气流每经过一道压缩波就减速一次,所以 $Ma_1 > Ma_2 > Ma_3 > Ma_4 > \cdots$,故 $\mu_1 < \mu_2 < \mu_3 < \cdots$,这样每经过一道压缩马赫波气流就向内转折一个角度,再加上 μ 角逐渐加大,必造成无数多条压缩波彼此密集、相互叠加,在内折壁上方形成一道有限强度的压缩波。如令 O_2, O_3 等点无限接近 O_1 点,壁面在 O_1 点形成一个有限内折角 θ,在 O_1 点处产生一道有限强度的压缩波,称为激波。超声速气流经过激波速度下降,波后 $Ma_2 < Ma_1$,气流方向也向内转折了 θ 角(见图 4-12)。

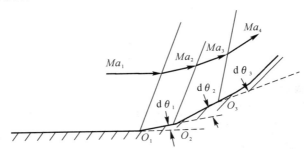

图 4-11　$Ma_1 > 1$ 的超声速气流绕凹壁的流动

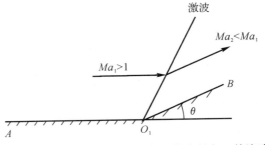

图 4-12　$Ma_1 > 1$ 的超声速气流绕内折角 θ 的流动

实际激波是有厚度的,但其值非常小,约为 2.5×10^{-5} cm,与气体分子自由程同一数量级。在连续介质假设下可忽略它的厚度,而将激波视为气流参数发生突跃变化的间断面。来流穿过激波时受到突然的压缩,压强、密度和温度升高,而速度和马赫数下降。在极小的激波厚度内速度梯度很大,黏性内摩擦作用非常强烈,从而产生客观的机械能损失,而气流穿过激波的时间极短,因此可视为一个绝热但不等熵的过程。

激波与来流方向的夹角称为激波角,用 β 表示。当激波面与来流方向垂直,即 $\beta = \dfrac{\pi}{2}$ 时称为正激波;当 $\beta < \dfrac{\pi}{2}$ 时则称为斜激波。另外,当物体是二维的,产生的是二维或平面激波;当物体是三维的,则产生的是三维或空间激波。

下面来推导气流经过激波时气流参数的变化与气流方向变化及激波角之间的关系式。先讲正激波,再讲斜激波。

4.5.1　正激波

1. 基本方程组

在正激波前、后取一个矩形控制区"1122",如图 4-13 所示。

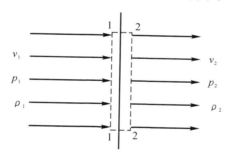

图 4-13　正激波前、后关系

11 和 22 平行波面,长度取为 1,垂直于纸面方向的宽度也取为 1,以使计算简便。正激波前、后参数分别用下标 1 和 2 表示,并对此控制区的气体写出一维定常流的基本方程组:

连续方程
$$\rho_1 v_1 = \rho_2 v_2$$

动量方程
$$p_1 + \rho_1 v_1^2 = p_2 + \rho_2 v_2^2$$

能量方程
$$\frac{v_1^2}{2} + \frac{a_1^2}{\gamma - 1} = \frac{v_2^2}{2} + \frac{a_2^2}{\gamma - 1} = \frac{1}{2} \frac{\gamma + 1}{\gamma - 1} a^{*2}$$

状态方程
$$p = \rho R T$$

若正激波波前参数 p_1, ρ_1, T_1, Ma_1 给定,则由此 4 个方程可解得波后的 p_2, ρ_2, T_2, Ma_2。

2. 正激波前后的速度变化

分别用 $\rho_1 v_1$ 和 $\rho_2 v_2$ 除动量方程的两边,并写为

$$v_1 - v_2 = \frac{p_2}{\rho_2 v_2} - \frac{p_1}{\rho_1 v_1} = \frac{a_2^2}{\gamma v_2} - \frac{a_1^2}{\gamma v_1}$$

再利用能量方程,得

$$v_1 - v_2 = (v_1 - v_2)\left(\frac{\gamma+1}{2\gamma}\frac{a^{*2}}{v_1 v_2} + \frac{\gamma-1}{2\gamma}\right)$$

此方程有两个解:一个解是 $v_2 = v_1$,表示气流参数无变化的解,无意义;另一个解是

$$v_1 v_2 = a^{*2} \tag{4-64a}$$

或

$$\lambda_2 = \frac{1}{\lambda_1} \tag{4-64b}$$

式(4-64b)说明,超声速气流($\lambda_1 > 1$)经过正激波后变为亚声速气流($\lambda_2 < 1$),且 λ_1 越大则 λ_2 越小。利用式(4-41)可将式(4-64b)改写为

$$Ma_2^2 = \frac{1 + \frac{\gamma-1}{2}Ma_1^2}{\gamma Ma_1^2 - \frac{\gamma-1}{2}} \tag{4-65}$$

当 $Ma_1 = 1$ 时,$Ma_2 = 1$;当 $Ma_1 \to \infty$ 时,$Ma_2 \to \sqrt{\frac{\gamma-1}{2\gamma}} = 0.378$。

3. 正激波前后静参数比

由连续方程和式(4-64),得

$$\frac{\rho_2}{\rho_1} = \frac{v_1}{v_2} = \lambda_1^2 = \frac{(\gamma+1)Ma_1^2}{(\gamma-1)Ma_1^2 + 2} \tag{4-66}$$

$$\frac{T_2}{T_1} = \frac{2 + (\gamma-1)Ma_1^2}{(\gamma+1)Ma_1^2}\left(\frac{2\gamma}{\gamma+1}Ma_1^2 - \frac{\gamma-1}{\gamma+1}\right) \tag{4-67}$$

$$\frac{p_2}{p_1} = \frac{\rho_2}{\rho_1}\frac{T_2}{T_1} = \frac{1 - \frac{\gamma+1}{\gamma-1}\lambda_1^2}{\lambda_1^2 - \frac{\gamma+1}{\gamma-1}} = \frac{2\gamma}{\gamma+1}Ma_1^2 - \frac{\gamma-1}{\gamma+1} \tag{4-68}$$

现引用 $\frac{p_2 - p_1}{p_1} = \frac{\Delta p}{p_1}$ 表示正激波的强度,则

$$\frac{\Delta p}{p_1} = \frac{2\gamma}{\gamma+1}(Ma_1^2 - 1) \tag{4-69}$$

即在正激波时 Ma_1 越大,$\frac{\Delta p}{p_1}$ 值越大,激波越强;而当 $Ma_1 \to 1$ 时,$\frac{\Delta p}{p_1} \to 0$,激波强度无限弱。

4. 正激波前后总压强变化和熵增量

超声速气流穿过正激波是个绝热不等熵过程,总温不变但总压下降。定义波后总压 $p_{0,2}$ 与波前总压 $p_{0,1}$ 之比为总压恢复系数 σ,即

$$\sigma = \frac{p_{0,2}}{p_{0,1}}$$

因激波前后的流动均是等熵的,只在穿过激波才是熵增的,故有

$$\sigma = \frac{p_{0,2}}{p_{0,1}} = \frac{p_2}{p_1}\frac{\pi(\lambda_1)}{\pi(\lambda_2)} = \left(\frac{2\gamma}{\gamma+1}Ma_1^2 - \frac{\gamma-1}{\gamma+1}\right)^{-\frac{1}{\gamma-1}}\left[\frac{(\gamma+1)Ma_1^2}{(\gamma-1)Ma_1^2 + 2}\right]^{\frac{\gamma}{\gamma-1}} \tag{4-70}$$

可见,Ma_1 值越高 σ 值越小,气流机械能损失越大。由式(4-14)可计算出沿流线单位质量气体穿过激波的熵增量是

$$\Delta s = -c_V(\gamma-1)\ln\sigma$$

由于 $\sigma < 1$，故 $\Delta s > 0$。

为了应用方便，已将超声速气流通过正激波的参数变化关系式(4 - 65)～式(4 - 70)制成表格，列在书后附表 5 中。

例 4 - 3　超声速风速管测速原理和计算公式。

超声速飞机上使用的风速管与低速风速管形状基本相同，但常采用球形或更钝的头部且静压孔开在距头部后很远处，例如下游 10 倍管径以上附近。此时头部总压孔测出的不是来流的总压而是正激波后总压，静压孔测量值只要静压孔距飞机较远就很接近来流静压 p_1，故飞行马赫数可用下式计算：

$$\frac{p_{0.2}}{p_1} = \frac{p_2}{p_1}\frac{p_{0.2}}{p_2} = \left(\frac{\gamma+1}{2}\right)^{\frac{\gamma+1}{\gamma-1}}\left(\frac{2}{\gamma-1}\right)^{\frac{2}{\gamma-1}}\frac{Ma_1^{2\gamma/(\gamma-1)}}{\left(\frac{2\gamma}{\gamma-1}Ma_1^2-1\right)^{\frac{1}{\gamma-1}}} \tag{4 - 71}$$

对空气，$\gamma = 1.4$，代入得

$$\frac{p_{0.2}}{p_1} = \frac{166.7Ma_1^2}{(7Ma_1^2-1)^{2.5}} \tag{4 - 72}$$

式(4 - 71)和式(4 - 72)称为皮托-瑞雷公式。据此式只要测量出 $p_{0.2}$ 和 p_1 就可计算出 Ma_1 值。

4.5.2　平面斜激波

1. 平面斜激波前后参数关系式

超声速气流流过一个半顶角为 δ 的二维尖楔(见图 4 - 14)，在头部产生波角为 β 的斜激波。已知波前参数为 v_1, p_1, ρ_1, T_1，求波后参数 v_2, p_2, ρ_2, T_2。在此问题中，δ 和 β 给定一个即可。

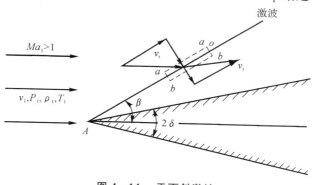

图 4 - 14　平面斜激波

在斜激波前后取一个控制区 $aobboa$，aa 和 bb 平行波面，ao 平行于来流 v_1，ob 平行于波后气流 v_2，如图 4 - 15 所示。

为简化计算，取 $aa = bb = 1$。垂直纸面宽度也取为 1。对此控制区写出如下基本方程组：

连续方程
$$\rho_1 v_{n1} = \rho_2 v_{n2}$$

切向动量方程
$$\rho_2 v_{n2} v_{t2} = \rho_1 v_{n1} v_{t1}$$

即
$$v_{t2} = v_{t1}$$

法向动量方程
$$p_1 + \rho_1 v_{n1}^2 = p_2 + \rho_2 v_{n2}^2$$

能量方程
$$\frac{v_{n1}^2}{2} + \frac{a_1^2}{\gamma - 1} = \frac{v_{n2}^2}{2} + \frac{a_2^2}{\gamma - 1}$$

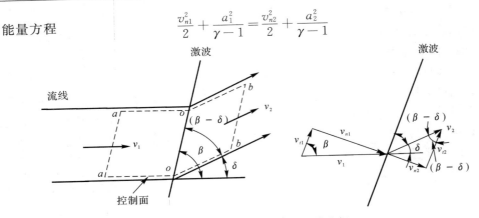

图 4 - 15　斜激波前、后气流的分解

将斜激波的基本方程与正激波的基本方程进行比较,可以看出,气流穿过斜激波时切向分速不变,只有法向分速突跃。因此只要将正激波基本方程中的 v_1 和 v_2 换成 v_{n1} 和 v_{n2} 即可得到斜激波的基本方程,或将正激波前、后参数式中的 Ma_1 换成 $Ma_{n1} = Ma_1 \sin\beta$,Ma_2 换成 $Ma_{n2} = Ma_2 \sin(\beta - \delta)$ 就可得到斜激波前、后参数关系式,即

$$Ma_2^2 = \frac{1 + \frac{\gamma - 1}{2} Ma_1^2 \sin^2\beta}{\left(\gamma Ma_1^2 \sin^2\beta - \frac{\gamma - 1}{2}\right) \sin^2(\beta - \delta)} \tag{4-73}$$

$$\frac{\rho_2}{\rho_1} = \frac{(\gamma + 1) Ma_1^2 \sin^2\beta}{(\gamma - 1) Ma_1^2 \sin^2\beta + 2} \tag{4-74}$$

$$\frac{p_2}{p_1} = \frac{2\gamma}{\gamma + 1} Ma_1^2 \sin^2\beta - \frac{\gamma - 1}{\gamma + 1} \tag{4-75a}$$

$$\frac{\Delta p}{p_1} = \frac{p_2 - p_1}{p_1} = \frac{2\gamma}{\gamma + 1} (Ma_1^2 \sin^2\beta - 1) \tag{4-75b}$$

$$\frac{T_2}{T_1} = \frac{[2 + (\gamma - 1) Ma_1^2 \sin^2\beta][2\gamma Ma_1^2 \sin^2\beta - (\gamma - 1)]}{(\gamma + 1)^2 Ma_1^2 \sin^2\beta} \tag{4-76}$$

$$\sigma = \frac{p_{0,2}}{p_{0,1}} = \left(\frac{2\gamma}{\gamma + 1} Ma_1^2 \sin^2\beta - \frac{\gamma - 1}{\gamma + 1}\right)^{-\frac{1}{\gamma - 1}} \left[\frac{(\gamma + 1) Ma_1^2 \sin^2\beta}{(\gamma - 1) Ma_1^2 \sin^2\beta + 2}\right]^{\frac{\gamma}{\gamma - 1}} \tag{4-77}$$

另由图 4 - 15 中的速度三角形可得

$$\frac{\tan(\beta - \delta)}{\tan\beta} = \frac{v_{n2}}{v_{n1}} = \frac{\rho_1}{\rho_2} = \frac{(\gamma - 1) Ma_1^2 \sin^2\beta + 2}{(\gamma + 1) Ma_1^2 \sin^2\beta} \tag{4-78}$$

以及

$$\tan\delta = \frac{Ma_1^2 \sin^2\beta - 1}{\left[1 + Ma_1^2 \left(\frac{\gamma + 1}{2} - \sin^2\beta\right)\right]\tan\beta} \tag{4-79}$$

2. 激波图线及其用法

由式(4-73)～式(4-79)看出,斜激波前、后各物理量之间的关系式均表示为 Ma_1 和 β 的函数,而 β 又是 Ma_1 和 δ 的函数。为了使用方便,将式(4-78),式(4-75a),式(4-73)和式(4-77)绘成图线,称为激波图线(见图 4 - 16 中的(a)(b)(c)(d))。

由激波图线可以看出以下几点：

（1）由图 4-16(a)，对给定 Ma_1 和 δ 值可查到两个 β 值。β 值较大者为强激波，β 值较小者为弱激波。在实际应用中究竟产生哪一种激波要由具体条件决定。超声速气流绕二维尖楔，头激波迫使气流内折后顺壁面流动，称为方向决定激波。据观察，这时产生的是弱激波，应取较小的 β 值，再利用图 4-16 中的(b)(c)(d) 曲线来求此弱激波解的 $\dfrac{p_2}{p_1}$，Ma_2 和 σ。而超声速气流从喷管流出时，若出口压强 p_1 低于反压 p_a，则将通过斜激波提高压强达到 p_a，如图 4-17 所示。这种情况称为压强决定激波。此激波可能是强激波，也可能是弱激波，应根据 Ma_1 和 $\dfrac{p_2}{p_1} = \dfrac{p_a}{p_1}$ 值查图 4-16(b) 曲线确定，对应的解是强就是强，是弱就是弱，并找出气流转折角 δ。查图 4-16 所示其他曲线，也由强激波或弱激波查相应的解。

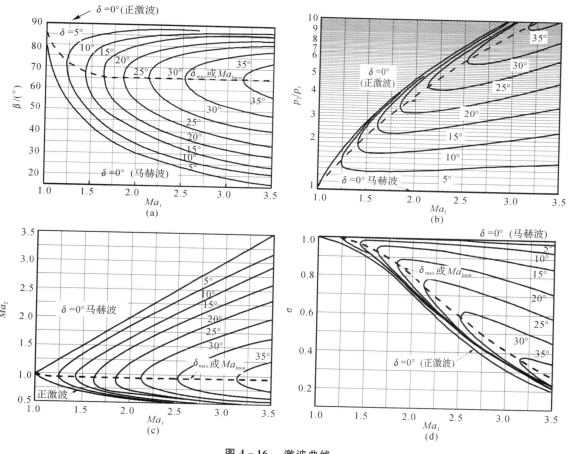

图 4-16　激波曲线

(a)$\beta(Ma_1, \delta)$；　(b) $\dfrac{p_2}{p_1}(Ma_1, \delta)$；　(c)$Ma_2(Ma_1, \delta)$；　(d)$\sigma(Ma, \delta)$

（2）当 $\delta = 0°$ 或 $\beta = 90°$ 时对应正激波情况，$\beta = \mu$ 对应马赫波情况。对给定 Ma_1 值，通过正激波的 $\dfrac{p_2}{p_1}$ 比斜激波大，说明对相同 Ma_1 来流正激波的压缩作用比斜激波强。

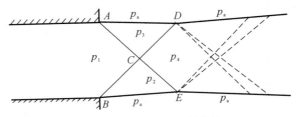

图 4 - 17　喷管出口的激波

（3）对给定 Ma_1 存在一个最大气流转折角 $\delta_{\max}$，当 $\delta > \delta_{\max}$ 时在激波图线上查不到解。根据观察，此时出现离（脱）体激波（见图 4 - 18）。离体激波为位于物体前的一道弓形曲线激波，中间部分接近正激波，向下后方延伸时逐渐变斜，到无限远后方蜕化为马赫波。这时斜激波之所以离体是因为气流内折角过大时超声速气流无法通过一道附体斜激波来满足物面边界条件而被迫造成的。离体激波后面有一个不大的亚声速区，物体的扰动可在此区内前传，从而绕物体的流线也可在这个区内前传以满足物面边界条件。当 $Ma_1 \to \infty$ 时 $\delta_{\max} = 45.6°$，所以超声速气流绕钝头体（$\delta_{\max} \approx 90°$）的流动必定会出现离体激波。同样对于给定的 δ 也存在一个最小的来流马赫数 $Ma_{1\min}$，当 $Ma_1 < Ma_{1\min}$ 时也会出现离体激波。

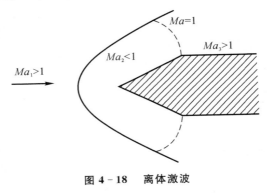

图 4 - 18　离体激波

（4）正激波和强斜激波后流动是亚声速的，$Ma_2 < 1$；弱激波后的流动仍是超声速的，则 $Ma_2 > 1$（δ 非常接近 $\delta_{\max}$ 时除外），见图 4 - 16(c)。

（5）对于给定的 Ma_1，气流经过正激波的总压损失比斜激波大，即 $\sigma_正 < \sigma_斜$。对飞行器来说，出现正激波的阻力比斜激波时大，这种由激波引起的阻力叫波阻。为减小波阻，超声速机翼应当是尖头薄翼，机身应是尖头细长体，以避免出现正激波或较强的斜激波。

例 4 - 4　$Ma_1 = 2.0$ 的超声速气流流过一个尖楔（见图 4 - 19）。

试求：（1）$\delta = 20°$ 一次转折时的 β,Ma_2,σ；（2）$\delta = 20°$ 两次折转，每次 $10°$，再求 β 和 σ 值。

解　（1）由 $Ma_1 = 2.0,\delta = 20°$，查图 4 - 16 得 $\beta = 53.5°,Ma_2 = 1.205,\sigma = 0.893$。

（2）由 $Ma_1 = 2.0,\delta_1 = 10°$，查图 4 - 16 得 $\beta_1 = 41.0°,Ma_2 = 1.62,\sigma_1 = 0.985$。

再由 $Ma_2 = 1.62,\delta = 10°$，查图 4 - 16 可得 $\beta_2 = 49.5°,Ma_3 = 1.28,\sigma = 0.990$。

故分两次折转经两道斜激波后总的 σ 值是

$$\sigma = \sigma_1\sigma_2 = 0.985 \times 0.990 = 0.973 > 0.893$$

即相同角度分两次折转比一次折转总压损失要小。

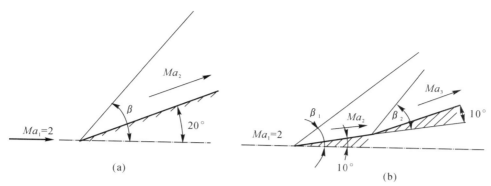

图 4 - 19　$Ma > 1$ 的气流绕尖楔的流动

（a）一次折转；　（b）两次折转

3. 弱斜激波的熵增 Δs 及参数近似关系式

单位质量气体穿过斜激波的熵增量,由式（4 - 14）可写为

$$\Delta s = c_V \ln\left[\frac{p_2}{p_1}\left(\frac{\rho_1}{\rho_2}\right)^\gamma\right] = c_V\left\{\ln\left[\left(\frac{p_2}{p_1}-1\right)+1\right]-\gamma\ln\frac{\rho_2}{\rho_1}\right\} \tag{4 - 80}$$

令弱斜激波强度 $P = \dfrac{\Delta p}{p_1} < 1$,则有

$$\frac{\Delta s}{c_V} = \ln(1+P) - \gamma\ln\frac{\rho_2}{\rho_1} \tag{4 - 81}$$

而由式（4 - 74）和式（4 - 75a）消去 $Ma_1^2\sin^2\beta$ 可得 $\dfrac{\rho_2}{\rho_1}$ 与 $\dfrac{p_2}{p_1}$ 的关系式,代入式（4 - 81）可得

$$\frac{\Delta s}{c_V} = \ln(1+P) - \gamma\ln\left(1+\frac{\gamma+1}{2\gamma}P\right) + \gamma\ln\left(1+\frac{\gamma-1}{2\gamma}P\right) \tag{4 - 82}$$

展开,化简整理得

$$\frac{\Delta s}{c_V} = \frac{\gamma^2-1}{12\gamma^2}P^3 - \frac{\gamma^2-1}{8\gamma^2}P^4 + \cdots \tag{4 - 83}$$

由此式可知,熵增量与激波强度的 3 次方项及更高次项有关。由于 $P = P(Ma_1,\delta)$,且当 $\delta = 0$ 时,$P = 0$,故将 P 在来流条件展成 δ 的泰勒级数可得

$$P = \left(\frac{\mathrm{d}P}{\mathrm{d}\delta}\right)_1\delta + \frac{1}{2!}\left(\frac{\mathrm{d}^2P}{\mathrm{d}\delta^2}\right)_1\delta^2 + \cdots \tag{4 - 84}$$

将式（4 - 84）代入式（4 - 83）可得

$$\Delta s \sim \delta^3 \tag{4 - 85}$$

因此,当 δ 角较小,δ^3 和更高阶项可以略去不计时则应有 $\Delta s = 0$。此时流动近似是等熵的,即将穿过弱激波的压缩过程视为等熵压缩过程。

对近似为等熵压缩的弱斜激波,$\dfrac{p_2}{p_1}$ 值的推导与小外折角膨胀波相仿,但要将 θ 改用 $-\delta$,并保留到 δ^2 项,故可得

$$P = \frac{p_2}{p_1} - 1 = \frac{\gamma Ma_1^2}{\sqrt{Ma_1^2-1}}\delta + \frac{\gamma Ma_1^2}{2}\frac{(\gamma+1)Ma_1^4-4(Ma_1^2-1)}{2(Ma_1^2-1)^2}\delta^2 \tag{4 - 86}$$

$$C_p = \frac{2}{\gamma Ma_1^2} P = \frac{2\delta}{\sqrt{Ma_1^2 - 1}} + \frac{(\gamma + 1)Ma_1^4 - 4(Ma_1^2 - 1)}{2(Ma_1^2 - 1)^2}\delta^2 \qquad (4-87)$$

这就是弱斜激波的二级近似表示式。在式(4-86)和式(4-87)中 δ 取正值,且 Ma_1 也可改用 Ma_∞ 来表示。弱斜激波后其他参数由等熵压缩关系确定。

例 4-5 $Ma_1 = 2.0, \delta = 3°$,使用二级近似式求 $\dfrac{p_2}{p_1}$,Ma_2 和 C_{p_2}。

解 由式(4-86)和式(4-87)可得

$$P = \frac{p_2}{p_1} - 1 = 0.173\,31$$

$$C_{p_2} = \frac{0.1733}{0.7 \times 4} = 0.061\,89$$

$$\frac{p_2}{p_1} = 1 + P = 1.173\,3$$

$$\frac{p_2}{p_0} = \frac{p_2}{p_1}\frac{p_1}{p_0} = 1.173\,3 \times 0.127\,8 = 0.149\,9$$

$$Ma_2 = \left\{ 5\left[\left(\frac{p_0}{p_2}\right)^{1/3.5} - 1\right]\right\}^{1/2} = 1.897$$

4.5.3 圆锥激波

上面讨论的是平面斜激波,相应于超声速气流流过一个无限宽度的二维尖楔。如果超声速气流以 $\alpha = 0°$ 流过一个半顶角为 δ_c 的圆锥,则只要 δ_c 不过大或 Ma_1 不太小,则将产生激波角为 β_c 的附体三维圆锥激波(见图4-20)。

圆锥激波和平面斜激波的共同点:从波面看二者均是斜激波,如果它们的 Ma_1 和 β 值均相同的话,圆锥激波前、后参数关系即可由平面斜激波来确定。这是因为在导出斜激波前后参数的关系式时并不限定只能是平面激波。但是超声速气流通过圆锥激波后的流动情况与平面斜激波的明显差别如下:

(1) 在相同半顶角下,即 $\delta_c = \delta$ 时圆锥激波较平面斜激波弱,$\beta_c < \beta$。其原因:流过圆锥时气流从头部沿整个锥面向四面八方均

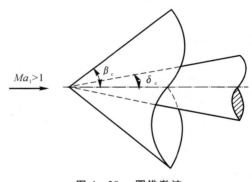

图4-20 圆锥激波

匀散开;而流过尖楔气流只能在转折后沿上下表面流下去,因此对相同 Ma_1 和 $\delta_c = \delta$ 时圆锥的三维效应使扰动比尖楔为弱。由此特点,不能直接查平面斜激波图4-16(a)来得到圆锥激波角 β_c,而必须使用根据圆锥激波理论计算得出的图线 $\beta_c = \beta_c(Ma_1, \delta_c)$(见图4-21)。

当 $Ma_1 = 2.5, \delta_c = 25°$,由图4-21查得 $\beta_c = 37.5°$,而 $Ma_1 = 2.5, \delta = 25°$,查图4-16(a)得 $\beta = 50.5°$。

(2) 圆锥激波后的气流要继续转折,最后达到与锥面平行。由于来流马赫数和半顶角相

同时 $\beta_c < \beta$，与 β_c 对应的圆锥激波气流转折角小于 δ_c，因此波后气流以锥面为渐近线流线继续弯曲偏转。此偏转是个等熵压缩过程，使波后较高的马赫数逐渐下降到锥面上马赫数 Ma_c。这种变化过程正是轴对称流动质量守恒定律所要求的。因为锥体半径沿轴向逐渐增大。在定常流中为保持质量守恒，流线离锥面的径向距离将越来越小。因此，圆锥激波后气流参数与圆锥表面上的参数并不是相等的。锥面上马赫数 Ma_c 与 Ma_1 和 δ_c 按圆锥激波理论计算出的曲线关系如图 4-22 所示。

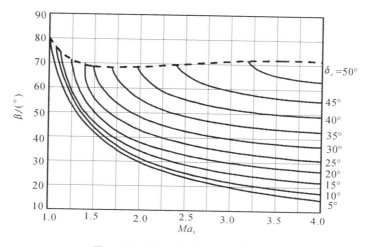

图 4-21 $\beta_c = f(Ma_1, \delta_c)$ 曲线

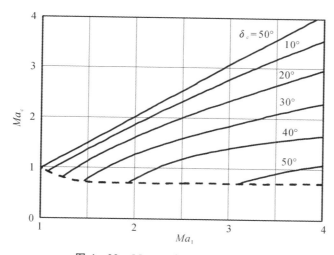

图 4-22 $Ma_c = f(Ma_1, \delta_c)$ 曲线

（3）圆锥激波后是锥形流场。圆锥激波与锥面之间的气流除气流方向逐渐转折外各参数亦在发生变化。这种变化是等熵的，但根据圆锥的几何特性，在从锥顶点发出的同一条射线上流动诸参数均相同，这种流动称为锥形流。

利用图 4-16(a)、图 4-21 和图 4-22 可以计算圆锥激波后的气体参数值。

例 4-6 $Ma_1 = 2.0, \alpha = 0°$ 的气流流过 $\delta_c = 20°$ 的圆锥，试求 β_c, δ, Ma_c 和 C_{px} 值。

解 (1) 由 $Ma_1 = 2.0, \delta_c = 20°$ 查附表或图 4-21 可得 $\beta_c = 37.812°$。

(2) 由 $Ma_1 = 2.0, \beta = \beta_c = 37.812°$,按平面斜激波式(4-79)算得 $\delta = 8.586°$。

(3) 由 Ma_1 和 δ 按平面斜激波公式得

$$\frac{p_2}{p_1} = 1.587\ 3 \qquad Ma_2 = 1.692\ 4$$

(4) 由 Ma_1 和 δ_c 查图 4-22 得 $Ma_c = 1.579$。

(5)
$$\frac{p_c}{p_2} = \left(\frac{1 + 0.2 Ma_c^2}{1 + 0.2 Ma_2^2}\right)^{-3.5} = 1.180$$

$$\frac{p_c}{p_1} = \frac{p_c}{p_2} \frac{p_2}{p_1} = 1.18 \times 1.587\ 3 = 1.873$$

(6)
$$C_{pc} = \frac{1}{0.7 Ma_1^2}\left(\frac{p_c}{p_1} - 1\right) = \frac{1}{2.8} \times 0.873 = 0.312\ 0$$

这里顺便提一下,锥面上的 C_p 值可用如下近似公式计算:

$$C_p = \left(0.001\ 6 + \frac{0.002}{Ma_\infty^2}\right)\delta_c^{1.7} = 0.342$$

习　　题

4-1　有 0.25kg 的空气从状态 1 等压膨胀到状态 2,然后在等容条件下加热升到状态 3,如习题图 4-1 所示。已知 $p_1 = p_2 = 506\text{kPa}, t_1 = 27℃, V_2 = 2V_1, p_3 = 2p_2 = 1\ 012\text{kPa}$。试求:(1) T_2 和 T_3 的值;(2)介质所做的功;(3)所加的热量;(4)介质内能增量;(5)介质的熵梯度。

[答:$T_2 = 600\text{K}, T_3 = 1\ 200\text{K}, W = W_{1-2} = 21.053\text{kJ}, Q = Q_{1-2} + Q_{2-3} = 182.8\text{kJ}, \Delta u = 161.1\text{kJ}, \Delta s = 0.298\text{kJ}/(\text{kg} \cdot \text{K})$]

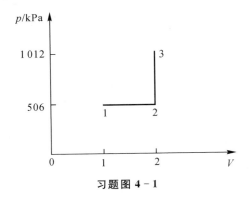

习题图 4-1

4-2　一架飞机在 $H = 0$ 以 $Ma = 0.6$ 飞行,试求迎风皮托管测出的总压 p_0 的值。以此 p_0 值按不可压流伯努利方程计算出的 v 与真实的 v 的差 Δv 是多少?

[答:$p_0 = 129\ 240\text{Pa}, \Delta v = 34\text{km/h}$]

4-3　$Ma_1 = 1.5$ 的超声速气流绕二维 15° 圆弧膨胀(见习题图 4-3)。试求 $Ma_2, p_2/p_1$,h_2/h_1。

[答: $Ma_2 = 2.02$；$p_2/p_1 = 0.455$；$h_2/h_1 = 1.46$]

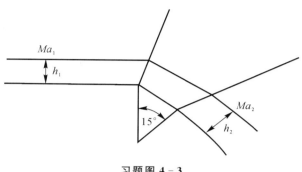

习题图 4 - 3

4 - 4　超声速气流经过一道正激波流入进气道,如习题图 4 - 4 所示。已知 $v_2 = 260\text{m/s}$, $T_0 = 400\text{K}$,求总压损失系数 σ 的值。

[答: $\sigma = 0.905$]

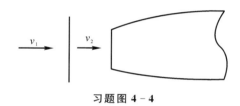

习题图 4 - 4

4 - 5　$T_0 = 288\text{K}$ 的空气以 $v_1 = 600\text{m/s}$ 的速度流过一个二维尖楔产生 $\beta = 50°$ 的斜激波, 如习题图 4 - 5 所示,试求激波后的速度 v_2 和楔半顶角 δ。

[答: $v_2 = 414.3\text{m/s}$,$\delta = 28.5°$]

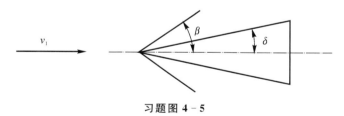

习题图 4 - 5

4 - 6　试证明斜激波与 $\delta_{\max}$ 对应的 $\beta_{\max}$ 可由下式表示为 Ma_1 的函数:

$$\sin^2\beta_{\max} = \frac{2}{\gamma Ma_1^2}\left[\frac{\gamma+1}{4}Ma_1^2 - 1 + \sqrt{(\gamma+1)\left(1 + \frac{\gamma-1}{2}Ma_1^2 + \frac{\gamma+1}{16}Ma_1^4\right)}\right]$$

4 - 7　为求超声速风洞试验段气流马赫数,在其内放置一个顶角 $2\delta = 28°$ 的尖楔。当气流方向与楔轴线一致时测得定点斜激波角 $\beta = 46°$。问马赫数是多少?

[答: $Ma_1 = 1.92$]

4 - 8　$Ma_1 = 3$ 的超声速气流以 $\alpha = 0$ 流过半顶角为 $\delta = 10°$ 的圆锥,试求 β_c,Ma_c 和 C_p。

[答: $\beta_c = 21.7°$,$Ma_c = 2.627$,$C_p = 0.089$]

第 5 章　　一维定常可压缩管内流动

　　一维定常可压缩管流是指垂直于管道轴线的每个截面上的流动参数保持均匀一致,且不随时间变化的流动。在这种流动中,气体压缩性影响显著,对于超声速流动,还可能会出现激波和膨胀波等一些特有的现象。对于工程中所遇到的管内高速流动,其管道的截面积可以是圆形的,也可以是方形或任意的形状。管道的中心线可以是直线,也可以是曲线,但曲率半径应足够大。一维定常可压缩管流所涉及的内容很广,例如截面积无急剧变化的变截面管流(如超声速风洞的尾喷管、亚声速和超声速扩压器、喷气发动机的尾喷管和叶栅通道内的流动等)、气流在等截面的摩擦管内的流动(各种各样的气体输送管道、煤气管道、天然气管道、蒸汽管道等)以及等截面的有热交换的管流(如发动机燃烧室)等,把这些流动看作一维流动来分析计算,虽然有一定的近似,但大大地简化了问题的难度,是工程问题常采用的方法。

　　气体在管道内的实际流动,通常涉及的因素很多,例如管道截面积的变化、传热、摩擦、加入或引出气流和化学反应等。并且在实际管流中,往往又是多种因素同时在起作用。除此之外,当马赫数较高,温度较高或温度变化较大时,还必须考虑变比热容的影响等。但是,在各类实际管流中,各种因素的作用时强时弱。例如在变截面管流中,如果没有加热或冷却,而且管道较短,流速很高,黏性摩擦对气流参数的影响较小,同时高速气流与管壁接触的时间很短,则对外界的传热量也较小。这种情况下可以先忽略摩擦和传热等因素,而仅仅考虑截面积变化对气流参数的影响,把这种流动看作是无黏性的绝热的一维定常变截面管流来分析是方便的。如果温度变化不太大,可以作为定比热的完全气体来处理。如果管道较长,截面面积变化不大,可以作为等截面的摩擦管流来处理。如果有热量的交换而截面面积变化不大,则可以看作是等截面的换热管流(如发动机的燃烧室)来处理。这样可抓住主要因素分析其流动规律,然后根据具体问题作必要的修正。

5.1　理想气体在变截面管道中的流动

　　本节主要讨论管道截面积变化对气流参数的影响以及在变截面管道中的流动分析及计算问题。在讨论中假设:管内气流与外界没有热量和功的交换,不计管壁与气体间的摩擦作用,没有质量的加入或引出,流动是一维定常的,所讨论的气体是定比热的完全气体。

　　航空涡轮喷气发动机的压气机的静子叶片、涡轮导向器以及各种吸气式发动机的进气道、尾喷管等部件内气流的流动,如果气流中没有激波且不计气流与管壁的摩擦,则可将它们看作是一维定常变截面等熵流动。

5.1.1　基本方程

　　关于截面积变化对一维定常绝热等熵流动中的流速(或马赫数、速度系数)的影响,用气动函数和连续方程来讨论是非常方便的。为了看清楚截面积变化对流动参数影响的物理过程,本节从微分形式的基本方程出发,来讨论截面积变化对气流参数的影响。

一维定常流动的连续方程的微分形式为

$$\frac{\mathrm{d}\rho}{\rho} + \frac{\mathrm{d}A}{A} + \frac{\mathrm{d}v}{v} = 0 \tag{5-1}$$

一维定常理想流动的动量方程的微分形式为 $\mathrm{d}p = -\rho v \mathrm{d}v$,考虑到

$$Ma^2 = v^2/a^2 = \rho v^2/(\gamma p)$$

则

$$\frac{\mathrm{d}p}{p} = -\gamma Ma^2 \frac{\mathrm{d}v}{v} \tag{5-2}$$

绝热流动的能量方程的微分形式为

$$c_p \mathrm{d}T + v\mathrm{d}v = 0$$

进一步可化成

$$\frac{\mathrm{d}T}{T} + (\gamma - 1)Ma^2 \frac{\mathrm{d}v}{v} = 0 \tag{5-3}$$

由状态方程 $p = \rho R T$,取对数后并进行微分得

$$\frac{\mathrm{d}p}{p} - \frac{\mathrm{d}\rho}{\rho} - \frac{\mathrm{d}T}{T} = 0 \tag{5-4}$$

根据 Ma 的定义,$Ma = v/\sqrt{\gamma R T}$,取微分后得

$$\frac{\mathrm{d}Ma}{Ma} - \frac{\mathrm{d}v}{v} + \frac{\mathrm{d}T}{2T} = 0 \tag{5-5}$$

在式(5-1)～式(5-5)中的 5 个等熵流动的基本方程中,包含 6 个变量 $\mathrm{d}p/p$,$\mathrm{d}\rho/\rho$,$\mathrm{d}T/T$,$\mathrm{d}v/v$,$\mathrm{d}Ma/Ma$ 和 $\mathrm{d}A/A$。若将 $\mathrm{d}A/A$ 看作独立变量,则可从上述方程组中解出其余 5 个变量与 $\mathrm{d}A/A$ 的关系式,即

$$\frac{\mathrm{d}p}{p} = \frac{\gamma Ma^2}{1 - Ma^2} \frac{\mathrm{d}A}{A} \tag{5-6}$$

$$\frac{\mathrm{d}\rho}{\rho} = \frac{Ma^2}{1 - Ma^2} \frac{\mathrm{d}A}{A} \tag{5-7}$$

$$\frac{\mathrm{d}T}{T} = \frac{(\gamma - 1)Ma^2}{1 - Ma^2} \frac{\mathrm{d}A}{A} \tag{5-8}$$

$$\frac{\mathrm{d}v}{v} = -\frac{1}{1 - Ma^2} \frac{\mathrm{d}A}{A} \tag{5-9}$$

$$\frac{\mathrm{d}Ma}{Ma} = -\frac{2 + (\gamma - 1)Ma^2}{2(1 - Ma^2)} \frac{\mathrm{d}A}{A} \tag{5-10}$$

5.1.2　管道截面积变化对气流参数的影响

根据式(5-6)～式(5-10),可以分析面积变化对气流参数的影响,其结果可综合成表5-1。

表 5 - 1　截面积变化对气流参数的影响

截面积 气流参数比	dA < 0		dA > 0	
	$Ma < 1$	$Ma > 1$	$Ma < 1$	$Ma > 1$
dv/v	↑	↓	↓	↑
dMa/Ma	↑	↓	↓	↑
dp/p	↓	↑	↑	↓
$d\rho/\rho$	↓	↑	↑	↓
dT/T	↓	↑	↑	↓

由表 5 - 1 可以看出：

1. 亚声速流（$Ma < 1$）

当 $dA < 0$ 时，$dv > 0$，$dMa > 0$，$dp < 0$，$d\rho < 0$，$dT < 0$；

当 $dA > 0$ 时，$dv < 0$，$dMa < 0$，$dp > 0$，$d\rho > 0$，$dT > 0$。

即亚声速气流中，dv 与 dA 异号，表明速度变化与面积变化的方向相反。在收缩形管道内（$dA < 0$），亚声速气流加速（$dv > 0$），压强、密度和温度相应地减小，这种使亚声速气流加速的管道叫亚声速喷管，如图 5 - 1(a) 所示。在扩张形管道内（$dA > 0$），亚声速气流减速（$dv < 0$），压强、密度和温度增加。这种使亚声速气流减速增压的管道叫亚声速扩压器，如图 5 - 1(b) 所示。

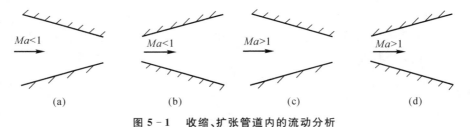

图 5 - 1　收缩、扩张管道内的流动分析
(a) 亚声速喷管；(b) 亚声速扩压器；(c) 超声速扩压器；(d) 超声速喷管

因此，亚声速气流在变截面管道中流动时，流动参数的变化趋势与不可压缩流动在本质上是类似的，即亚声速气流在收缩形管道内（$dA < 0$），气流加速（$dv > 0$）；在扩张形管道内（$dA > 0$），气流减速（$dv < 0$）。

2. 超声速流（$Ma > 1$）

由表 5 - 1 可看出，超声速流动与亚声速流动规律完全相反。

当 $dA < 0$ 时，$dv < 0$，$dMa < 0$，$dp > 0$，$d\rho > 0$，$dT > 0$；

当 $dA > 0$ 时，$dv > 0$，$dMa > 0$，$dp < 0$，$d\rho < 0$，$dT < 0$。

即 dv 与 dA 同号，表明速度变化与面积变化的方向相同。在收缩形管道内（$dA < 0$），沿流动方向，超声速气流减速，压力、密度和温度增加。这种使超声速气流减速增压的管道叫超声速扩压器，如图 5 - 1(c) 所示。反之，在扩张形管道内（$dA > 0$），沿流动方向，超声速气流加速，压强、密度和温度下降。这种使超声速气流加速的管道叫超声速喷管，如图 5 - 1(d) 所示。

因此,超声速气流在收缩形管道内($dA < 0$),气流减速($dv < 0$);在扩张形管道内($dA > 0$),气流加速($dv > 0$)。

3. 声速气流($Ma = 1$)

由式(5-6)~式(5-10)可知,实际上,由于$dv,dp,d\rho,dT,dMa$都不会趋于无穷大,因此当$Ma = 1$时,必有$dA = 0$,该截面即为临界截面。这就是说,气流速度只能在管道的最小截面处达到当地声速。因为$Ma < 1$时,要使气体加速,必有$dA < 0$,因此根据$dA = 0$的这一条件,流动达到声速时管道的截面积必定最小,即声速截面必定是管道的最小截面,叫管道的喉部。但需要强调的是,最小截面不一定是管道的临界截面,因为最小截面是否达到声速还必须要由一定的前后压强差来决定。例如,当进出口压强差不大时,如果进口是亚声速气流,则整个管内的流动可能都是亚声速的,最小截面处速度最大。同样当进出口压强差不大时,若进口马赫数大于1,则整个管内的流动可能都是超声速的,最小截面处速度最小。

通过上面的讨论可以看出,管道截面积的变化,对亚声速流动和超声速流动的影响有本质上的区别,这种本质上差别的物理原因是由于在不同马赫数时气流的压缩性不同。由表5-2可知,无论是超声速气流还是亚声速气流,密度ρ的变化方向和速度v的变化方向总是相反的。气流加速时,密度减小;气流减速时,密度增大。但是,对于不同Ma的气流,两者密度随气流速度变化的大小是不同的。表5-2列出了按照式(5-7)和式(5-9)计算的一些数值,这是按速度增大1%时,相应的不同Ma时的气流密度变化和面积变化的百分数。例如,对于$Ma = 0.6$的亚声速气流,当速度增大1%时,气流密度减小0.36%,由微分形式的连续方程可知,面积应减小0.64%。而对于$Ma = 1.6$的超声速气流,当速度增大1%时,气流密度减小,要满足连续方程,截面积应增加1.56%。

从表5-2可以看出,对于$Ma < 0.3$的气流,速度变化1%,密度变化不到0.09%。

表 5-2　不同马赫数下速度变化引起密度和面积的变化

Ma	0.3	0.4	0.6	1.0	1.2	1.4	1.6
dv/v	1%	1%	1%	1%	1%	1%	1%
$d\rho/\rho$	−0.09%	−0.16%	−0.36%	−1.0%	−1.44%	−1.96%	−2.56%
dA/A	−0.91%	−0.84%	−0.64%	0	0.44%	0.96%	1.56%

所以在绝热等熵流动中,一般认为当$Ma < 0.3$时,可以忽略压缩性的影响,而把气流当作不可压缩流动来处理。Ma较大时,密度变化也较大,这表明气流压缩性随Ma增大而增大。但是在亚声速气流中,密度变化总是小于速度变化;对于超声速气流($Ma > 1$),密度变化则比速度变化大。因此,对于影响流量的乘积ρv,在亚声速流动的情况下,速度变化起着主要的作用,而在超声速流动的情况下,则是密度变化起着主要的作用。

通过上面的讨论可以看出,在连续的流动中,由于气流压缩性的影响,要使亚声速气流加速,管道截面积必须逐渐收缩;而要使超声速气流加速,管道截面积必须是逐渐扩张的。因此,要使气流从亚声速加速到超声速,管道形状就应该是先收缩后扩张的。

5.2 收缩喷管

使气流不断加速的管道称为喷管。亚声速气流在截面积逐渐缩小的管道内将不断加速,这种管道称为收缩喷管或收敛喷管。收缩喷管在许多试验设备(如校准风洞、叶栅风洞和各种管路系统的喷嘴等)和涡轮喷气发动机中均得到了广泛的应用。在涡轮喷气发动机中,喷管进口的燃气具有较高的总压和总温,在喷管进出口压差的作用下,高温燃气在喷管内膨胀,将气体的热焓转变成动能。到喷管出口,燃气以很高的速度流出,高速喷气使发动机产生很大的反作用推力。

5.2.1 喷管出口气流参数的计算

有一个大容器,后面接一个收缩喷管以加速气流。由于容器很大,容器内的流动可看作是处于滞止状态,相应的参数为滞止参数,其总压和总温分别为 p_0,T_0,并假设保持不变。此总压、总温可作为收缩喷管的进口的总参数,如图 5-2 所示,喷管出口的外界反压(或称背压)为 p_b。如果不考虑气体黏性和与外界的热交换,则喷管中气流的流动为理想的绝热等熵流动,即喷管各截面上的总温和总压都相同。

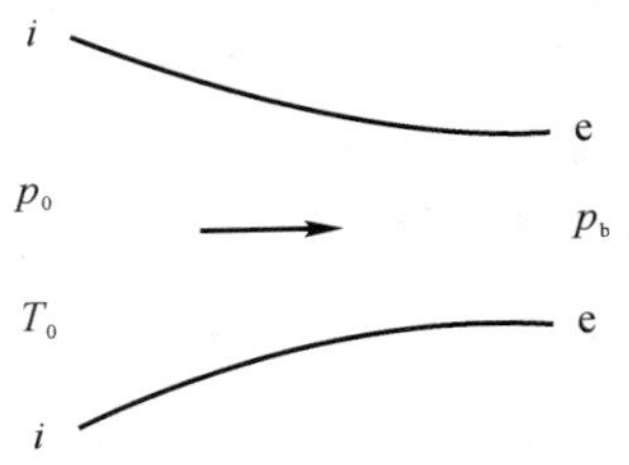

图 5-2 收缩喷管

在这种情况下,面积变化是引起流动参数变化的主要原因。以注脚 e 和 0 分别表示喷管出口和进口截面上的气流参数,则由绝热流动的能量方程

$$c_p T_{0,i} = c_p T_{0,e} = c_p T_e + \frac{v_e^2}{2}$$

得
$$v_e = \sqrt{2c_p(T_{0,e} - T_e)} = \sqrt{2c_p T_{0,e}\left(1 - \frac{T_e}{T_{0,e}^*}\right)} = \sqrt{\frac{2\gamma}{\gamma-1}RT_{0,e}\left[1 - \left(\frac{p_e}{p_{0,e}}\right)^{\frac{\gamma-1}{\gamma}}\right]}$$

$$(5-11a)$$

根据 p_0,p 与 Ma 的关系得

$$Ma_e = \sqrt{\frac{2}{\gamma-1}\left[\left(\frac{p_{0,e}}{p_e}\right)^{\frac{\gamma-1}{\gamma}} - 1\right]}$$

$$(5-11b)$$

因此,如果知道气流的马赫数或速度系数,也可以用下式计算速度,即

$$v_e = Ma_e a_e = \lambda_e a^*$$

$$(5-11c)$$

从式(5-11a)可以看出,喷管出口截面上的气流速度主要取决于气流总温 $T_{0,e}$ 和压强比 $p_e/p_{0,e}$。对于给定的气体,气体总温越高,喷管出口截面上气流速度越大;压强比 $p_e/p_{0,e}$ 越小,气流速度也越大。而气流速度越大发动机所获得的反作用推力也越大。

在喷管流动计算中,一般喷管的几何形状和气体性质是已知的,即喷管出口面积、气体性质 R 和 γ 是已知的,若进口总压和总温已知,则只需求出出口压强或出口马赫数,即可由以上各式求出出口截面上的其他所有气流参数和通过喷管的流量。

5.2.2　临界压强比

亚声速气流在收缩形管道中的最小截面(出口截面),速度最大只能等于当地声速,即出口截面上的气流 Ma_e 最大只能达到 1。记当 $Ma_e = 1$ 时的压强比 $p_e^* / p_{0,e}$ 为临界压强比,并令

$$\beta_{cr} = \frac{p_e^*}{p_{0,e}} = \left(\frac{2}{\gamma + 1}\right)^{\frac{\gamma}{\gamma - 1}} \qquad (5-12)$$

对于空气 $\gamma = 1.4$,$\beta_{cr} = 0.528\ 3$,对于燃气 $\gamma = 1.33$,$\beta_{cr} = 0.540\ 4$。

通过喷管的流量为

$$q_m = \rho_e v_e A_e = \rho_{0,e} \varepsilon(\lambda_e) \lambda_e a_e^* A_e$$

由完全气体状态方程、临界声速定义可知

$$\rho_{0,e} = \frac{p_{0,e}}{RT_{0,e}}, \quad a_e^* = \sqrt{\frac{2}{\gamma + 1} \gamma R T_{0,e}}$$

代入上式可得

$$q_m = \sqrt{\frac{2}{\gamma + 1} \frac{\gamma}{R}} \frac{p_{0,e} A_e}{\sqrt{T_{0,e}}} \lambda_e \varepsilon(\lambda_e) \qquad (5-13)$$

定义流量函数 $q(\lambda) = \dfrac{\rho v}{\rho^* a^*}$,则有

$$q(\lambda) = \frac{\rho}{\rho^*} \lambda = \frac{\rho}{\rho_0} \frac{\rho_0}{\rho^*} \lambda = \left(\frac{\gamma + 1}{2}\right)^{\frac{1}{\gamma - 1}} \lambda \varepsilon(\lambda)$$

$q(\lambda)$ 随 λ 的变化曲线如图 5-3 所示,其数据列成表格,见附表 4。

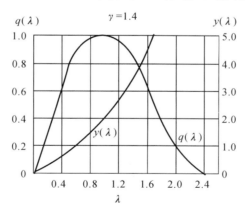

图 5-3　$q(\lambda)$,$y(\lambda)$ 随 λ 的变化规律

将 $q(\lambda)$ 代入流量公式(5-13)中,得到

$$q_m = \sqrt{\frac{\gamma}{R} \left(\frac{2}{\gamma + 1}\right)^{\frac{\gamma + 1}{\gamma - 1}}} \frac{p_{0,e} A_e}{\sqrt{T_{0,e}}} q(\lambda_e)$$

令 $K = \sqrt{\dfrac{\gamma}{R} \left(\dfrac{2}{\gamma + 1}\right)^{\frac{\gamma + 1}{\gamma - 1}}}$,则有

$$q_{\mathrm{m}} = K \frac{p_{0,\mathrm{e}}}{\sqrt{T_{0,\mathrm{e}}}} q(\lambda_{\mathrm{e}}) A_{\mathrm{e}} \tag{5-14}$$

当压强比 $p_{\mathrm{e}}/p_{0,\mathrm{e}}$ 下降时，λ_{e} 将随之增大，因而 $q(\lambda_{\mathrm{e}})$ 也随之增大，由上式可见，通过喷管的流量也相应地增大，当出口截面上的气流压强比达到 β_{cr} 时，由于 $\lambda_{\mathrm{e}}=1$，$q(\lambda_{\mathrm{e}})=1$，则流量达最大值，即

$$q_{\mathrm{m,max}} = K \frac{p_0}{\sqrt{T_0}} A_{\mathrm{e}} \tag{5-15}$$

其流量随 p_{b}/p_0 的变化如图 5-4 所示。

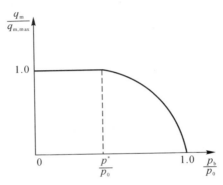

图 5-4　收缩喷管中质量流量随压强比的关系

由图可见，当 p_{b}/p_0 较大时(大于 p^*/p_0)，由于反压较大(p_0 给定)，因而喷管出口流速小于当地声速，此时喷管出口压强与外界反压相等，反压增加，出口压强也增加；反压减小，出口压强 p_{e} 也减小。因此，在来流总压不变的情况下，随着 p_{b} 减小，λ_{e} 增大，$q(\lambda)$ 也随之增大，相应地 p_{e}/p_0 减小，由式(5-11a)可知，排气速度 v_{e} 提高，因而通过喷管的流量增大。一旦 $p_{\mathrm{b}}/p_0 = \beta_{\mathrm{cr}}$，由于喷管出口马赫数等于1，因此流量达到最大值 $q_{\mathrm{m,max}}$。

5.2.3　收缩喷管的工作状态

气流在收缩喷管内的膨胀加速的程度既取决于管后压强 p_{b}，也取决于喷管进口的总压 p_0，因此用压强比 p_{b}/p_0 来代表气流的膨胀加速的程度是方便的。在分析喷管内的流态时，假设来流 p_0，T_0 不变，而反压 p_{b} 变化。

下面来分析如图 5-5 所示收缩喷管内的流动。收缩喷管后接一个稳压箱，稳压箱内的压强(即管后压强 p_{b}，叫反压或背压)随着阀门的逐渐开大而减小，当反压略低于来流总压时，气流在管内不断加速流动。若反压逐渐减小，(或来流总压 p_0 增大)，则 p_{b}/p_0 不断减小，管内流速开始加大，即气流在收缩喷管内加速流动，通过喷管的流量也相应地加大。此种情况下，整个喷管是亚声速流动，若此时改变反压 p_{b}，则这种扰动可以向管内传播。由于 $Ma_{\mathrm{e}} < 1$，所以 $p_{\mathrm{b}}/p_0 > \beta_{\mathrm{cr}}$，这种流动状态叫亚临界流动状态，喷管出口压强等于

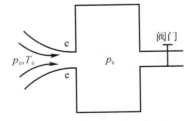

图 5-5　收缩喷管内的流动分析

反压,即 $p_e = p_b$,气体在喷管内得到完全膨胀,出口后的流动是平行流动,如图 5-6(a) 所示。

随着 p_b/p_0 的不断降低,喷管出口流速进一步加大,当喷管出口速度等于当地声速时,出口马赫数等于 1,即 $Ma_e = 1$,此时 $p_e = p_b$,且气流在喷管内仍能得到完全膨胀,流量达到最大值 $q_{m,max}$。这种 $Ma_e = 1$,$p_e/p_0 = p_b/p_0 = \beta_{cr}$ 的流动状态叫临界流动状态。喷管出口后的气流仍是平行流动,如图 5-6(a) 所示。

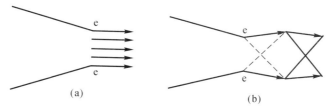

图 5-6　收缩喷管出口后的流动

p_b/p_0 进一步减小,由于喷管出口已是临界截面,反压变化引起的扰动不会逆流传播,所以扰动不能影响管内的流动。出口截面仍维持 $p_e = \beta_{cr}p_0$,$Ma_e = 1$ 的临界状态,这种流动状态叫超临界流动状态。此时在喷管出口处的气流压强没有完全膨胀到外界反压,$p_e > p_b$,即 $p_b/p_0 < \beta_{cr}$。这种流态又叫作未完全膨胀状态,气流在出口截面之后继续膨胀,如图 5-6(b) 所示。气流在出口之后经历一个由膨胀波和压缩波组成的复杂波系。

上面所述是在进口气流总压不变的情况下,改变反压 p_b 所得到的结果。如果来流总压不断增大,出口反压不变,则此时 p_b/p_0 将不断减小,也可以得到同样的结论。

总之,收缩喷管的流动状态及特点:

(1) 当 $p_b/p_0 > \beta_{cr}$ 时,为亚临界流动状态,此时 $Ma_e < 1$,$p_e = p_b$,气流在喷管内得到完全膨胀。

(2) 当 $p_b/p_0 = \beta_{cr}$ 时,为临界流动状态,此流态的特点是 $Ma_e = 1$,$p_e = p_b = p_0\beta_{cr}$,气流在喷管内得到完全膨胀。

(3) 当 $p_b/p_0 < \beta_{cr}$ 时,为超临界流动状态,此时喷管出口马赫数 $Ma_e = 1$,$p_e > p_b$,且 $p_e = p_0\beta_{cr}$,气流在喷管出口未达到完全膨胀状态。

例 5-1　高压容器内的空气通过一收缩形喷管等熵地膨胀到外界大气压强,如图 5-7 所示。已知容器内的压强为 7.0×10^5 Pa,温度为 288K,大气压强为 $1.013\,3 \times 10^5$ Pa,喷管出口面积为 $0.001\,5\,m^2$,求:(a) 初始空气的出口速度 v_e 和通过喷管的流量 q_m;(b) 设容器体积为 $1\,m^3$,状态能保持的时间。

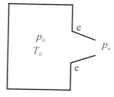

图 5-7　从高压容器内流出的流动计算

解　高压容器内的初始压强即为初始总压 p_0,温度即为总温 T_0,则

(a)
$$\frac{p_a}{p_0} = \frac{1.013\ 3}{7.0} = 0.144\ 8 < \beta_{cr}$$

流动为超临界状态,因此

$$Ma_e = 1.0$$

$$p_e = p_0\beta_{cr} = 7.0 \times 10^5 \times 0.528\ 3 = 3.698\ 1 \times 10^5\ \text{Pa}$$

$$v_e = a^* = \sqrt{\frac{2\gamma R T_0}{\gamma + 1}} = \sqrt{\frac{2.8 \times 287.06 \times 288}{2.4}} = 310.57\ \text{m/s}$$

通过喷管的流量为

$$q_m = q_{m,\max} = K\frac{p_0}{\sqrt{T_0}}A_e = 0.040\ 4 \times \frac{7.0 \times 10^5}{\sqrt{288}} \times 0.001\ 5 = 2.5\ \text{kg/s}$$

(b) 随着空气的不断流出,容器内的压强不断下降,当容器内的压强降低到临界状态的压强时,即 $p_0 = p_{0,e} = p_a/\beta_{cr}$ 时,流态将不能再维持下去,故终了状态的总压 $p_{0,e} = \frac{1.013\ 3 \times 10^5}{0.528\ 3} = 1.918 \times 10^5\ \text{Pa}$,故根据连续方程

$$-\frac{dm}{dt} = K\frac{p_0}{\sqrt{T_0}}A_e = q_{m,\max}$$

即

$$d\left(-\frac{p_0}{RT_0}V_{体}\right) = K\frac{p_0}{\sqrt{T_0}}A_e dt$$

故

$$t = -\int\frac{\sqrt{T_0}}{Kp_0A_e}d\left(\frac{p_0}{RT_0}V_{体}\right) = -\int_{p_0}^{p_{0,e}}\frac{V_{体}}{RK\sqrt{T_0}A_e} \cdot \frac{dp_0}{p_0} = \frac{V_{体}}{KR\sqrt{T_0}A_e}\ln\frac{p_0}{p_{0,e}} =$$

$$\frac{1}{0.040\ 4 \times 287.06 \times 0.001\ 5\sqrt{288}}\ln\frac{7.0 \times 10^5}{1.918 \times 10^5} = 4.39\ \text{s}$$

5.2.4 收缩喷管的壅塞状态

当气流处于临界和超临界状态时,喷管出口截面上的气流马赫数等于 1(即 $Ma_e = 1$),出口截面是临界截面,通过喷管的流量达到最大值,即 $q_m = q_{m,\max} = K\frac{p_0}{\sqrt{T_0}}A_e$,由于出口截面气流速度等于声速,因而反压进一步降低,不能使出口截面上的气流马赫数继续增大,也不能使喷管流量继续增大,因此称流量达到最大值,$Ma_e = 1$ 的流动状态为壅塞状态。一旦喷管处于壅塞状态,喷管出口外界反压便不再能影响喷管内的流动。而且,无论是改变出口外界的反压,或是改变进口气流的总压、总温,都不能使喷管中任一截面上的无量纲参数发生变化,这些无量纲参数有 Ma_e(或 λ_e)、压强比 p/p_0 和温度比 T/T_0 等。

当 $\frac{p_e}{p_0} = \frac{p_e^*}{p_0}$ 时,喷管内的流动处于壅塞(阻塞)流动状态,此时,如果单纯增加总温,则马赫数 Ma_e、压力比 p_e/p_0 保持不变,而 $v_e = \lambda_e a^*$ 将增大。因此,在涡轮喷气发动机中,常通过采用提高燃气总温的办法来增加排气速度,以提高发动机的推力。如果单纯增加进口气流总压,则马赫数 Ma_e 和压力比 p_e/p_0 仍保持不变,由式(5-11a)可知,出口气流速度保持不变。而出口气流的压强 p_e 随总压的提高而增大,流量也随总压成比例地增大。在壅塞状态下,由于扰动

不会越过声速面而逆流传播,因此,降低反压也无法使喷管出口截面参数和通过喷管的流量发生变化。在壅塞状态下,如果只增加喷管出口面积,则 Ma_e, p_e/p_0, v_e 和 p_e 均保持不变,仅流量 q_m 随出口面积 A_e 成比例地增加。

按照壅塞状态的特点,可以归纳出在壅塞状态下各种因素对气流参数的影响,见表 5-3。其中,"→"表示不变,"↑"表示增加,"↓"表示减小。

表 5-3　收缩喷管壅塞状态时的参数变化

因素 \ 参数	Ma_e	p_e/p_0	v_e	p_e	q_m
T_0 ↑	→	→	↑	→	↓
p_0 ↑	→	→	→	↑	↑
p_b ↓	→	→	→	→	→
A_e ↑	→	→	→	→	↑

从表 5-3 可以看出,在壅塞状态,即临界和超临界状态下,对流量的影响因素有喷管进口的总压、总温和喷管出口的面积。如果 p_0, T_0, A_e 保持不变,则质量流量始终保持不变。

例 5-2　空气在如图 5-8 所示的收缩喷管中的流动,已知进口参数为 $v_1 = 250\text{m/s}$, $p_1 = 2.22 \times 10^5\text{Pa}$, $T_1 = 899\text{K}$,反压 $p_b = 0.98 \times 10^5\text{N/m}^2$。试计算喷管出口处的压强、温度和速度。

解　设流动是绝热等熵的,则滞止参数保持不变。由进口参数可计算出总温和总压。

$$T_{0,1} = T_1 + \frac{v_1^2}{2c_p} = 899 + \frac{250^2}{2 \times 1\,004.5} = 930\text{K}$$

$$p_{0,1} = p_1 \left(\frac{T_{0,1}}{T_1}\right)^{\frac{\gamma}{\gamma-1}} = 2.22 \times 10^5 \times \left(\frac{930}{899}\right)^{3.5} = 2.5 \times 10^5\text{Pa}$$

因为 $\dfrac{p_b}{p_0} = \dfrac{0.98 \times 10^5}{2.5 \times 10^5} = 0.392$,$\dfrac{p_b}{p_0}$ 小于临界压强比 β_{cr},所以喷管处于超临界状态,即该喷管在壅塞状态下运行,出口 $Ma_e = 1.0$,故可求得出口参数为

$$p_e = p_0 \beta_{cr} = 2.5 \times 10^5 \times 0.528\,3 = 1.32 \times 10^5\text{Pa}$$

$$T_e = T_0 \tau(\lambda_e) = 930 \times 0.833\,3 = 774.9\text{K} \quad (\lambda_e = 1)$$

$$v_e = a^* = \sqrt{\gamma R T_e} = \sqrt{1.4 \times 287.06 \times 774.9} = 558\text{m/s}$$

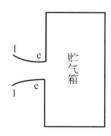

图 5-8　空气经收缩喷管被吸入贮气箱

5.3 拉瓦尔喷管

5.3.1 基本概念与等熵面积比公式

使气流由亚声速加速到超声速的收缩-扩张喷管称为拉瓦尔喷管,如图5-9所示。它主要用来产生超声速气流。拉瓦尔喷管在超声速及高超声速风洞喷管、超声速飞机、火箭的尾喷管上得到广泛应用。

在实际发动机中,当涡轮出口的气流压强较高时,若采用收缩喷管,则由于气流在喷管内不能得到完全膨胀而造成较大的推力损失。为了提高发动机的推力,需要采用拉瓦尔喷管。

由于采用拉瓦尔喷管是为了在其扩张段产生超声速气流,因此在这种情况下就有可能会出现激波。超声速气流通过激波是非等熵流动,因此拉瓦尔喷管内的流动在一般情况下,是绝热非等熵流动。但是在不出现激波时,或出现激波时的激波前、激波后的流动区域,可作为绝热等熵(不计摩擦影响)流动来处理。

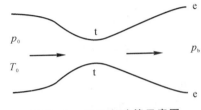

图 5-9　拉瓦尔喷管示意图

对于已设计好的拉瓦尔喷管,要分析拉瓦尔喷管内的流动状态及特点,通常已知的条件为,进口气流总压 p_0,总温 T_0,喷管出口外界反压 p_b 和面积比 A_e/A_t(下标 e,t 分别表示喷管出口和喉部处的参数,如图5-9所示)。

亚声速气流在如图5-9所示的拉瓦尔喷管的收缩段加速,到喉部最小截面时速度等于当地声速(即 $Ma_t=1$),在扩张段内进一步加速到出口即为超声速气流。在这种流动中没有激波存在,如果不计摩擦,流动是绝热等熵的。喉部与临界面 $A_t=A^*$ 对喉部与任一截面写出连续方程式(5-14),即可得到所谓的等熵面积比公式

$$\frac{A_t}{A} = \frac{A^*}{A} = q(\lambda) \tag{5-16a}$$

或

$$\frac{A}{A_t} = \frac{1}{Ma} \left[\left(1 + \frac{\gamma-1}{2}Ma^2\right) \frac{2}{\gamma+1} \right]^{\frac{\gamma+1}{2(\gamma-1)}} \tag{5-16b}$$

式中,A 为喷管任一截面的面积,A_t 为喷管喉部面积。应当注意,式(5-16a)在喉部与截面 A 之间不存在激波时才能使用。当然截面 A 可以位于喷管的超声速段,也可以位于亚声速段。由式(5-16)可以看出,对于给定的气体,面积比仅与 Ma 有关,其变化规律如图5-10所示。由图可以看出,要在喷管出口截面上产生一定 Ma_e 的超声速气流,所对应的喷管面积比 A_e/A_t 是唯一的。另外,每一个面积比,对应着两个马赫数,一个是亚声速气流的 Ma,一个是超声速气流的 Ma。

拉瓦尔喷管出口截面上的气流速度仍可按式(5-11a)和式(5-11c)计算。对于拉瓦尔喷管,由于 Ma_e 与面积比 A_e/A_t 对应,而 Ma_e 又与压强比有关,因此,压强比也对应一定的面积

比。从面积比公式式(5-16)可以看出,造成一定出口马赫数 Ma_e 的喷管面积比 A_e/A_t 还与 γ 值有关,不同 γ 值,对喷管面积比有一定影响,这一点在喷管型面设计时应当注意。如图 5-11 所示,给出了不同压比下 γ 值对面积比 A_e/A_t 的影响。

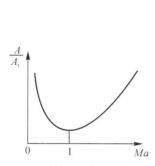

图 5-10 喷管面积比随马赫数的变化

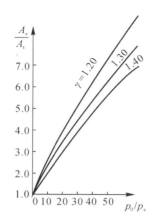

图 5-11 γ 值对 A_e/A_{cr} 的影响

5.3.2 拉瓦尔喷管的流动状态

由等熵面积比公式可知,要在喷管出口建立一定马赫数的超声速气流,就必须有一定的管道面积比,但是具备了管道面积比的条件后,能否实现超声速流动,还要由喷管进口的总压 p_0 和外界反压 p_b 来决定。下面分析给定面积比的拉瓦尔喷管内可能出现的几种流动状态。

1. 临界状态

在一个恰当的压强比 p_b/p_0 下,气流在收缩段内加速,至喉部马赫数 $Ma_t=1$,然后在扩张段内减速,至出口 $Ma_e<1$,且 $p_e=p_b$,这种流动状态称为拉瓦尔尾喷管的临界状态。气流的静压沿喷管轴线的变化如图 5-12 中的曲线 b 所示。临界状态的特点: $Ma_t=1$,$Ma_e<1$,$p_e=p_b$(完全膨胀),喷管内无激波,如果不计摩擦,管内的整个流动可视为等熵流动。记临界状态下的压强比为 p_3/p_0,可见当 $p_b/p_0=p_3/p_0$ 时,尾喷管的流动为临界状态。临界状态下的有关参数计算如下。

喷管出口马赫数 Ma_e:由面积比公式(5-16a)可计算得到 Ma_e,即

$$q(Ma_e)=\frac{A_t}{A_e} \quad (Ma_e<1)$$

出口静压 p_e 与进口总压 p_0 之比:

$$p_e/p_0=p_b/p_0=\left(1+\frac{\gamma-1}{2}Ma_e^2\right)^{-\frac{\gamma}{\gamma-1}}$$

由于 $$p_3/p_0=p_b/p_0=p_e/p_0 \qquad (5-17)$$

所以 p_3/p_0 是面积比 A_t/A_e 的函数。

通过尾喷管的质量流量:

$$q_{m,max}=K\frac{p_0}{\sqrt{T_0}}A_t \qquad (5-18)$$

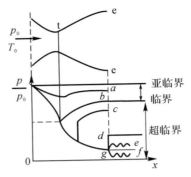

图 5 - 12 拉瓦尔喷管内的流动状态

2. 亚临界状态

尾喷管内的流动全部为亚声速时,称为亚临界状态。例如当 $p_b/p_0 = 1$ 时,整个喷管内无流动,静压等于总压且沿尾喷管不变,如图 5-12 中的平行于 x 轴的直线所示,这是亚临界状态的一种极限情况。

当 $1.0 > \dfrac{p_b}{p_0} > \dfrac{p_3}{p_0}$ 时,气流在喷管收缩段内加速,至喉部仍然是 $Ma_t < 1$,之后在扩张管内减速,至出口 $Ma_e < 1$,$p_e = p_b$,如图 5-12 中的曲线 a 属于亚临界的流动状态。因此亚临界状态的特点:$Ma_t < 1$,$Ma_e < 1$,$p_e = p_b$,气流在喷管内得到完全膨胀,整个喷管为亚声速流动。亚临界状态的有关参数计算如下:

出口马赫数:

$$\left(1 + \frac{\gamma - 1}{2} Ma_e^2\right)^{\frac{\gamma}{\gamma - 1}} = p_0 / p_b$$

出口静压:

$$p_e = p_b$$

通过喷管的流量:

$$q_m = K \frac{p_0 q(\lambda_e)}{\sqrt{T_0}} A_e \tag{5-19}$$

3. 超临界状态

当 $\dfrac{p_b}{p_0} < \dfrac{p_3}{p_0}$ 时,尾喷管内的流动称为超临界状态。

气流在喷管收缩段加速,至喉部 $Ma_t = 1$,之后在扩张管内的流动根据 p_b/p_0 的大小不同可能有如下几种情况:

(1) 气流在扩张管内继续加速,至出口 $Ma_e > 1$,同时气流在喷管出口达到完全膨胀,$p_e = p_b$,整个扩张管内无激波,出口外也无激波和膨胀波,静压沿喷管的变化如图 5-12 中的曲线 f 所示。这种情况即是所谓的设计状态。记该状态下的压强比 $p_e/p_0 = p_b/p_0 \equiv p_1/p_0$,可见当 $p_b/p_0 = p_1/p_0$ 时,尾喷管的流动为超临界状态,且气流在喷管出口达到完全膨胀。

其特点:$Ma_t = 1$,$Ma_e > 1$,$p_e = p_b$,因此喷管出口的马赫数可用等熵面积比公式(5-16a)计算,即

$$q(Ma_e) = \frac{A_t}{A_e} \quad (Ma_e > 1)$$

出口静压：
$$p_e/p_0 = p_b/p_0 \equiv p_1/p_0 = \pi(Ma_e) \tag{5-20}$$
$$p_e = p_1 = p_b$$

通过喷管的流量：由于 $Ma_t = 1$，所以流量达到最大值，仍可用式（5-18）计算。

（2）当 $p_b/p_0 < p_1/p_0$ 时，气流在扩张段加速直到出口的 $Ma_e > 1$，气流在喷管内没有得到完全膨胀，即 $p_e/p_0 > p_b/p_0$，因此超声速气流在喷管出口产生膨胀波束。在这个压强比范围内，反压的变化不会影响喷管内气流的流动，因为外界的扰动是以声速传播的，而喷管出口为超声速流动。其流动特点为 $Ma_t = 1$，$q_m = q_{m,max}$，$Ma_e > 1$。这种流动通常称为欠膨胀流动状态，如图 5-12 中的曲线 g 所示。出口马赫数和通过喷管的流量的计算方法与（1）相同，出口压强 $p_e > p_b$，$p_e = p_1$。对应于超临界状态中管口有膨胀波的流动状态。

（3）当 $p_1/p_0 < p_b/p_0 \leqslant p_2/p_0$ 时，在这个压强比范围内，气流在扩张段加速直到出口的 $Ma_e > 1$，气流在出口将产生斜激波，如图 5-12 中的曲线 e 所示。通过斜激波后的压强与外界反压相等，激波强度由压强比 p_b/p_1 决定。随着压强比的不断增大，激波不断增强，激波角逐渐加大，当激波角增加到 90°，即斜激波变成正激波时，激波后的压强与总压之比记为 p_2/p_0，如图 5-12 中的曲线 d 所示。这种流动通常称为过度膨胀状态，对应于超临界状态管口有激波的流动状态。

可见在超临界状态的以上 3 种情况下，喷管内部的流动特点完全相同，计算方法也完全一致，不同的仅是喷管出口后的流动。

压强比 p_2/p_0 可以根据激波关系式确定，即
$$\frac{p_2}{p_1} = \frac{2\gamma}{\gamma+1}Ma_e^2 - \frac{\gamma-1}{\gamma+1}$$

因此可得
$$p_2/p_0 = p_2/p_1 \times p_1/p_0 \tag{5-21}$$

由于 Ma_e，p_1/p_0 与面积比 A_e/A_t 有关，所以 p_2/p_0 也与面积比 A_e/A_t 有关。

（4）当 $p_2/p_0 < p_b/p_0 < p_3/p_0$ 时，在这个压强比范围内，在喷管扩张段内会产生正激波，该激波可看作是由于随压强比 p_b/p_0 的不断提高，使正激波不断向管内移动的结果。在扩张段内的激波前气流加速到超声速，压强减小，然后通过正激波后，压强升高，波后亚声速气流在扩张段减速增压，直到出口处 $Ma_e < 1$，$p_e = p_b$。此时的压强比沿轴线的变化如图 5-12 中的曲线 c 所示。此种情况对应于超临界状态管内有激波的流动状态。其流动特点：喉部 $Ma_t = 1$，$q_m = q_{m,max}$。

在一维流动的情况下，当已知喷管面积比、来流总压和反压时，可按下述方法计算管内流动参数和激波位置。设 A_s 表示激波所在截面面积，如图 5-13 所示，则根据出口截面气流压强等于反压的条件，对临界截面和出口截面应用连续方程

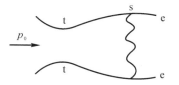

图 5-13　激波位置计算示意图

$$K\frac{p_{0,t}}{\sqrt{T_{0,t}}}A_t = K\frac{p_e}{\sqrt{T_{0,e}}}A_e y(\lambda_e)$$

式中
$$p_e = p_b, \quad T_{0,t} = T_{0,e}, \quad p_{0,t} = p_0$$
所以
$$y(\lambda_e) = \frac{p_0}{p_b}\frac{A_t}{A_e} = \frac{q(\lambda_e)}{\pi(\lambda_e)} \tag{5-22}$$

由 $y(\lambda_e)$（见图 5－3）查气动函数表（附表 4）得喷管出口的 λ_e 和 Ma_e，然后使用连续方程

$$K\frac{p_{0,t}}{\sqrt{T_{0,t}}}A_t = K\frac{p_{0,e}}{\sqrt{T_{0,e}}}A_e q(\lambda_e)$$

由此可以计算出通过激波的总压恢复系数

$$\sigma(Ma_s) = \frac{p_{0,e}}{p_{0,t}} = \frac{A_t}{A_e}\frac{1}{q(\lambda_e)} \tag{5-23}$$

由正激波表可得激波前的马赫数 Ma_s。由于喉部与激波前之间的流动为绝热等熵的，故由连续方程可得

$$\frac{A_s}{A_t} = \frac{1}{q(\lambda_s)} \tag{5-24}$$

A_s 即为激波所在截面的面积。

由以上的分析可知，拉瓦尔喷管的流动状态及其特点如下：

$p_b/p_0 > p_3/p_0$　管内全为亚声速流动，为亚临界状态；

$p_b/p_0 = p_3/p_0$　$Ma_t = 1$，收缩段和扩张段流动全为亚声速流动，为临界状态；

超临界状态：

$p_2/p_0 < p_b/p_0 < p_3/p_0$　扩张段内有激波，$Ma_t = 1, Ma_e < 1, p_e = p_b$；

$p_b/p_0 = p_2/p_0$　正激波位于喷管出口，$Ma_t = 1, Ma_e > 1, p_e < p_b$；

$p_1/p_0 < p_b/p_0 < p_2/p_0$　过膨胀状态，出口有斜激波，$Ma_t = 1, Ma_e > 1, p_e < p_b$；

$p_b/p_0 = p_1/p_0$　完全膨胀状态。$Ma_t = 1, Ma_e > 1, p_e = p_b$；

$p_b/p_0 < p_1/p_0$　欠膨胀状态，出口有膨胀波，$Ma_t = 1, Ma_e > 1, p_e > p_b$。

总之，3 个特征压强比是由面积比公式 A_t/A_e 确定的，即 $q(\lambda_e) = A_t/A_e$，查气动函数表可得两个速度系数 $\lambda_e > 1, \lambda_e < 1$，从而可求出 $p_1/p_0 = \pi(\lambda_e > 1)$ 和 $p_3/p_0 = \pi(\lambda_e < 1)$，而由 $\lambda_e > 1$ $(Ma_e > 1)$ 查正激波表（附表 5）得到 p_2/p_1，从而计算出 $p_2/p_0 = p_2/p_1 \times p_1/p_0$。

以上按照一维无黏流动讨论了拉瓦尔喷管的流动特点及其计算方法，实际上的多维黏性流动要复杂得多。

5.3.3　拉瓦尔喷管计算

拉瓦尔喷管内的流动计算一般有两类。

一类是正问题，即给定喷管面积比 A_t/A_e、反压与总压之比 p_b/p_0 和总温 T_0，需要计算喷管内的流动状态及参数。这类问题的求解步骤是首先按面积比公式确定 3 个特征压强比，其次根据给定的 p_b/p_0 与 3 个特征压强比相比较，从而判别实际的流动状态，最后根据流动状态的特点进行计算。

另一类是逆问题，即给定喷管出口 Ma_e，需确定面积比 A_e/A_t 和反压比 p_b/p_0。

若 $Ma_e < 1$，通常不需采用拉瓦尔喷管，利用收缩喷管即可达到要求。

若 $Ma_e > 1$，此时喉部必然是临界截面，即 $Ma_t = 1$，而且扩张段没有激波。可以使用等熵面积比公式式（5－16）确定喷管的面积比 A_e/A_t，由 Ma_e 可以计算出 p_e/p_0。

根据要求的马赫数分布 $Ma(x)$，可以由式（5－16）确定整个喷管的截面积分布 $A(x)/A_t$。

例 5-3　已知某拉瓦尔喷管最小截面面积 $A_t = 4.0 \times 10^{-4} \text{m}^2$，出口截面面积 $A_e = 6.76 \times 10^{-4} \text{m}^2$。喷管周围的大气压强 $p_a = 1 \times 10^5 \text{Pa}$，气源的温度 $T_0 = 288 \text{K}$。当气源的压强 $p_0 = 1.5 \times 10^5 \text{Pa}$ 时，求：

(1) 喷管出口处空气的 Ma 和空气的流量；

(2) 若管中有激波，求激波的位置。

解　这是一个正问题，需要先确定 3 个特征压强比。首先由面积比公式 $q(\lambda_e) = \dfrac{A_t}{A_e} = \dfrac{4.0}{6.76} = 0.591\,7$，查气动函数表（附表 4）得 $\lambda_e = 1.634$，$Ma_e = 2.0$，$p_1/p_0 = \pi(\lambda_e) = 0.128$。其次求激波在出口截面时的压强比 p_2/p_0。

$$\frac{p_2}{p_0} = \frac{p_2}{p_1} \frac{p_1}{p_0}$$

由 $Ma_e = 2.0$ 查正激波表得 $p_2/p_1 = 4.5$，因此有

$$\frac{p_2}{p_0} = \frac{p_2}{p_1} \frac{p_1}{p_0} = 4.5 \times 0.128 = 0.576$$

再求 p_3/p_0，它对应于出口截面和扩张段是亚声速气流，但喉部是处于临界状态的流动，所以仍可用面积比公式求出 $\lambda_e(<1)$。

$$q(\lambda_e) = A_t/A_e = 0.591\,7$$

查气动函数表（附表 4）得 $\lambda_e = 0.406(Ma_e = 0.375)$，$\dfrac{p_3}{p_0} = 0.909$。根据 $\dfrac{p_b}{p_0} = \dfrac{1}{1.5} = 0.666\,7$，又由于 $\dfrac{p_2}{p_0} < \dfrac{p_b}{p_0} < \dfrac{p_3}{p_0}$，所以喷管扩张段内有激波。

(1) 计算出口 Ma_e 和通过喷管的流量 q_m。对喉部及出口运用连续方程

$$K \frac{p_0 A_t}{\sqrt{T_0}} = K \frac{p_e A_e y(\lambda_e)}{\sqrt{T_0}}$$

由于出口为亚声速流动，所以

$$p_e = p_a$$

故得
$$y(\lambda_e) = \frac{p_0 A_t}{p_b A_e} = 1.5 \times 0.591\,7 = 0.887\,6$$

查表得 $Ma_e = 0.5$，$\lambda_e = 0.534$，因为 $\lambda_t = 1$，所以通过喷管的流量为

$$q_m = K \frac{p_0}{\sqrt{T_0}} A_t = 0.040\,4 \times \frac{1.5 \times 10^5}{\sqrt{288}} \times 4.0 \times 10^{-4} = 0.142\,8 \text{ kg/s}$$

(2) 确定激波位置及出口截面速度与总压。设激波位于扩张段某处，其所在面积为 A_s，如图 5-13 所示。由 (1) 已求出 $y(\lambda_e)$，所以由 $y(\lambda_e) = 0.887\,6$，查气动函数表得 $q(\lambda_e) = 0.75$。

对喉部及出口运用连续方程

$$K \frac{p_0}{\sqrt{T_0}} A_t = K \frac{p_{0,e} q(\lambda_e)}{\sqrt{T_0}} A_e$$

得总压恢复系数

$$\sigma = \frac{p_{0,e}}{p_0} = \frac{A_t}{A_e} \frac{1}{q(\lambda_e)} = \frac{4.0}{6.76} \times \frac{1}{0.75} = 0.788\,9$$

由 $\sigma = 0.788\ 9$ 查正激波表得激波前的马赫数 $Ma_s = 1.85$,由查气动函数表(附表 4)得 $q(\lambda_s) = 0.67$。

对喉部及激波前运用连续方程

$$K\frac{p_0}{\sqrt{T_0}}A_t = K\frac{p_0 q(\lambda_s) A_s}{\sqrt{T_0}}$$

得

$$\frac{A_s}{A_t} = \frac{1}{q(\lambda_s)} = \frac{1}{0.67} = 1.492\ 5$$

所以激波所处的面积 $A_s = 1.492\ 5 \times A_t = 1.492\ 5 \times 4.0 \times 10^{-4} = 5.79 \times 10^{-4}\ \mathrm{m}^2$。

例 5-4 一等截面直管后接一拉瓦尔喷管,如图 5-14 所示,已知直管的截面积为 $0.15\mathrm{m}^2$,拉瓦尔喷管入口处的压强 $p_1 = 3.5 \times 10^5\mathrm{Pa}$,温度 $T_1 = 340\mathrm{K}$,马赫数 $Ma_1 = 0.15$,喷管出口处的马赫数 $Ma_e = 1.5$,不计摩擦损失,求喷管喉部面积 A_t 及出口面积 A_e,并计算喉部及出口截面的压强、温度和速度。

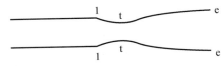

图 5-14 拉瓦尔喷管计算中的逆问题

解 这是一个逆问题。因为 $Ma_e > 1$,故喉部是临界截面,即 $A_t = A^*$,$Ma_t = 1$,故

$$T_{0,1} = T_1\left(1 + \frac{\gamma - 1}{2}Ma_1^2\right) = 340 \times \left(1 + \frac{0.4}{2} \times 0.15^2\right) = 341.53\mathrm{K}$$

$$p_{0,1} = p_1\left(1 + \frac{\gamma - 1}{2}Ma_1^2\right)^{\frac{\gamma}{\gamma - 1}} = 3.5 \times 10^5 \times (1 + 0.2 \times 0.15^2)^{3.5} = 3.555 \times 10^5\mathrm{Pa}$$

喉部和喷管进口运用连续方程

$$K\frac{p_{0,1}}{\sqrt{T_{0,1}}}A_1 q(\lambda_1) = K\frac{p_{0,t}}{\sqrt{T_{0,t}}}A_t$$

又不计摩擦损失,绝热等熵流动,$T_{0,1} = T_{0,t} = T_{0,e}$,$p_{0,t} = p_{0,1} = p_{0,e}$,由 $Ma_1 = 0.15$ 查气动函数表得 $q(\lambda_1) = 0.272$。所以

$$A_t = A_1 q(\lambda_1) = 0.15 \times 0.272 = 0.040\ 8\mathrm{m}^2$$

喉部与喷管出口运用连续方程,且由于流动为绝热等熵的,由 $Ma_e = 1.5$,查表得 $q(\lambda_e) = 0.849$,故

$$A_e = A_t / q(\lambda_e) = 0.040\ 8 / 0.849 = 0.048\ 1\mathrm{m}^2$$

喉部气流参数为

$$p_t = p_{0,1}\left(\frac{2}{\gamma + 1}\right)^{\frac{\gamma}{\gamma - 1}} = 3.555 \times 10^5 \times 0.528\ 3 = 1.878\ 1 \times 10^5\mathrm{Pa}$$

$$T_t = T_{0,1}\frac{2}{\gamma + 1} = 341.53 \times 0.833\ 3 = 284.61\mathrm{K}$$

$$v_t = a^* = \sqrt{\gamma R T_t} = \sqrt{1.4 \times 287.06 \times 284.61} = 338.2\ \mathrm{m/s}$$

喷管出口气流参数

由 $Ma_e = 1.5$,查气动函数表得 $p_e/p_0 = \pi(\lambda_e) = 0.273$,$T_e/T_0 = \tau(\lambda_e) = 0.69$,$\lambda_e = 1.366$,故

$$p_e = p_{0,1} \pi(\lambda_e) = 3.555 \times 10^5 \times 0.273 = 0.970\,5 \times 10^5\,\text{Pa}$$

$$T_e = T_{0,1} \tau(\lambda_e) = 341.53 \times 0.69 = 235.66\,\text{K}$$

$$v_e = \lambda_e a^* = 1.366 \times 338.2 = 461.98\,\text{m/s}$$

5.4　超声速内压式进气道及其他变截面管流

　　超声速内压式进气道的一个经典问题就是起动问题,这对于超声速和高超声速进气道同样重要。本节利用变截面管内流动的知识讨论内压式超声速进气道内的流动及其起动问题。超声速及高超声速进气道设计时要考虑的一个重要问题就是所谓的起动问题。理解起动过程的关键是清楚地了解气体在管道中流动的一系列流动状态。本节最后讨论其他变截面管内流动。

5.4.1　超声速内压式进气道

　　上一节讨论了亚声速气流在拉瓦尔喷管中的流动规律。本节讨论的则是一个倒置的拉瓦尔喷管,即迎面的超声速气流在如图 5-15 所示的管道内流动。如果流动中没有激波,则可假设流动为一维定常、无摩擦、绝热、无化学反应,且喉道下游流通能力足够大。

　　内压式超声速进气道也属于变截(面)管流。它靠内部压缩超声速气流使其达到减速增压的目的。内压式超声速进气道包括收缩段、喉部和扩张段。收缩段可以是直壁或曲壁,气体在其中经过一系列波系减速增压,到达喉部时马赫数一般大于 1。然后在扩张段内加速再经过一道正激波,变为亚声速气流。

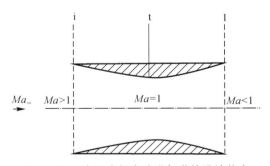

图 5-15　内压式超声速进气道的设计状态

1.设计状态

　　内压式超声速进气道的理想流动状态如图5-15所示,迎面超声速气流在进口之前气流参数不发生变化。进入进气道后,在收缩段(设为曲壁)中进行连续的微弱压缩,气流速度不断减小,到喉部气流速度刚好减小到当地声速,即喉部马赫数 $Ma_t = 1$,然后气流在扩张段内进一步减速,变为亚声速气流,到出口截面得到所需要的气流马赫数。在这样的流动中,不存在激波,因此流动损失很小,这种流动被称为最佳流动状态,又叫设计状态。

　　对于超声速进气道,对进口截面和喉部运用连续方程,则有

$$K \frac{p_{0,i}}{\sqrt{T_{0,i}}} A_i q(\lambda_i) = K \frac{p_{0,t}}{\sqrt{T_{0,t}}} A_t q(\lambda_t) \qquad (5-25)$$

因为流动绝热,所以 $T_{0,i} = T_{0,t} = T_0$,如果不计摩擦,则 $p_{0,i} = p_{0,t} = p_0$。在最佳流动状态时,$\lambda_t = 1$,因而 $q(\lambda_t) = 1$,此外 $\lambda_i = \lambda_d$,这样上式就可简化成

$$\left(\frac{A_t}{A_i}\right)_d = q(\lambda_d) \qquad (5-26)$$

这就是设计状态时的面积比公式。

图 5-16 表示了按式(5-26)所确定的面积比随来流 Ma_∞ 的变化关系。由图可见,对于不同的来流马赫数 Ma_∞,为了实现最佳流动,所需的面积比 (A_t/A_i) 是不同的,Ma_∞ 越大,进口段需要收缩的程度也越大。因此,最佳面积比 (A_t/A_i) 是与 Ma_∞ 一一对应的,这就是说,一定面积比的进气道,只有在确定的 Ma_∞ 下,进气道内的流动才是最佳的,Ma_∞ 不合适,流动就不会是最佳的。

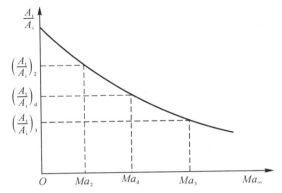

图 5-16　面积比随来流马赫数的变化

2. 非设计状态

马赫数小于或大于设计马赫数的流动状态称为非设计状态。下面讨论内压式超声速进气道非设计状态下的流动特点。

(1)$Ma_3 > Ma_d$。对于面积比为 $(A_t/A_i)_d$ 的进气道,设计状态(最佳流动)所对应的来流马赫数为 Ma_d,由等熵面积比公式可得 $(A_t/A_i)_d = q(\lambda_d)$。对于这样面积比的进气道,若迎面气流马赫数不是 Ma_d,而是 $Ma_3(Ma_3 > Ma_d)$,那么,超声速气流在进气道的收缩段内减速后,喉部截面上的气流马赫数并不等于1,根据通过进气道任一截面的质量流量不变的条件,可以导出

$$q(\lambda_t) = \frac{A_{id} q(\lambda_3)}{A_t} = \frac{q(\lambda_3)}{q(\lambda_d)}$$

由于 $\lambda_3 > \lambda_d > 1$,所以 $q(\lambda_t) < 1$,即喉部气流马赫数 $Ma_t > 1$,即在喉部仍是超声速气流,气流在喉部后面的扩张段又重新加速,然后经过由于反压作用而引起的正激波,才变为亚声速气流(见图 5-17(a)),由于正激波的存在,总压损失较大。

(2)$Ma_2 < Ma_d$。若此进气道的迎面气流马赫数 Ma_2 小于设计马赫数 Ma_d,这时进口截面通过的流量将为

$$q_{m_i} = K \frac{p_0}{\sqrt{T_0}} A_i q(\lambda_2) = K \frac{p_0}{\sqrt{T_0}} \frac{A_i}{A_t} A_t q(\lambda_2) = K \frac{p_0}{\sqrt{T_0}} A_t \frac{q(\lambda_2)}{q(\lambda_d)} > K \frac{p_0}{\sqrt{T_0}} A_t$$

而喉部能通过的最大流量为 $q_{m_t} = K \dfrac{p_0}{\sqrt{T_0}} A_t$，结果 $q_{m_i} > q_{m_t}$。这说明，面积比为 $(A_t/A_i)_d$ 的进气道对马赫数为 Ma_2 的超声速气流来说，喉部的截面积就显得小了，进口截面放进来的流量不能从喉部全部排出。因此，气体将在收缩段内积聚，压强升高。于是，在进口之前产生一道脱体弓形激波，气流经过脱体弓形波后，变为亚声速气流，流线在进口前发生偏转，使喉部不能通过的那部分流量溢出进气道，其流动图形如图 5-17(b) 所示。进入进气道的亚声速气流在进气道中的流动情况和拉瓦尔喷管一样，将由进气道出口的反压来决定。

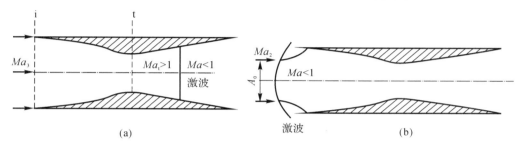

图 5-17　非设计状态的流动图形

如果在进气道进口前的超声速气流中出现激波，即使将迎面气流马赫数增大到 Ma_d，也不可能建立最佳流动状态，这是因为有激波存在时，喉部所能通过的最大流量为

$$q'_{mt} = K \frac{\sigma p_0}{\sqrt{T_0}} A_t$$

激波使气流总压有损失，从而减小了喉部的通流能力。所以在进气道前仍需要溢流，即激波仍然存在。

综上所述，在迎面气流马赫数为 Ma_d 时，可能有两种流动状态：一种是进口前有脱体激波，气流总压有很大的损失；另一种是最佳流动状态。但这种最佳流动状态是不稳定的，因为只要有一点微小的扰动（它或者是由于进口气流 Ma 的微小减小引起的，或者是由于进气道后面的流量微小减小引起的），就会在进口前产生脱体弓形激波，一旦出现弓形激波，即使扰动消失后，流动也不可能恢复到最佳状态。空气喷气发动机的飞行马赫数总是由小到大，在飞行中，飞行马赫数也总会受到扰动，因此，按面积比确定的内压式超声速进气道，实际上是不可能建立起最佳流动状态的，进口总会有脱体弓形激波。流动损失也将是很大的。那么如何消除进气道进口前的弓形波，使在进气道中建立起最佳流动状态或接近于最佳流动状态呢？这个问题就是超声速内压进气道的起动问题。在讨论进气道起动问题之前，先介绍一个气动函数，它对以后的讨论很有用处。

3. 气动函数 $\theta(\lambda)$

用 A_0 表示进入进气道的气流流管截面面积，当进气道进口前有激波时，$A_0 < A_i$（见图 5-17(b)），若这时进气道出口反压足够低，则 $Ma_t = 1.0$，对进气道进口前与喉部运用连续方程，即

$$K \frac{p_0}{\sqrt{T_0}} A_0 q(\lambda_\infty) = K \frac{p_{0,\mathrm{t}}}{\sqrt{T_{0,\mathrm{t}}}} A_\mathrm{t} q(\lambda_\mathrm{t})$$

当进口前有脱体激波时，$p_{0,\mathrm{t}} = \sigma(\lambda_\infty) p_0$，式中，$\sigma(\lambda_\infty)$ 是气流通过正激波时的总压恢复系数，它仅是波前气流速度系数 λ_∞ 的函数。在进气道的流动中，$T_0 = T_{0,\mathrm{t}}$，并注意到 $q(\lambda_\mathrm{t}) = 1$，则有

$$\frac{A_\mathrm{t}}{A_0} = \frac{q(\lambda_\infty)}{\sigma(\lambda_\infty)}$$

等号右边仅是 λ_∞ 的函数，记作 $\theta(\lambda_\infty)$，即

$$\theta(\lambda_\infty) = \frac{q(\lambda_\infty)}{\sigma(\lambda_\infty)} \tag{5-27}$$

这就是所要介绍的气动函数，它与 λ 及 Ma 的关系可推导如下：

由
$$q(\lambda) = \left(\frac{\gamma+1}{2}\right)^{\frac{1}{\gamma-1}} \lambda \left(1 - \frac{\gamma-1}{\gamma+1} \lambda^2\right)^{\frac{1}{\gamma-1}}$$

$$\sigma(\lambda) = \lambda^2 \left[\frac{\gamma+1-(\gamma-1)\lambda^2}{\gamma+1-(\gamma-1)\frac{1}{\lambda^2}}\right]^{\frac{1}{\gamma-1}} \quad (\lambda \geqslant 1)$$

得
$$\theta(\lambda) = \left(\frac{\gamma+1}{2}\right)^{\frac{1}{\gamma-1}} \frac{1}{\lambda} \left(1 - \frac{\gamma-1}{\gamma+1}\frac{1}{\lambda^2}\right)^{\frac{1}{\gamma-1}} \quad (\lambda \geqslant 1) \tag{5-28}$$

再由
$$\lambda^2 = \frac{(\gamma+1)Ma^2}{(\gamma-1)Ma^2 + 2}$$

可得
$$\theta(Ma) = \left(\frac{\gamma-1}{\gamma+1}\right)^{\frac{1}{2}} \left(\frac{2\gamma}{\gamma+1}\right)^{\frac{1}{\gamma-1}} \left[1 + \left(\frac{2}{\gamma-1}\right)\frac{1}{Ma^2}\right]^{\frac{1}{2}} \times$$

$$\left[1 - \left(\frac{\gamma-1}{2\gamma}\right)\frac{1}{Ma^2}\right]^{\frac{1}{\gamma-1}} \quad (Ma \geqslant 1) \tag{5-29}$$

图 5-18 给出了 $\theta(\lambda)$ 与 λ 的关系曲线，其数据表格见附表 4。图上同时也画出了 $q(\lambda)$ 曲线，当 $\lambda = 1$ 时，不形成激波，$\sigma = 1$，所以 $\theta(\lambda) = q(\lambda) = 1$。当 $1 \leqslant \lambda \leqslant \lambda_{\max} = \sqrt{\frac{\gamma+1}{\gamma-1}}$ 时比较 $q(\lambda)$ 与 $\theta(\lambda)$ 的表达式，可以看出 $\theta(\lambda) = q(\frac{1}{\lambda})$。当 $\lambda = \lambda_{\max}$ 时，$\theta(\lambda_{\max}) = \left(\frac{\gamma-1}{\gamma+1}\right)^{\frac{1}{2}} \times \left(\frac{2\gamma}{\gamma+1}\right)^{\frac{1}{\gamma-1}}$，对于空气，$\theta(\lambda_{\max}) = 0.600\,19$。

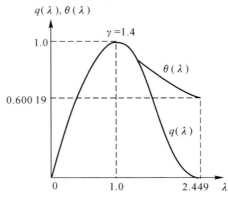

图 5-18 $q(\lambda)$，$\theta(\lambda)$ 随 λ 的变化

4. 超声速进气道的起动

超声速进气道的起动是设计进气道时所必须考虑的问题。下面将利用气动函数 $\theta(\lambda)$ 来讨论超声速进气道的起动问题。

进气道的起动过程也就是如何消除进气道进口前的脱体弓形激波，建立起最佳流动的过程。有两种途径可以建立起进气道的最佳流动状态，一种是增大迎面气流的 Ma_∞，另一种是增大喉部截面面积。

首先讨论用增大 Ma_∞ 来起动进气道的过程。设进气道几何不可调，即截面尺寸是固定的，A_t/A_i 是根据设计状态的迎面气流马赫数确定的，用 Ma_d 表示设计马赫数，相应的速度系数为 λ_d，即进气道的面积比和速度系数符合等熵面积比公式

$$A_t/A_i = q(\lambda_d)$$

假设进气道后的流通能力足够大，即通过喉部的流量都能从出口排出；并不计进气道内的摩擦损失。

在来流马赫数逐渐加大的过程中，当 $1 < Ma_\infty < Ma_d$ 时，根据前面的讨论可知，在进口前会出现脱体弓形波，喉部气流 $Ma_t = 1$，发生堵塞。这时，进气道的流管截面积 A_0，可由连续方程求得，即由 $A_0 q(\lambda_\infty) = \sigma(\lambda_\infty) A_i q(\lambda_i)$ 得

$$A_0/A_i = \frac{q(\lambda_i)\sigma(\lambda_\infty)}{q(\lambda_\infty)} = \frac{q(\lambda_i)}{\theta(\lambda_\infty)}$$

再对 A_i，A_t 截面运用连续方程 $A_i q(\lambda_i) = A_t$，代入上式，并注意 $A_t/A_i = q(\lambda_d)$，则得

$$\frac{A_0}{A_i} = \frac{q(\lambda_i)}{\theta(\lambda_\infty)} = \frac{A_t/A_i}{\theta(\lambda_\infty)} = \frac{q(\lambda_d)}{\theta(\lambda_\infty)} < 1$$

由上式可知，$A_0 < A_i$，即在进气口处气流通过激波溢流，随着 λ_∞ 的增大，$\theta(\lambda_\infty)$ 的数值减小，所以 A_0/A_i 增大，这意味着溢流减小，激波向进口靠近，但只要 $\lambda_\infty \leqslant \lambda_d$，则总存在 $A_0/A_i < 1$，脱体激波始终存在，一直要到 $\lambda_\infty = \lambda_3 (> \lambda_d)$ 时，$\theta(\lambda_3) = q(\lambda_d)$（见图 5-19），才有 $A_0/A_i = 1$。这表示此时流线在进口前没有偏折，溢流消失，激波贴到进口。当激波位于进口时，由于激波不可能稳定在收缩通道内，因而流动是不稳定的。这是因为激波从进口向喉部移动时波前的 Ma_∞ 减小，强度减弱，使得总压恢复系数增大，通过喉部的流量加大。当 Ma_∞ 增大到 Ma_3 时，就能将进口激波吸入进气道内。但在 Ma_3 时，如前所述，由于 $Ma_3 > Ma_d$，所以喉部的 $Ma_t > 1$，为了使 $Ma_t = 1$，还要将 Ma_∞ 再降下来，直到 $Ma_\infty = Ma_d$ 时，才能使 $Ma_t = 1$。

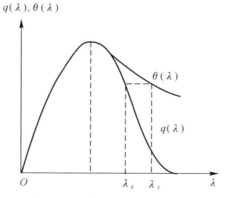

图 5-19　增大 Ma 起动进气道

需要指出,用这种方式起动进气道,迎面气流的 Ma_∞ 需要比设计马赫数 Ma_d 大很多,具体数值可按 $\theta(\lambda_3) = q(\lambda_d)$ 确定。表 5-4 列出了一系列 Ma_d 和 Ma_3 的对应值。

表 5-4　Ma_d 和 Ma_3 的对应值($\gamma = 1.4$)

Ma_d	1.2	1.4	1.59	1.75	1.908	1.98
Ma_3	1.24	1.59	2.12	2.98	5.6	∞

由表 5-4 可以看出,当 $Ma_d = 1.98$ 时,要求 $Ma_3 \to \infty$。因此,当设计马赫数 $Ma_d \geqslant 1.98$ 时,即使在理论上也不可能用提高迎面气流 Ma_∞ 的办法来起动进气道。

起动进气道的第二种方法是增大喉部面积。由前分析可知,进气道起动问题之所以存在,是由于进口前出现激波,气流总压有损失,减小了喉部的流通能力。所以,为了使进气道起动,需要将喉部面积(用 A_{t3} 表示)放大,应恰好能弥补由于激波所造成的流通能力的减小。使 $A_0 = A_i$ 的迎面气流完全从喉部流出,即

$$K \frac{p_0}{\sqrt{T_0}} A_i q(\lambda_d) = K \frac{p_{0,t}}{\sqrt{T_{0,t}}} A_{t3} q(\lambda_t)$$

其中 $p_{0,t} = \sigma(\lambda_d) p_0$,$T_0 = T_{0,t}$,$\lambda_t = 1$,所以上式可以写成

$$\frac{A_{t3}}{A_i} = \frac{q(\lambda_d)}{\sigma(\lambda_d)} = \theta(\lambda_d) \tag{5-30}$$

图 5-20 表示起动面积比 A_{t3}/A_i 与设计马赫数 Ma_d 的关系,同时也给出了最佳流动状态的面积比(A_t/A_i)与 Ma_d 的关系。

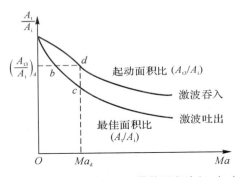

图 5-20　起动面积比与最佳面积比(A_t/A_i)

最后来观察一下喉部面积按起动要求放大了的进气道在起动时各阶段的流动图形。此进气道是设计在 Ma_d 下工作的(见图 5-21),其面积比为(A_{t3}/A_i)$_d$。在 $Ma_\infty < Ma_d$ 时,以超声速进入进口截面的气体流量,喉部吞不掉,从而在进口前出现脱体激波(见图 5-21(a))。当 Ma_∞ 略低于 Ma_d 时,激波贴于进口(见图 5-21(b))。当速度达到设计值时,激波被吞入进气道,由于激波不能稳定在收缩段中,所以一直顺流移动,通过喉部,然后在扩张段内稳定下来,具体位置由进气道出口的反压决定。由于放大了喉部,所以在喉部截面上,$Ma_d > 1$(见图 5-21(c))。若激波不靠近喉部。则波前 Ma_∞ 也很大,因而损失也很大。为了减小损失,最好使激波处在喉部截面上(见图 5-21(d))。但这种流动稍有扰动激波就被吐出来。所以,实际上是将激波配置在喉部之后不远的截面上,这样工作的进气道,损失较小,工作稳定。

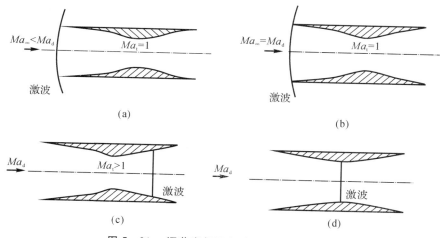

图 5 - 21　调节喉部面积的进气道起动过程

这种进气道工作时有一种滞后现象,气流 Ma_∞ 从低速开始增大时,直到 Ma_d 以前,激波吞不进去,但是起动后,即激波被吞入后,Ma_∞ 再减小下来时,直到 Ma_b 前(图 5 - 20 所示的 b 点),激波吐不出来。所以如图 5 - 20 所示分成 3 个区域,在起动面积比(A_{t3}/A_i)线以上,进气道进口无激波;最佳面积比(A_t/A_i)线下方,进气道进口前有激波;在两条曲线之间的区域则可能有激波,也可能无激波。

采用放大喉部面积的办法来起动进气道时,起动后喉部处的气流并不是声速流,而是 $Ma_t > 1$,所以还不是最佳流动状态,仍有一定的损失。为了获得最佳流动状态,需要采用几何面积可调的办法。起动前先将喉部面积放大,将进口前的激波吸入后,再减小喉部面积,使喉部处的气流变成声速气流。在适当的反压配合下,喉部之后是亚声速气流,这样,进气道内将是无激波的流动过程,损失最小。

5.4.2　其他变截面管流

1. 气体在引射喷管内的流动

前面讨论的收缩喷管,因其结构简单、重量轻而被广泛地应用于亚声速飞机的发动机上。但是收缩喷管在出口处只能膨胀到马赫数等于 1。随着喷管进口总压不断提高,要求喷管具有更大的膨胀能力,因此可采用收缩-扩张喷管,从而提高了发动机的推力。对于固定面积比 A_e/A_t 的拉瓦尔喷管,气流的膨胀程度也是一定的。而为了适应于涡轮喷气发动机在飞行过程中发动机的转速、飞行高度和飞行速度在宽广的飞行范围内变化,就要求拉瓦尔喷管扩张段的几何尺寸随压力比的变化而变化,即采用可变面积比的拉瓦尔喷管。这样会增加结构上的困难,并导致喷管重量的增加。为了克服这个困难,同时也为了解决对发动机部件的冷却以及提高部件性能等问题,在涡轮喷气发动机上常采用引射喷管。

引射喷管是发动机原来的尾喷管(叫主喷管)和尾喷管外面套的一个外罩所形成的第二个喷管(叫次喷管)所构成的,如图 5 - 22 所示。主喷管可以是收缩喷管,也可以是面积比 A_e/A_t 不大的收缩-扩张喷管。

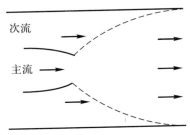

图 5 - 22　　气体在引射喷管中的流动

从发动机排出的燃气通过主喷管流出,在主喷管出口与外部亚声速次流(从次喷管排出的空气流)混合,而由于主流在主喷管内没有得到完全膨胀,喷管中次流的压强、温度比主流的要低得多,因此在喷管出口之后的外罩内,主流继续膨胀加速,压强降低。周围的次流形成主流的"流体"壁面,起着拉瓦尔喷管扩张段的作用。调节次流的压强可以控制主流在外罩内的膨胀程度,这样在外罩内形成一个相当于截面积可以随工作状态变化的拉瓦尔喷管。

在设计状态,可使得引射喷管外罩出口截面上气流压强与周围压强相等,即主流在引射喷管中得到完全膨胀。

2. 气体在斜切口管内的流动

除了收缩喷管和拉瓦尔喷管之外,还有采用斜切口管使气流加速。所谓的斜切口管是一种出口截面不垂直于管道轴线的管道,例如涡轮导向器叶片间的通道。由于管道出口截面不与管道轴线垂直,在管道出口处就会形成一个斜切口,如图 5 - 23 所示。该斜切口具有拉瓦尔喷管扩张段的作用,因此,斜切口管可以使气流从亚声速加速到超声速。

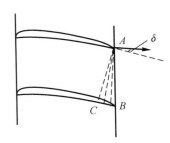

图 5 - 23　　气体在斜切管中的流动

气流在收缩段从亚声速不断加速,到最小截面处气流速度达到声速而进入斜切口 ACB。由于外界反压比较低,因而气流过 A 点产生膨胀波束。经膨胀波,气流加速到超声速,同时气流向外折转一定角度 δ。

如果反压与来流总压之比(即压力比)等于临界压强比,则管道最小截面处马赫数等于1,而出口压强刚好等于外界反压,此种情况下,气体流过斜切口时,不能继续膨胀。

如果压力比大于临界压强比,气流在管道内速度增大得不多,管道最小截面处气流的速度小于声速,出口压强等于外界反压,这里斜切口只起到引导气流的作用,即气流在斜切口处既不转折,也不膨胀。

3. 气体在扩散形管内的流动

超声速气流在扩散管内的流动与在拉瓦尔喷管扩张段内的流动一样，这里主要讨论亚声速气流在扩散管内的流动。

亚声速气流流过扩散管时，气流速度减小，压力、温度和密度相应地增大。空气喷气发动机的进气道内管道常采用扩散形管道，以便达到提高压强的目的。

若在扩散管进口处气体温度保持不变，气体在流动过程中，动能减小量越大，说明压缩气体提高压力也越多，即出口与进口压力的比值越大。反之动能减小量越小，压力比也越小。所以在空气喷气发动机的进气道中应尽可能减小损失。

4. 塞式喷管

对于用于大气层和空天飞行器上的推进系统，要求飞行器在宽广的飞行条件下具有良好的性能，从而采用了塞式喷管。如果采用精心设计的可变几何的塞式喷管，其飞行器可以在很高的高度和很宽的飞行马赫数范围内持续飞行。如图 5-24 所示为一种外膨胀的塞式喷管，气流绕外罩唇口流出时，突然膨胀到外界大气压强，即气流经一系列膨胀波扇形区完成膨胀。通过适当的设计，马赫线（特征线）可以聚集于一点。设计塞体表面时，应使气流从进口压强膨胀到外界大气压强，而出口气流转折到平行于喷管轴线方向，并使最后一道波落在塞体顶点 A 上。

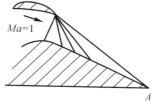

图 5-24　塞式喷管的波系

对于一架必须在宽广速度范围内飞行的飞机而言，采用可变喷管面积比是现代高性能战斗机所要求的。在实际中，采用矩形喷管更容易实现面积的调节，即可以用两块或三块可控制的铰接板来近似代替喷管的弯曲部分，以实现有效的调节。此外，采用矩形喷管还可以加速燃气与外界空气的掺混，降低红外辐射，提高飞行器的隐身能力。

习　　题

5-1　设空气自容器经收缩喷管等熵流出，如习题图 5-1 所示，已知：$p_0/p_a = 3.3$，$A_1/A_2 = 2$，求 λ_1。

［答：$\lambda_1 = 0.33$］

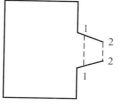

习题图 5-1

5-2　发动机在地面试车时，测得收缩形喷管前燃气总压和总温分别为 $p_0 = 2.5 \times 10^5 \mathrm{N/m^2}$，$T_0 = 1\,016\mathrm{K}$。已知喷管出口面积 $A_e = 0.168\mathrm{m^2}$，喷管出口外界大气压强 $p_a =$

1.013 3×10⁵N/m²。试求喷管出口处燃气的速度及通过喷管的流量。（设燃气的绝热指数 $\gamma=1.33$，气体常数 $R=287.4J/(kg \cdot K)$）。

［答：$v_e=576.933m/s$，$q_m=52.311kg/s$］

5-3 已知某拉瓦尔喷管最小截面的面积 $A_t=4.0 \times 10^{-4}m^2$，出口截面的面积 $A_e=6.76 \times 10^{-4}m^2$。喷管出口外界的大气压强 $p_a=1 \times 10^5N/m^2$，气源的温度 $T_0=288K$。求当气源的压强 p_0 分别为 $1.09 \times 10^5N/m^2$，$1.3 \times 10^5N/m^2$，$2.0 \times 10^5N/m^2$ 和 $10 \times 10^5N/m^2$ 时，在喷管出口处空气流的 Ma、速度、流量以及管中有激波时激波的位置。

［答：$Ma_e=0.351\ 5$，$q_m=0.099\ 3kg/s$，$\sigma=0.789$］

5-4 给定拉瓦尔喷管的出口面积和最小截面面积之比 $A_e/A_t=2$，在计算通过喷管的流量时，p_a/p_0 在什么范围内采用流量公式 $q_m=0.040\ 4p_0A_t/\sqrt{T_0}$（流体为空气）？

［答：$p_a/p_0 \leqslant 0.94$］

5-5 空气由气瓶经拉瓦尔喷管流出，已知气流总温 $T^*=289K$，$A_e/A_t=4.235$，试求当激波位于出口截面时，出口截面处激波后气流的速度。

［答：$v_e=157.73m/s$］

5-6 （a）参看习题图 5-6，$A_e/A_t=2.429$，试求当 $p_{0,1}/p_a$ 等于多少时，正激波将位于 $A_s/A_t=1.7$ 处。

［答：$p_{0,1}/p_a=1.530\ 3$］

（b）为保持 $p_{0,1}/p_a$ 不变，而 $A_e/A_t=2.005$，试问激波将移至何处？

［答：$\sigma=0.859\ 9$］

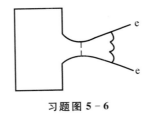

习题图 5-6

5-7 总压为 $13.6 \times 10^5N/m^2$ 的空气流过平面拉瓦尔喷管，$A_t/A_e=0.496\ 5$，问气体流出喷管后，气流方向将连续向外折转多少度（设喷管出口外界反压 $p_a=1 \times 10^5N/m^2$）？

［答：$\delta=3.6°$］

第6章　附面层和黏性流动

前面几章研究的都是理想流体(不考虑黏性)的流动规律。自然界中存在的流体都具有黏性。对于空气这类黏性很小的流体流过飞行器的流动,黏性影响显著的区域只限于物体表面很薄的一层,受黏性显著影响的这一层就成称为附面层。黏性的存在对飞行器的一些气动特性也会产生重要的影响。在理想流体流动中,作用在柱状物体上的阻力等于零,而实际流动中物体是受到阻力作用的,这就是所谓的"达朗贝尔疑题"。这种阻力就是由于流体的黏性而产生的。另外,由于附面层内气流受到黏性作用,动能产生了不可逆的损失,使飞行器表面压强分布与理想流体有差异。如果附面层不分离(主流不离开物体表面),黏性的存在对物面压强分布影响很小,因此可用理想流体理论来计算沿飞行器表面的压强分布及由压强分布决定的气动特性。这就是以前着重研究理想流体流动规律的理由。当附面层出现分离后这种差异很大。在高速流动问题中,黏性还使飞行器表面受到热的作用。

本章将推导黏流的基本微分方程 —— 纳维-斯托克斯方程。然后介绍附面层概念及附面层方程。后者包括微分方程,附面层中的层流和紊流,层流转变为紊流的转捩条件,两种流态下的附面层内摩擦阻力的计算方法。

6.1　纳维-斯托克斯方程

6.1.1　应力的记法

在无黏流动中,任意画一小块平面,作用在这块平面上的流体力只有一种法向力;而在有黏流动中,这样一个面所受到的流体力,除去法向力之外,还有与平面相切的力。假定要研究的是作用在平面上某点 P 的应力,可以过 P 作平面的法线矢量 $\boldsymbol{n}$,并过 P 任作一直角坐标系 $Pxyz$(见图 $6-1$)。然后记作用在平面 P 点的3个应力分量为 p_{nx},p_{ny},p_{nz}。这种记法用两个下标,第一个下标表示的是受力那个平面的法线方向(或说受力平面是垂直于此指定方向的),第二个下标表示应力分量所指的方向。这3个应力分量可以看作是一个总合应力的3个投影,所以这3个数也可表为总合应力的3个方向数。

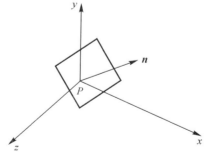

图 6-1　受力平面示意图

如果在 P 点画3个分别与坐标轴 x,y,z 相垂直的微小平面,则作用在这3个面上的应力共有9个:p_{xx},p_{xy},p_{xz},p_{yx},p_{yy},p_{yz},p_{zx},p_{zy},p_{zz}。其中两个下标文字相同的3个应力 p_{xx},p_{yy},p_{zz} 分别是3个平面的法向应力,其他下标文字不相同的6个应力是切向应力。应力的符号按弹性力学中的规定使用,法向应力以张力为正,压力记为负。同时为了和弹性力学中所用的应力符号一致,下面也将法向应力改为 σ,切向应力改为 τ。9 个应力是 σ_x,τ_{xy},τ_{xz},τ_{yx},σ_y,τ_{yz},τ_{zx},τ_{zy},σ_z。

6.1.2　直角坐标系下切向应力分量之间的关系

上节中的 9 个应力分量并不全都独立,6 个切向应力是两两相等的,所以独立的应力一共是 3 个法向的,3 个切向的。切向应力两两相等的证明如下。

以 P 为中心,以 Δx,Δy,Δz 为三边长画一个矩形六面体,如图 6 - 2 所示。

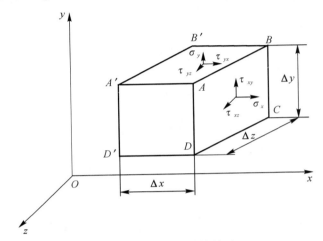

图 6 - 2　切向压力的关系

假定在 P 点处 9 个应力分量是 σ_x,τ_{xy},τ_{xz},$\cdots$,σ_z,那么在 $ABCD$ 面上作用的 y 向切应力是

$$\tau_{xy} + \frac{\partial \tau_{xy}}{\partial x} \frac{\Delta x}{2}$$

而在 $ABB'A'$ 面上作用的 x 向切应力是

$$\tau_{yx} + \frac{\partial \tau_{yx}}{\partial y} \frac{\Delta y}{2}$$

这两个应力分别乘以它们所作用的面积 $\Delta y \Delta z$ 及 $\Delta x \Delta z$ 成为两个力;这两个力再对经过 P 点而平行于 z 轴的直线取矩,得

$$\left(\tau_{xy} + \frac{\partial \tau_{xy}}{\partial x} \frac{\Delta x}{2}\right) \Delta y \Delta z \left(\frac{\Delta x}{2}\right) - \left(\tau_{yx} + \frac{\partial \tau_{yx}}{\partial y} \frac{\Delta y}{2}\right) \Delta x \Delta z \left(\frac{\Delta y}{2}\right)$$

令 Δx,Δy,$\Delta z \to 0$,略去高阶微量,有 $(\tau_{xy} - \tau_{yx}) \frac{1}{2} \Delta x \Delta y \Delta z$,和这个力矩平衡的是这块质量的角动量变化率,以及其彻体力对 $C'D'$ 取矩二者的代数和。彻体力正比于密度 ρ 及体积 $\Delta x \Delta y \Delta z$,此力再对同一直线取矩,还要乘上一个 Δx 或 Δy 的一个分数,在 Δx,Δy,$\Delta z \to 0$ 时,这个矩是微量的 4 次方,和上式相比较是高阶的微量。同理这块质量的角动量的变化率也是高一阶的微量,写平衡方程时都可以略去,结果得

$$\left.\begin{array}{l}\tau_{xy} = \tau_{yx}\\[4pt]\tau_{yz} = \tau_{zy}\\[4pt]\tau_{zx} = \tau_{xz}\end{array}\right\} \tag{6-1}$$

6.1.3　黏性应力和速度梯度之间的关系

从产生应力的角度去看,固体和流体的不同在于:固体有变形就有应力,而流体则需要有变形率(单位时间的变形)存在才有应力。所以流体应力是和流体微团的线变形率、角变形率直接关联的。现在就是要用速度的各导数及黏性系数来表达黏性应力。

应力分为法向应力和切向应力,由所取的受力面的方位而定。若任意取一个受力面,则一般总是既有法向应力又有切向应力的,但是可以证明,在流体内部一个指定点上总可以找到一个坐标系方位,在这个坐标系上,3 个坐标平面上作用的应力只有法向的,而没有切向的,这 3 个应力称为主应力。

三维的问题证起来比较烦琐,这里用二维的情况证一下。取一块三角形的流体微团 ABC(见图 6-3)。在 AB 和 AC 面上都有法向应力和切向应力。斜面 BC(与 y 轴成 α 角)上也有法向和切向应力。设 $\overline{AB} = \Delta x, \overline{AC} = \Delta y$,当 $\Delta x, \Delta y \rightarrow 0$ 时,从力的平衡上去确定斜面上的法向应力 τ_{nn}、切向应力 τ_{nt} 和两直边上的应力之间的关系。

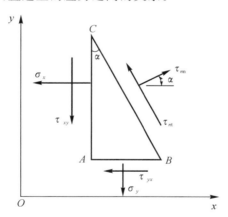

图 6-3　法向应力与切向应力

$$\tau_{nn}\,\overline{BC} = \tau_{yx}\,\overline{AB}\cos\alpha + \sigma_y\,\overline{AB}\sin\alpha + \sigma_x\,\overline{AC}\cos\alpha + \tau_{xy}\,\overline{AC}\sin\alpha$$

$$\tau_{nn} = \sigma_x\cos^2\alpha + \sigma_y\sin^2\alpha + 2\tau_{xy}\cos\alpha\sin\alpha$$

又

$$\tau_{nt}\,\overline{BC} = -\tau_{yx}\,\overline{AB}\sin\alpha + \sigma_y\,\overline{AB}\cos\alpha - \sigma_x\,\overline{AC}\sin\alpha + \tau_{xy}\,\overline{AC}\cos\alpha$$

$$\tau_{nt} = (\sigma_y - \sigma_x)\sin\alpha\cos\alpha + \tau_{xy}(\cos^2\alpha - \sin^2\alpha)$$

从这两个式子可以看到,α 角取得合适的话是可以使斜面 BC 上没有切向应力的;这只要令

$$(\sigma_y - \sigma_x)\sin\alpha\cos\alpha + \tau_{xy}(\cos^2\alpha - \sin^2\alpha) = 0$$

解 α,得

$$\tan 2\alpha = \frac{2\tau_{xy}}{\sigma_x - \sigma_y} \tag{6-2}$$

所以如果在一个给定坐标面上作用的应力 σ_x，σ_y 和 τ_{xy} 已经确定，那么这个主应力平面的方位是必定能够确定的。

这个结果推广到三维情况也是成立的。在流场上任何点都能确定 3 个主应力平面的方位，在这 3 个平面上，切向应力为零。这 3 个主应力是互相垂直的。证明从略。

有了主应力平面和主应力之后，还得写一下坐标转动时速度及其导数的变换公式，然后才能写出用速度导数来表示各项应力的表达式。

假定 $Px'y'z'$ 是和 P 点的主应力方向一致的坐标系，这 3 个坐标轴在任意取定的直角坐标系 $Pxyz$ 上的方向余弦分别是 l_1，m_1，n_1 和 l_2，m_2，n_2 及 l_3，m_3，n_3。在 $Pxyz$ 坐标系上，P 点的流速三分量记为 v_x，v_y，v_z，而在 $Px'y'z'$ 坐标系上则记为 v'_x，v'_y，v'_z。这时 v_x，v_y，v_z 都是 (x,y,z) 的函数，但 v'_x 却只是 x' 的函数，因为在主应力平面上只有法向应力，没有切向应力，流体微团只有线变形率而没有角变形率。同理 $v'_y = v'_y(y')$，$v'_z = v'_z(z')$。

现在把 $Pxyz$ 坐标系中的 3 个线变形率 $\dfrac{\partial v_x}{\partial x}$，$\dfrac{\partial v_y}{\partial y}$，$\dfrac{\partial v_z}{\partial z}$ 和 3 个角变形率 $\gamma_x = \dfrac{\partial v_z}{\partial y} + \dfrac{\partial v_y}{\partial z}$，$\gamma_y = \dfrac{\partial v_x}{\partial z} + \dfrac{\partial v_z}{\partial x}$，$\gamma_z = \dfrac{\partial v_y}{\partial x} + \dfrac{\partial v_x}{\partial y}$ 变成带撇的相应各量。显然角变形率 $\gamma'_x = \gamma'_y = \gamma'_z = 0$。

线变形率

$$
\left.
\begin{aligned}
\frac{\partial v_x}{\partial x} &= \left(l_1 \frac{\partial}{\partial x'} + l_2 \frac{\partial}{\partial y'} + l_3 \frac{\partial}{\partial z'} \right)(l_1 v'_x + l_2 v'_y + l_3 v'_z) = \\
&\quad l_1^2 \frac{\partial v'_x}{\partial x'} + l_2^2 \frac{\partial v'_y}{\partial y'} + l_3^2 \frac{\partial v'_z}{\partial z'} \\[4pt]
\text{同理}\quad \frac{\partial v_y}{\partial y} &= m_1^2 \frac{\partial v'_x}{\partial x'} + m_2^2 \frac{\partial v'_y}{\partial y'} + m_3^2 \frac{\partial v'_z}{\partial z'} \\[4pt]
\frac{\partial v_z}{\partial z} &= n_1^2 \frac{\partial v'_x}{\partial x'} + n_2^2 \frac{\partial v'_y}{\partial y'} + n_3^2 \frac{\partial v'_z}{\partial z'}
\end{aligned}
\right\} \tag{6-3}
$$

角变形率

$$
\left.
\begin{aligned}
2\gamma_x &= \left(m_1 \frac{\partial}{\partial x'} + m_2 \frac{\partial}{\partial y'} + m_3 \frac{\partial}{\partial z'} \right)(n_1 v'_x + n_2 v'_y + n_3 v'_z) + \\
&\quad \left(n_1 \frac{\partial}{\partial x'} + n_2 \frac{\partial}{\partial y'} + n_3 \frac{\partial}{\partial z'} \right)(m_1 v'_x + m_2 v'_y + m_3 v'_z) = \\
&\quad 2\left(m_1 n_1 \frac{\partial v'_x}{\partial x'} + m_2 n_2 \frac{\partial v'_y}{\partial y'} + m_3 n_3 \frac{\partial v'_z}{\partial z'} \right) \\[4pt]
\text{同理}\quad 2\gamma_y &= 2\left(l_1 n_1 \frac{\partial v'_x}{\partial x'} + l_2 n_2 \frac{\partial v'_y}{\partial y'} + l_3 n_3 \frac{\partial v'_z}{\partial z'} \right) \\[4pt]
2\gamma_z &= 2\left(l_1 m_1 \frac{\partial v'_x}{\partial x'} + l_2 m_2 \frac{\partial v'_y}{\partial y'} + l_3 m_3 \frac{\partial v'_z}{\partial z'} \right)
\end{aligned}
\right\} \tag{6-4}
$$

这几个式子把任意坐标系上的线变形率和角变形率都用主应力坐标系上的线变形率表达出来了。把式（6-3）的 3 个式子加起来，得

$$
\frac{\partial v_x}{\partial x} + \frac{\partial v_y}{\partial y} + \frac{\partial v_z}{\partial z} = \frac{\partial v'_x}{\partial x} + \frac{\partial v'_y}{\partial y} + \frac{\partial v'_z}{\partial z}
$$

可见，散度是个不变量，一个不随所取的坐标系方位而变的量。

设 $Px'y'z'$ 是过 P 点的主应力坐标系(见图 6-4);在这个坐标系上 3 个主应力分别是 $\sigma_1,\sigma_2,\sigma_3$。另有一个任意坐标系,其 x 轴如图 6-4 示,与 x 轴相垂直的平面 BCD 分别交 x' 轴, y' 轴和 z' 轴于 B,C,D 三点, x 轴在 $Px'y'z'$ 坐标系上的方向余弦是 l_1,l_2,l_3,则

$$\sigma_x A = \sigma_1 l_1 A l_1 + \sigma_2 l_2 A l_2 + \sigma_3 l_3 A l_3$$

式中的 A 是 $\triangle BCD$ 的面积。消去 A,得

$$\left.\begin{array}{l} \sigma_x = \sigma_1 l_1^2 + \sigma_2 l_2^2 + \sigma_3 l_3^2 \\[4pt] \sigma_y = \sigma_1 m_1 + \sigma_2 m_2 + \sigma_3 m_3 \\[4pt] \sigma_z = \sigma_1 n_1 + \sigma_2 n_2 + \sigma_3 n_3 \end{array}\right\} \quad (6-5)$$

同理有

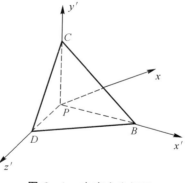

图 6-4 主应力坐标系

把这 3 个式子加起来,得

$$\sigma_x + \sigma_y + \sigma_z = \sigma_1 + \sigma_2 + \sigma_3 \quad (6-6)$$

这个结果说明,不管取哪一个坐标系,流场中 P 点的 3 个法向应力之和是不变的,都等于其 3 个主应力之和。在静止流体中,法向应力原是与受力面的方位无关的,都等于负的流体压强 $-p$。在运动着的黏性流体里,3 个方向的法向应力是不一定相等的,但其和为常数,令此和为 $-3p$,这个 p 就是该点的平均压强。

再有

$$A\tau_{xy} = \sigma_1 l_1 A m_1 + \sigma_2 l_2 A m_2 + \sigma_3 l_3 A m_3$$

消去 A,得

$$\left.\begin{array}{l} \tau_{xy} = \sigma_1 l_1 m_1 + \sigma_2 l_2 m_2 + \sigma_3 l_3 m_3 \\[4pt] \tau_{yz} = \sigma_1 m_1 n_1 + \sigma_2 m_2 n_2 + \sigma_3 m_3 n_3 \\[4pt] \tau_{zx} = \sigma_1 n_1 l_1 + \sigma_2 n_2 l_2 + \sigma_3 n_3 l_3 \end{array}\right\} \quad (6-7)$$

同理有

这样,任意坐标系上 P 点的 6 个应力分量都用主应力表达出来了。

假设 3 个主应力与其平均值 $-p$ 之差是 $Px'y'z'$ 坐标系上 3 个线变形率 $\partial v'_x/\partial x'$, $\partial v'_y/\partial y'$, $\partial v'_z/\partial z'$ 的一次函数,即

$$\left.\begin{array}{l} \sigma_1 = -p + \lambda\left(\dfrac{\partial v'_x}{\partial x'} + \dfrac{\partial v'_y}{\partial y'} + \dfrac{\partial v'_z}{\partial z'}\right) + 2\mu\dfrac{\partial v'_x}{\partial x'} \\[10pt] \sigma_2 = -p + \lambda\left(\dfrac{\partial v'_x}{\partial x'} + \dfrac{\partial v'_y}{\partial y'} + \dfrac{\partial v'_z}{\partial z'}\right) + 2\mu\dfrac{\partial v'_y}{\partial y'} \\[10pt] \sigma_3 = -p + \lambda\left(\dfrac{\partial v'_x}{\partial x'} + \dfrac{\partial v'_y}{\partial y'} + \dfrac{\partial v'_z}{\partial z'}\right) + 2\mu\dfrac{\partial v'_z}{\partial z'} \end{array}\right\} \quad (6-8)$$

式中的 λ 和 μ 是常数,但二者并不彼此独立。把这 3 个式子加起来,得

$$3\lambda + 2\mu = 0 \quad (6-9)$$

把式(6-8)代入式(6-5)得

$$\sigma_x = l_1^2\left[-p - \frac{2}{3}\mu\left(\frac{\partial v'_x}{\partial x'} + \frac{\partial v'_y}{\partial y'} + \frac{\partial v'_z}{\partial z'}\right) + 2\mu\frac{\partial v'_x}{\partial x'}\right] +$$

$$l_2^2\left[-p - \frac{2}{3}\mu\left(\frac{\partial v'_x}{\partial x'} + \frac{\partial v'_y}{\partial y'} + \frac{\partial v'_z}{\partial z'}\right) + 2\mu\frac{\partial v'_y}{\partial y'}\right] +$$

$$l_3^2\left[-p-\frac{2}{3}\mu\left(\frac{\partial v'_x}{\partial x'}+\frac{\partial v'_y}{\partial y'}+\frac{\partial v'_z}{\partial z'}\right)+2\mu\frac{\partial v'_z}{\partial z'}\right]=$$

$$-p-\frac{2}{3}\mu\left(\frac{\partial v_x}{\partial x}+\frac{\partial v_y}{\partial y}+\frac{\partial v_z}{\partial z}\right)+2\mu\frac{\partial v_x}{\partial x} \qquad (6-10)$$

这里用了前面的一个不变式和式(6-3)的关系。

同理

$$\begin{cases}\sigma_y=-p-\dfrac{2}{3}\mu\left(\dfrac{\partial v_x}{\partial x}+\dfrac{\partial v_y}{\partial y}+\dfrac{\partial v_z}{\partial z}\right)+2\mu\dfrac{\partial v_y}{\partial y}\\[3mm]\sigma_z=-p-\dfrac{2}{3}\mu\left(\dfrac{\partial v_x}{\partial x}+\dfrac{\partial v_y}{\partial y}+\dfrac{\partial v_z}{\partial z}\right)+2\mu\dfrac{\partial v_z}{\partial z}\end{cases}$$

另外,把式(6-8)代入式(6-7),用上 $m_1 n_1+m_2 n_2+m_3 n_3=0$ 的关系,得

$$\tau_{yz}=2\mu\left(m_1 n_1\frac{\partial v'_x}{\partial x'}+m_2 n_2\frac{\partial v'_y}{\partial y'}+m_3 n_3\frac{\partial v'_z}{\partial z'}\right)=2\mu\gamma_x=\mu\left(\frac{\partial v_z}{\partial y}+\frac{\partial v_y}{\partial z}\right)$$

同理

$$\tau_{zx}=\mu\left(\frac{\partial v_x}{\partial z}+\frac{\partial v_z}{\partial x}\right)$$

$$\tau_{xy}=\mu\left(\frac{\partial v_y}{\partial x}+\frac{\partial v_x}{\partial y}\right)$$

$$(6-11)$$

式(6-10)和式(6-11)是用速度的导数表达的法向应力和黏性应力各分量。而且这里用的常数 μ 就是第1章中介绍的黏性系数。这一点是很容易证明的。在第1章里定义黏性系数时,假定流动只有 x 轴方向的速度,$v_x=v_x(y)$,其他两个分速都是零,那么

$$\tau_{yx}=\mu\frac{\partial v_x}{\partial y}$$

这正是式(6-11)的第3式在 $v_y=0$ 时的形式。所以常数 μ 就是黏性系数。

6.1.4　运动方程

现在可以列出黏流的运动方程来了。不管有没有黏性,运动方程都是动量守恒方程。像推导欧拉方程一样,在流体里画出一块矩形六面体来,边长分别为 $\Delta x,\Delta y,\Delta z$(见图6-2)。设在 P 点的6个应力分量是 $\sigma_x,\sigma_y,\sigma_z,\tau_{xy},\tau_{yz},\tau_{zx}$,那么作用在 $ABCD$ 和 $A'B'C'D'$ 两个侧面上的法向力之差便是

$$\frac{\partial\sigma_x}{\partial x}\Delta x(\Delta y\Delta z)$$

括号中的 $\Delta y\Delta z$ 是面积,$\dfrac{\partial\sigma_x}{\partial x}\Delta x$ 是该两侧面上的法向应力之差。类似地,在 $ABB'A'$ 和 $DCC'D'$ 两面上作用的 x 轴方向的切向力之差是

$$\frac{\partial\tau_{yz}}{\partial y}\Delta y(\Delta x\Delta z)$$

在 $ADD'A'$ 和 $BCC'B'$ 两侧面上作用的 x 轴方向的切向力之差是

$$\frac{\partial\tau_{zx}}{\partial z}\Delta z(\Delta x\Delta y)$$

仍设单位质量所受的彻体力为 f_x, f_y, f_z，按牛顿第二定律，有方程

$$\rho \frac{\mathrm{d}v_x}{\mathrm{d}t}(\Delta x \Delta y \Delta z) = \rho(\Delta x \cdot \Delta y \cdot \Delta z)f_x + \left(\frac{\partial \sigma_x}{\partial x} + \frac{\partial \tau_{yx}}{\partial y} + \frac{\partial \tau_{zx}}{\partial z}\right)(\Delta x \Delta y \Delta z)$$

用式（6-10）和式（6-11），把应力的导数改成平均压强和速度的各阶导数，得方程

$$\rho \frac{\mathrm{d}v_x}{\mathrm{d}t} = \rho f_x - \frac{\partial p}{\partial x} + \frac{1}{3}\mu \frac{\partial}{\partial x}\left(\frac{\partial v_x}{\partial x} + \frac{\partial v_y}{\partial y} + \frac{\partial v_z}{\partial z}\right) + \mu \nabla^2 v_x$$

同理还有 y, z 方向的方程

$$\left.\begin{aligned}
\rho \frac{\mathrm{d}v_y}{\mathrm{d}t} &= \rho f_y - \frac{\partial p}{\partial y} + \frac{1}{3}\mu \frac{\partial}{\partial y}\left(\frac{\partial v_x}{\partial x} + \frac{\partial v_y}{\partial y} + \frac{\partial v_z}{\partial z}\right) + \mu \nabla^2 v_y \\
\rho \frac{\mathrm{d}v_z}{\mathrm{d}t} &= \rho f_z - \frac{\partial p}{\partial z} + \frac{1}{3}\mu \frac{\partial}{\partial z}\left(\frac{\partial v_x}{\partial x} + \frac{\partial v_y}{\partial y} + \frac{\partial v_z}{\partial z}\right) + \mu \nabla^2 v_z
\end{aligned}\right\} \quad (6-12)$$

这就是黏流的运动方程，即纳维-斯托克斯方程。

在推导这一组方程时，用了假设式（6-8）；这个假设用得对不对，只能从总的效果上去验证它。从一些简单的能用纳维-斯托克斯方程解出来的例子看来，这个假设是对的，因为这些简单例子解得的结果和实验结果是吻合的。

6.1.5　边界条件

如果是固体边界，在边界上假设流体和物面之间没有滑动，或者说对物面而言，流体的相对速度等于零。如果是两种速度不相同的流体相邻，那是流体边界。在流体边界的两侧，流速相平行，应力的大小必相等，指向必相反。

6.1.6　两个简单的黏流例子

纳维-斯托克斯方程在几个最简单的黏流问题上有解，现介绍一下。

例 6-1　求解二维平行壁之间的黏流运动，二壁固定。

解　令 x 轴正向与流动方向一致，如图 6-5 所示。

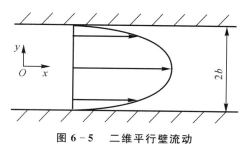

图 6-5　二维平行壁流动

略去彻体力。不可压流中质量方程

$$\frac{\partial v_x}{\partial x} + \frac{\partial v_y}{\partial y} = 0$$

于是二维定常黏流的方程成为

$$v_x \frac{\partial v_x}{\partial x} + v_y \frac{\partial v_x}{\partial y} = -\frac{1}{\rho} \frac{\partial p}{\partial x} + \frac{\mu}{\rho} \left(\frac{\partial^2 v_x}{\partial x^2} + \frac{\partial^2 v_x}{\partial y^2} \right)$$

$$v_x \frac{\partial v_y}{\partial x} + v_y \frac{\partial v_y}{\partial y} = -\frac{1}{\rho} \frac{\partial p}{\partial y} + \frac{\mu}{\rho} \left(\frac{\partial^2 v_y}{\partial x^2} + \frac{\partial^2 v_y}{\partial y^2} \right)$$

现在流速只有 $v_x = v_x(y)$，$v_y = 0$，整个第二个方程成为

$$\frac{\partial p}{\partial y} = 0$$

这就是说 p 不是 y 的函数，或说在流动的横截面上压强是不变的。第一个方程成为

$$\mu \frac{\partial^2 v_x}{\partial y^2} = \frac{\partial p}{\partial x}$$

对 y 积分，$\partial p/\partial x$ 不是 y 的函数，则有

$$v_x = \frac{1}{\mu} \frac{\partial p}{\partial x} \left(\frac{y^2}{2} + C_1 y + C_2 \right)$$

积分常数 C_1 和 C_2 用边界条件去确定：$y = \pm b$ 处，$v_x = 0$。定得 $C_1 = 0$，$C_2 = -b/2$，于是

$$v_x = -\frac{1}{2\mu} \frac{\partial p}{\partial x} (b^2 - y^2)$$

这就是说在一个剖面上，v_x 在 y 轴方向作抛物线分布。截面上的流速以中点的为最大，即 $v_{\max} = -\frac{1}{2\mu} \frac{\partial p}{\partial x} b^2$，这个式子还说明沿 x 轴，$\partial p/\partial x$ 是个负值，即压强是逐渐下降的，其梯度是个负常数。

一段长度 L 上的压降是

$$\Delta p = -2\mu v_{\max} L/b^2$$

这种流动，各截面上的流速分布都一样，只是下游的压强必低于上游的压强。这个压降是用于克服壁面的摩擦阻力的。

作损失计算，往往用平均流速来表达。这个速度的定义是平均速度 $\bar{v}$ 乘通道截面积得到的流量（体积流量）等于实际流量。

$$\bar{v} = \frac{1}{b} \int_0^b v_x \, \mathrm{d}y = \frac{1}{3\mu} \left(-\frac{\partial p}{\partial x} \right) b^2 = \frac{2}{3} v_{\max}$$

壁面上的摩擦应力是

$$\tau_0 = \mp \mu \left(\frac{\partial v_x}{\partial y} \right)_{y = \pm b} = -\frac{\partial p}{\partial x} b$$

一段长 L 的壁面上的摩擦力是 $\tau_0 (L \times 1) = \tau_0 L$。两侧壁上的总摩擦力是 $2\tau_0 L = 2\left(-\frac{\partial p}{\partial x} \right) bL$。这个力和压降 Δp 乘以通道截面积 $(2b \times 1)$ 是相等的。这说明，流动的损失完全消耗在克服壁面摩擦上了。

例 6-2 如图 6-6 所示，求解二维平行壁之间的黏流运动，其一壁不动，另一壁以匀速 U 向右运动。壁间距离为 h。这种流动称为库埃特流。

解 此题和例 6-1 的前半部都相同，只是边界条件不同。有

$$\frac{\partial p}{\partial y} = 0$$

$$v_x = \frac{1}{\mu} \left(\frac{\partial p}{\partial x} \right) \left(\frac{y^2}{2} + C_1 y + C_2 \right)$$

当 $y=0$ 时, $v_x=0$；而当 $y=h$ 时, $v_x=U$。 依此边界条件定得 $C_2=0$, $C_1=\left(U/h-\dfrac{1}{\mu}\dfrac{\partial p}{\partial x}\dfrac{h}{2}\right)\Big/\left(\dfrac{1}{\mu}\dfrac{\partial p}{\partial x}\right)$，于是

$$v_x=U\,\frac{y}{h}-\frac{h^2}{2\mu}\frac{\partial p}{\partial x}\frac{y}{h}\left(1-\frac{y}{h}\right)$$

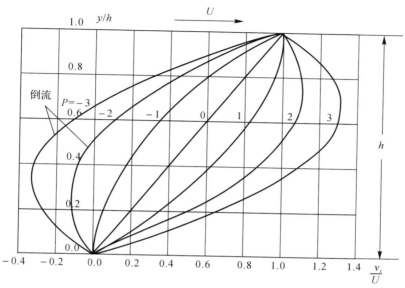

图 6 - 6　上壁运动的二维平行壁流动

如果压强在 x 轴方向无梯度，则

$$v_x=\frac{y}{h}U$$

这种 $\partial p/\partial x=0$ 的流动称为简单的库埃特流或简单的剪切流。速度在 y 轴方向的分布是一条直线。如果 $\partial p/\partial x\neq 0$，那就是一般的古艾特流。一般的古艾特流等于简单剪切流和例 6-1 中的二固壁面之间的流动的叠加。定义一个无量纲的压强梯度

$$P=\frac{h^2}{2\mu U}\left(-\frac{\partial p}{\partial x}\right)$$

$P=0$ 是简单剪切流。$P>0$ 表示压强在运动方向是下降的，这时一个截面上的流速全是指向正 x 轴方向的，且除两端（即 $y=0$ 及 $y=h$ 两头）之外，其余的流速都较简单剪切流的大，图6-6 表示了 $P=1,2,3$ 三种情况下的流速分布。$P<0$ 表示压强在运动方向是上升的，这时的 v_x/U 分布就比简单剪切流的小，P 足够大之后，截面上可以有一部分流速是负的，如图 6-6 所示中 $P=-2,-3$ 两种情况下的速度分布曲线。

圆管中的定常黏流也可以解出来。结论和二维平行壁中的黏流基本相同：一个截面上压强无变化，速度沿管直径作抛物线分布，$\partial p/\partial x$ 是常数，管中的损失与管长成正比。仔细的推演要从柱坐标系下的纳维-斯托克斯方程出发。

6.2　附面层概念

流体本来都具有黏性,前几章里讲的无黏流只是一种理想情况,而按理想流去解,在阻力问题上所得到的是显然错误的结论。但黏流方程太复杂,又不是线性的,无法用叠加去求解。需要对全流场区别对待。譬如 Re 在 10^6 这样的数量级上,流场上绝大部分的流体微团的运动是为惯性力所决定的,黏性力可以忽略不计。但在物面附近,有一薄层流体,黏性力和惯性力对它的运动是同等重要的,因为直接和物面相接触的那些流体微团的速度必须为零(假定物体不动),而离物面稍远处就是很大的流速,这样在物面的法向就有很大的速度梯度,因而有很可观的黏性力在作用。后面会证明的,这一层挨着物面的流体在雷诺数很大时,其厚度是很小的。这一层黏性力不可忽略的流体,称之为附面层(或边界层)。当雷诺数很大时,黏性力不可忽略的流动域只限于物面附近的一薄层,除此一薄层外,流场的整体可以当作无黏流去处理,而在这一薄层内则需要当作黏流来处理。把黏性的作用限制在一薄层内,一方面理想的位流理论可以用来处理附面层以外的主流流场,薄薄的附面层的存在并不会改变主流的基本面貌;另一方面在薄层里处理黏流,在处理方法上可以使算式简化许多。

6.2.1　黏性流体和理想流体

有一真实流体(有黏性)以速度 v_∞ 流过一固定不动的平板,沿平板法线方向测量离平板不同距离处的气流,可得到沿平板法线方向的速度分布,称之为速度型,如图 6 - 7(a) 所示。

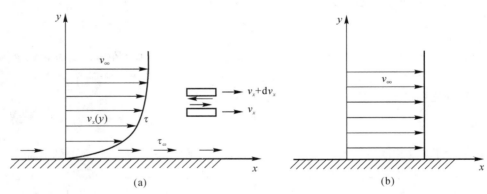

图 6 - 7　平板表面速度型

(a)黏性流体;　(b)理想流体

由图 6 - 7(a)可见,在紧贴平板处,流体速度为零,然后向外逐渐增加,在离平板一定距离处,其速度趋近于来流速度 v_∞。对于黏性流体而言,在固体边界上流体与固体之间没有相对运动,称为无滑移条件,这是由于物体表面对流体分子的黏附作用产生的。由于流体分子之间的相互黏附作用,紧贴物体表面的流体使上一层流体速度减小,这样一层层地影响下去,在物体附近的一个薄层(附面层)内就出现了流速沿物面法线方向逐渐增大的速度型。如果略去流体的黏性,即把流体视为理想流体,则紧挨物体表面的一层流体将以某个速度滑过固体边界,即在物体表面处流体的法向速度为零。对平板来说,其速度型见图 6-7(b)。

在理想流体中,流体与流体之间及流体与固体边界之间只有法向应力(压强)的作用。而在黏性流体中,还有切向力的作用。单位面积上的切向力称为切向应力或称为摩擦应力,用 τ 表示。根据牛顿黏性定律

$$\tau = \mu \frac{\partial v_x}{\partial y} \tag{6-13}$$

式中,μ 为流体的黏性系数。切向应力的方向与流体层之间的速度变化有关,以图 6-7(a)所示情况为例,两层无限接近的流体之间,速度较大的上层流体作用于下层流体的切向应力 τ 指向右。与此相反,下层流体作用于上层流体的切向应力 τ 指向左。流体作用于物体表面的切向应力为

$$\tau_w = \mu \left(\frac{\partial v_x}{\partial y} \right)_w \tag{6-14}$$

式中,下标"w"代表物面处的值,τ_w 的总和构成流体流过物面时作用于物面的摩擦阻力。可见,在固体边界上的无滑移条件和流体内部及流体与固体边界之间的摩擦阻力的存在,是黏性流体与理想流体的差异。

6.2.2　层流和紊流

黏性流体的流动有两种显著不同的状态。先来观察一个简单的雷诺试验。其装置如图 6-8 所示。先把节门 B 打开,水从管中流出。然后再打开阀门 A,带颜色的液体随水流出。当管内流速不大时,管中色液规则地沿着管道流动,形成一条清晰可见的稳定色带(见图 6-9(a))。这说明流体微团都沿着管轴方向流动,相邻各层之间没有无规则的脉动,而是呈"层状"流动,这种流动状态称为层流状态。如果开大阀门 B,流速加大,色带逐渐不稳定,开始上下左右脉动(见图 6-9(b))。如果再加大阀门 B,流速再加大,色液和水混成一片,不能再区分开来(见图 6-9(c))。这说明流速增大到一定程度后,流体微团不再作有规则成层的流动,伴随着主流运动,还存在复杂的、无规则的、随机的非定常运动,这种流动状态称为紊流状态。

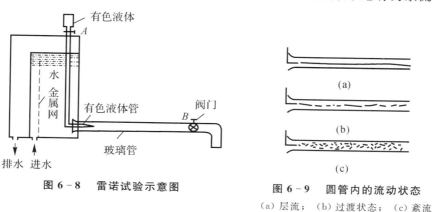

图 6-8　雷诺试验示意图　　　　　图 6-9　圆管内的流动状态

(a)层流; (b)过渡状态; (c)紊流

图 6-9(b)所示的状态是一种过渡状态,是从层流到紊流的过渡。雷诺采用各种直径的圆管以及黏性系数不同的各种流体做了一系列试验,发现出现紊流状态的条件取决于组合量

$\rho v D / \mu$,此组合量被称为雷诺数,即

$$Re = \frac{\rho v D}{\mu} \qquad (6-15a)$$

式中,ρ 为流体密度;μ 为流体的黏性系数;D 为圆管直径;v 为管内平均流速。如引用运动黏性系数 $v = \mu / \rho$,则雷诺数可写成

$$Re = \frac{v D}{v} \qquad (6-15b)$$

Re 是一无量纲数,是用来度量惯性力和黏性力的相互关系的准则数。

对于管内流动,Re 在 2 300 左右时,流动一般转变为紊流状态。由层流状态转变为紊流状态称为转捩。如果流体进入圆管前比较稳定,管道入口段又比较光顺,转捩雷诺数可以高于 2 300,在试验条件下甚至可达 40 000 以上。当流动雷诺数较高、流体流动呈紊流状态时,逐渐降低雷诺数,使之降低到 2 000 以下时,流动将恢复为层流。也就是说,在相同条件下,随雷诺数增大,流动由层流变为紊流状态对应的转捩雷诺数与随雷诺数降低,流动由紊流变为层流状态对应的雷诺数并不相同。为简化问题起见,工程估算时,一般把 $Re = 2\ 300$ 作为转捩雷诺数,又称为临界雷诺数。

以上介绍了管内流动的两种状态。实际上,黏性流体绕物体的流动有层流和紊流之分,附面层流动也有层流附面层和紊流附面层的区别。

对于实际绕流物面上的附面层,从驻点往后走,起先总是层流附面层,到后来往往会经过一个转捩区(此区不长,一般算作一点,称为转捩点),附面层流动就变成紊流的了。层流为什么会变紊流,它的机理至今尚未弄明白。从现象上看,层流是不稳定的一种流态,在条件合适时,略有些扰动它就变了。这扰动包括很多方面的因素,如主流的速度、流速的波动(或说主流中所带有的紊流度)、压强波动、物面的粗糙度、主流的逆压梯度、物面自身的振动(如飞机受发动机的振动影响而产生的振动),甚至噪声。

附面层中的流态一旦变为紊流之后,附面层的厚度的增加率突然变大(见图 6-10),层内的速度型也变了,如图 6-11 所示。层流速度从壁面上的零随 y 增大而增大的情况起初就不快,后来快到附面层外边界时变得很慢;紊流的速度从壁面的零起,起初随 y 增大而迅速上升,以后在附面层的外层(约占 δ 的 60%)中速度就没有多少上升了。

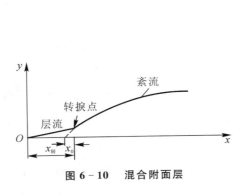

图 6-10　混合附面层

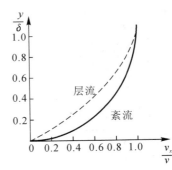

图 6-11　附面层速度型

如前所述,紊流中流体微团作复杂的、无规则的随机非定常运动,因此各流动物理量在空间固定点上是随时间不断改变的,而且以很高频率作极不规则的脉动。图 6-12 表示空间某点 x 轴方向速度随时间变化的情况。

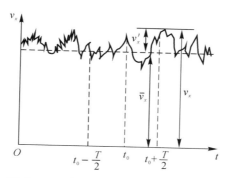

图 6-12　紊流流动中 v_x 随时间的变化

在紊流中,所有物理量都是时间和空间的随机函数。对于紊流这样的非定常运动,初始条件很难给,且追求紊流流动的细节是十分困难的;另外人们研究紊流时,往往关心的是它的各流动物理量的平均值,所以我们主要研究计及脉动量影响的各流动物理量的平均量。通常采用时间平均法来决定各流动物理量的平均值,称为时均量。设 f 代表各流动物理量(如 v_x,v_y,v_z,p),则其可由时均量 $\overline{f}$(即 $(\overline{v}_x,\overline{v}_y,\overline{v}_z,\overline{p})$)与脉动量 f'(即 $v'_x,v'_y,v'_z,p'\cdots$)之和来表示:

$$f=\overline{f}+f' \tag{6-16}$$

其中

$$\overline{f}(x,y,z,t_0)=\frac{1}{T}\int_{t_0-\frac{T}{2}}^{t_0+\frac{T}{2}}f(x,y,z,t)\mathrm{d}t \tag{6-17}$$

式中,T 是一个取平均用的时间间隔,其值比脉动周期大得多,但又应远小于平均运动的特征时间(如流经物体长度所需时间)。一般情况下,取平均后的物理量 $\overline{f}$ 仍是时间 t_0 和空间坐标的函数,这种紊流称为非定常紊流。如果时均量 $\overline{f}$ 与 t_0 无关,则称为定常紊流。本书只讨论定常紊流。很明显,脉动物理量 f' 的时间平均值为零。为了表示脉动量的大小,需用脉动值二次方的时均值

$$(\overline{f'})^2=\frac{1}{T}\int_{t_0-\frac{T}{2}}^{t_0+\frac{T}{2}}(f')^2\mathrm{d}t \tag{6-18}$$

通常用脉动速度均方和与平均速度之比来表示脉动的大小,即

$$\varepsilon=\frac{\sqrt{\frac{1}{3}(\overline{v}'^2_x+\overline{v}'^2_y+\overline{v}'^2_z)}}{\sqrt{\overline{v}^2_x+\overline{v}^2_y+\overline{v}^2_z}} \tag{6-19}$$

ε 称为紊流度。在普通风洞中 ε 小于 1%。

6.2.3　附面层内的压强

在附面层内有一个极其重要的特点:如果沿垂直平板或机翼表面的法线方向(以 y 表示)测量附面层沿着 y 方向的静压强 p 的变化,其结果是压强 p 在附面层内沿着 y 方向几乎是不变的,即

$$\frac{\partial p}{\partial y}=0 \tag{6-20}$$

下面从附面层内法线方向受力平衡来直观地解释这一结论。假设物面的曲率半径为 R,其与附面层的厚度相比大得多,根据牛顿第二定律,法线方向有

$$\frac{\partial p}{\partial y} = \rho \frac{v_x^2}{R}$$

由于 y 为附面层厚度 δ 的量级，远小于 R，所以，可以认为压强沿 y 方向的变化很小，即 $\frac{\partial p}{\partial y}=0$。

6.2.4　附面层的厚度

下面观察气流流过平板时，沿平板法线方向气流的速度分布，如图 6-13 所示。

根据黏性流体的无滑移条件，在紧贴平板处的流体速度为零，在很小的距离内增至远前方来流的速度。在很小的距离内，速度梯度很大，因而黏性应力是不能忽略的。流动越向下游，受黏性影响减速的流体越多，即附面层越厚。通常规定流速达到 $0.99v_\infty$ 处为附面层的外边界，由平板表面到该处的距离称为附面层厚度，用 δ 表示，如图 6-14 所示。

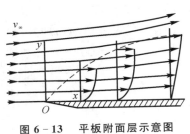

图 6-13　平板附面层示意图

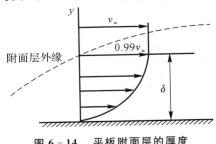

图 6-14　平板附面层的厚度

附面层外的流体，由于法向速度梯度很小，所以可以把黏性应力略去不计。可见在大雷诺数情况下，黏性流动问题可分成两个区域来研究 —— 外部理想流体流动和内部附面层流动。

在附面层理论中，还有两种附面层厚度，即附面层位移厚度和附面层动量厚度。它们有比较明显的物理意义，在附面层计算中用得较广泛，现分别叙述如下。

1. 位移厚度 δ^*

在附面层内由于壁面黏性阻滞作用，流速减小，为了保证流量相等，必须加宽流动通道，即流线必须向外偏移，使黏性流所占的通道比无黏流（理想流体）流动应占通道加宽的部分就是位移厚度（见图 6-15）。

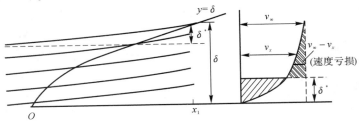

图 6-15　位移厚度 δ^* 的简图

这就是说黏性流体流过物面与理想流体流过相同物面相比，由于黏性流体中附面层的影响，物面流线被挤出了 δ^* 距离。设有流速为 v_∞、密度为 ρ_∞ 的气流流过一平板，在 x_1 点处因黏性影响而减少的质量流量是 $\int_0^\infty (\rho_\infty v_\infty - \rho v_x)\mathrm{d}y$，这些减少的质量要在主流中挤出 δ^* 距离

而流过去。由这两个质量流量相等可得

$$\rho_\infty v_\infty \delta^* = \int_0^\infty (\rho_\infty v_\infty - \rho v_x)\,\mathrm{d}y \qquad (6-21)$$

即

$$\delta^* = \int_0^\infty \left(1 - \frac{\rho v_x}{\rho_\infty v_\infty}\right)\mathrm{d}y \qquad (6-22)$$

δ^* 称为位移厚度。图 6-15 中右边画有阴影线的两块面积相等,很直观地说明了这一事实。

物面为曲面时,位移厚度为

$$\delta^* = \int_0^\infty \left(1 - \frac{\rho v_x}{\rho_\delta v_\delta}\right)\mathrm{d}y \qquad (6-23)$$

式中,ρ_δ 和 v_δ 分别是理想流体中物面上对应的密度和速度,也可近似认为是附面层外边界上的密度和速度。

显然位移厚度是离物体前缘距离 x 的函数,$\delta^* = \delta^*(x)$,越向下游,位移厚度越大。

根据上述内容可知,若在物面各处向外移动 δ^* 的距离,对这样修正所得的等效物面采用理想流体理论计算,所得压强分布较好地计及了黏性影响。

2. 动量损失厚度 δ^{**}

动量损失厚度表示由于黏性作用附面层内损失掉动量的流体,若以理想流体的动量 $\rho_\infty v_\infty^2$ 向前流动所需的通道厚度。因此

$$\rho_\infty v_\infty^2 \delta^{**} = \int_0^\infty \rho v_x (v_\infty - v_x)\,\mathrm{d}y \qquad (6-24)$$

即

$$\delta^{**} = \int_0^\infty \frac{\rho v_x}{\rho_\infty v_\infty}\left(1 - \frac{v_x}{v_\infty}\right)\mathrm{d}y \qquad (6-25)$$

式(6-24)等号右端项,即为附面层内的动量损失。下面解释一下为何式(6-24)等号右端项代表附面层内动量损失。考虑流量相同的理想流体和黏性流体(流量为 $\rho_\infty v_\infty (\delta - \delta^*)$)流过物体表面,则与理想流体相比,由于黏性作用损失的动量为

$$\rho_\infty v_\infty^2 (\delta - \delta^*) - \int_0^\delta \rho v_x^2 \,\mathrm{d}y$$

利用式(6-24),上式可化为

$$\int_0^\delta \rho_\infty v_\infty^2 \,\mathrm{d}y - \int_0^\delta (\rho_\infty v_\infty - \rho v_x) v_\infty \,\mathrm{d}y - \int_0^\delta \rho v_x^2 \,\mathrm{d}y = \int_0^\delta \rho v_x (v_\infty - v_x)\,\mathrm{d}y$$

由于 $y \to \infty$ 时 $v_x \to v_\infty$,所以 $\int_0^\delta \rho v_x (v_\infty - v_x)\,\mathrm{d}y$ 亦可写成 $\int_0^\infty \rho v_x (v_\infty - v_x)\,\mathrm{d}y$。与 δ^* 相同,δ^{**} 也具有鲜明的物理意义。容易想象,物体所受到的阻力常和动量损失厚度 δ^{**} 联系在一起。

6.3　附面层微分方程及摩擦阻力计算

6.3.1　附面层微分方程的推导

考虑如图 6-16 所示不可压流附面层内微元体,z 轴方向采用单位厚度,其受力分析亦在

图上给出。

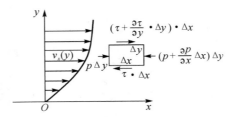

图 6 - 16   附面层内流体微元受力分析

利用式(6-12),考虑二维情况有

$$\rho\left(\frac{\partial v_x}{\partial t} + v_x \frac{\partial v_x}{\partial x} + v_y \frac{\partial v_x}{\partial y}\right) = -\frac{\partial p}{\partial x} + \mu \nabla^2 v_x \qquad (6-26)$$

对于层流附面层,有

$$\tau = \mu \frac{\partial v_x}{\partial y} \qquad (6-27)$$

式(6-26)可以写为

$$\rho\left(\frac{\partial v_x}{\partial t} + v_x \frac{\partial v_x}{\partial x} + v_y \frac{\partial v_x}{\partial y}\right) = -\frac{\partial p}{\partial x} + \frac{\partial \tau}{\partial y} \qquad (6-28)$$

式(6-28)也适用于紊流附面层,只是黏性应力 τ 中多了一项由脉动速度引起的紊流应力,即

$$\tau = \mu \frac{\partial v_x}{\partial y} - \rho \overline{v'_x v'_y} \qquad (6-29)$$

附面层内的连续方程为

$$\frac{\partial v_x}{\partial x} + \frac{\partial v_y}{\partial y} = 0 \qquad (6-30)$$

对于层流附面层,式(6-28)与式(6-30)包含 3 个未知量 v_x, v_y, p,还需补充一个方程才能构成封闭方程。由式(6-20)可知,附面层内沿 y 轴方向压强不变,即

$$\frac{\partial p}{\partial y} = 0 \qquad (6-31)$$

这样联立式(6-27)、式(6-28)、式(6-30)、式(6-31)就得到了封闭的层流附面层微分方程组。

对于紊流附面层,由于又多了紊流应力中的 $-\rho \overline{v'_x v'_y}$ 这一未知量,除联立式(6-28)、式(6-30)、式(6-31)外,还须再补充一个关系式。由于对于紊流的机理还没有彻底了解,这一补充关系式还不能采用纯理论办法得出。

由上所述,在附面层外边界处 v_y 和黏性影响均可略去不计,故由式(6-26)有

$$\frac{\partial v_\delta}{\partial t} + v_\delta \frac{\partial v_\delta}{\partial x} = -\frac{1}{\rho_\delta} \frac{\partial p_\delta}{\partial x} \qquad (6-32)$$

式中,v_δ 为主流速度;ρ_δ 为主流密度。注意到附面层内沿物面法线方向压强不变,所以式(6-32)即为附面层内压强 p(根据式(6-31)$p = p_\delta$)与主流流动参数的关系式。

6.3.2 附面层微分方程的数值解

能用前面得到的附面层微分方程直接求解的问题很少,一般需要采用数值解法。下面介绍具有相似解的流动问题的附面层微分方程的数值解法 —— 平板上的定常层流附面层偏微分方程数值解。

设沿 x 轴方向放置一半无限长二维平板,其前缘位于坐标原点;远前方气流速度为 v_∞,其方向为 x 轴正向(见图 6-17)。由于附面层外边流速均匀,所以,沿 x 轴方向的压强梯度等于零。

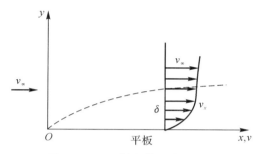

图 6-17 平板上的层流附面层

对于不可压缩流动,平板的附面层微分方程组可以写成

$$\left.\begin{aligned} \frac{\partial v_x}{\partial x} + \frac{\partial v_y}{\partial y} &= 0 \\ v_x\,\frac{\partial v_x}{\partial x} + v_y\,\frac{\partial v_x}{\partial y} &= \upsilon\,\frac{\partial^2 v_x}{\partial y^2} \end{aligned}\right\} \tag{6-33}$$

边界条件为

$$\left.\begin{aligned} y=0 \text{ 时,} \quad v_x = v_y = 0 \\ y \rightarrow \infty \text{ 时,} \quad v_x = v_\infty \end{aligned}\right\} \tag{6-34}$$

假设在距平板前缘不同位置处,附面层内速度分布是相互"相似"的。所谓速度分布"相似",是指如果对 v_x 和 y 选用适当的比例尺,就可以使不同 x 位置处的速度分布函数 $v_x = v_x(x, y)$ 改写成统一形式

$$\frac{v_x}{V} = \phi\left(\frac{y}{L}\right) \tag{6-35}$$

这里 V 为速度比例尺,L 为长度比例尺。这种情况,称为附面层具有"相似解"。对平板层流附面层的研究表明,平板层流附面层厚度与离前缘距离的二次方根成正比,因此,对于本问题,可以选用 v_∞ 和 $\sqrt{x\upsilon/v_\infty}$ 分别作为速度比例尺和长度比例尺。这样,速度分布函数可改写成

$$\frac{v_x}{v_\infty} = \phi(\eta) \tag{6-36}$$

式中,η 为无量纲参数,其值为

$$\eta = \frac{y}{\sqrt{\dfrac{xv}{v_\infty}}} \tag{6-37}$$

这就是说，在离平板前缘不同距离处，附面层内速度分布 $\dfrac{v_x}{v_\infty}$ 随无量纲参数 η 的变化规律是相同的。

由式（6-33）中的连续方程引入流函数 ψ，根据流函数定义可得

$$\psi = \int v_x \mathrm{d}y = \sqrt{xvv_\infty} \int \phi(\eta)\mathrm{d}\eta$$

即

$$\psi = \sqrt{xvv_\infty}\, f(\eta) \tag{6-38}$$

式中，$f(\eta)$ 为无量纲函数。由此可得

$$\left.\begin{array}{l} v_x = \dfrac{\partial \psi}{\partial y} = v_\infty f'(\eta) \\[3mm] v_y = -\dfrac{\partial \psi}{\partial x} = \dfrac{1}{2}\sqrt{\dfrac{v_\infty v}{x}}\,(\eta f' - f) \end{array}\right\} \tag{6-39}$$

把式（6-39）代入式（6-33）第二式，化简得

$$ff' + 2f''' = 0 \tag{6-40}$$

边界条件是

$$\left.\begin{array}{ll} \eta = 0 \text{ 时}, & f = f' = 0 \\[2mm] \eta \to \infty \text{ 时}, & f' = 1 \end{array}\right\} \tag{6-41}$$

在式（6-40）和式（6-41）中，上标"′""″""‴"分别代表对 η 的导数，即 $f' = \dfrac{\mathrm{d}f}{\mathrm{d}\eta}, f'' = \dfrac{\mathrm{d}^2 f}{\mathrm{d}\eta^2}, f''' = \dfrac{\mathrm{d}^3 f}{\mathrm{d}\eta^3}$。式（6-40）是以 η 为自变量的无量纲流函数 f 的常微分方程，在 η 的两个端点处给定了边界条件式（6-41）。

由式（6-40）可见，当附面层具有相似解时，采用适当的变量变换，可以把附面层偏微分方程化成常微分方程求解，使问题简单得多。勃拉修斯（Blasius）首先找出了该解答，因此，定常不可压平板层流附面层问题的解又称为勃拉修斯解。采用数值积分方法也能得到该问题的解。式（6-40）及式（6-41）是两点边值问题，边界条件分别在 $\eta = 0, \eta \to \infty$ 处给出，给数值积分带来一定困难。为了避免这个困难，采用适当变换将它变成一个初值问题。

令 $f(\eta) = Cg(\xi), \xi = C\eta$，式中 C 为任意常数。代入式（6-40）后，就得到 $g(\xi)$ 所应满足的常微分方程，其形式与式（6-40）完全相同，即

$$gg'' + 2g''' = 0 \tag{6-42}$$

其中，$g'' = \dfrac{\mathrm{d}^2 g}{\mathrm{d}\xi^2}, g''' = \dfrac{\mathrm{d}^3 g}{\mathrm{d}\xi^3}$，该式中不包含任意常数 C。边界条件取

$$g(0) = 0, \quad g'(0) = 0, \quad g''(0) = 1 \tag{6-43}$$

则所求问题就变成了初值问题。在解出 $g = g(\xi)$ 后，如果取 $C = \sqrt{\dfrac{1}{g'(\infty)}}$，则可以验证，这时不仅方程式（6-40）已经满足，f 的边界条件式（6-41）也均已满足。

式（6-42）用通常的常微分方程数值解法（如龙格-库塔法）即可求解。解出 $g = g(\xi)$ 后，

利用 $\eta = \dfrac{\xi}{C}$，$f(\eta) = Cg(\xi)$ 即可换算得 $f = f(\eta)$ 的解。在实际计算中不能一直算到 $\xi \to \infty$，只能算到 g' 变化已经很缓慢的 ξ 处，近似地取此数值为 g' 的极限值 $g'(\infty)$。解的结果见表 6-1 和图 6-18。

表 6-1   定常不可压平板附面层的解

$\eta = y\sqrt{\dfrac{v_\infty}{vx}}$	f	$f' = \dfrac{v_x}{v_\infty}$	f''
0.0	0.0	0.0	0.332 06
0.2	0.006 64	0.066 41	0.331 99
0.4	0.026 56	0.132 77	0.331 47
0.6	0.059 74	0.198 94	0.330 08
0.8	0.106 11	0.264 71	0.327 39
1.0	0.165 57	0.329 79	0.323 01
1.4	0.322 98	0.456 27	0.307 87
1.8	0.529 52	0.574 77	0.282 93
2.2	0.781 20	0.681 32	0.248 35
2.6	1.072 52	0.772 46	0.206 46
3.0	1.396 82	0.846 05	0.161 36
4.0	2.305 76	0.955 52	0.064 24
5.0	3.283 29	0.991 55	0.015 91
6.0	4.279 64	0.998 98	0.002 40
7.0	5.279 26	0.999 92	0.000 22
8.0	6.279 23	1.000 00	0.000 01
8.2	6.479 23	1.000 00	0.000 01
8.4	6.679 23	1.000 00	0.000 00

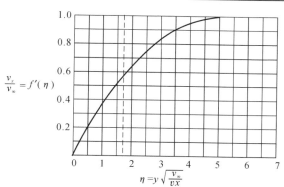

图 6-18   平板附面层内的速度分布

由解得的结果可得壁面摩擦应力

$$\tau_{\text{w}} = \mu \left(\frac{\partial v_x}{\partial y} \right)_{y=0} = 0.332 \mu v_\infty \sqrt{\frac{v_\infty}{vx}}$$

因此可得，壁面上的当地摩擦因数

$$C_f = \frac{\tau_{\text{w}}}{\dfrac{1}{2}\rho v_\infty^2} = \frac{2 \times 0.332}{\sqrt{\dfrac{v_\infty x}{v}}} = \frac{0.664}{\sqrt{Re_x}} \tag{6-44}$$

式中，$Re_x = \rho v_\infty x / \mu = v_\infty x / \upsilon$。

由表 6-1 可见，当 $\eta = y\sqrt{\dfrac{v_\infty}{\upsilon x}} = 5.0$ 时，$f' = \dfrac{v_x}{v_\infty} = 0.99155$，即 v_x 已达到外流速度 v_∞ 的 99.2% 左右，所以，可以认为附面层厚度为

$$\delta = 5.0\sqrt{\frac{\upsilon x}{v_\infty}} \tag{6-45}$$

这个计算结果与实验结果相当符合。

由当地摩擦因数 C_f 可以求出作用于平板的一个表面的摩擦阻力 X_F

$$X_F = \int_0^l C_f \frac{1}{2}\rho v_\infty^2 b \mathrm{d}x = \frac{1}{2}\rho v_\infty^2 bl \frac{1.328}{\sqrt{Re_l}} = \frac{1}{2}\rho v_\infty^2 S \frac{1.328}{\sqrt{Re_l}} \tag{6-46}$$

其中，b 为平板宽度，l 为平板长度，S 为平板的表面积。根据平板摩擦阻力因数 C_F 的定义可得

$$C_F = \frac{X_F}{\dfrac{1}{2}\rho v_\infty^2 S} = \frac{1.328}{\sqrt{Re_l}} \tag{6-47}$$

实验证明，式（6-44）和式（6-46）比较好地描述了平板层流附面层的当地摩擦阻力因数和摩擦阻力。对于平板紊流附面层，在一般情况下，采用如下经验公式得到的摩擦阻力因数与实验符合更好：

$$\left.\begin{aligned} C_f &= \frac{0.0592}{Re_x^{1/5}} \\ C_F &= \frac{0.074}{Re_l^{1/5}} \end{aligned}\right\} \tag{6-48}$$

如果雷诺数大于 10^7，则采用以下经验公式：

$$\left.\begin{aligned} C_f &= \frac{0.37}{(\lg Re_x)^{2.58}} \\ C_F &= \frac{0.455}{(\lg Re_l)^{2.58}} \end{aligned}\right\} \tag{6-49}$$

6.4　有压强梯度的黏流及分离

前面几节讨论的求解附面层流动的各种方法都是以流过物体表面的流动不发生分离为前提的。流动一旦发生了分离，各种方法都不适用了。在本节中，将讨论附面层的分离现象、分离发生的原因、流动状态对分离的影响及分离引起的压差阻力。

6.4.1　附面层的分离

附面层分离是指沿物面附面层内的气流由于黏性的作用消耗了动能，在压强沿流动方向增高的区域中，无法继续沿着物面流动，以致发生倒流使气流离开物面。

在平板问题上，主流的流速 $v_x = C$，$\partial p / \partial x = 0$；在直通道的黏流问题上，虽然 $\partial p / \partial x \neq 0$，不过这个压降是黏性阻力造成的，不是主流应有的。如果主流有压强梯度，压强梯度对黏流是

有很大的影响,不论是对管流还是对附面层流动都有重大的影响。顺流动方向压强下降的,$\partial p/\partial x < 0$,称为顺压梯度;反之,$\partial p/\partial x > 0$,称为逆压梯度。顺压梯度和逆压梯度对黏流的作用大不相同。

　　在附面层流动里,层外主流的压强梯度对层内的黏流也有类似的作用。顺压梯度使附面层的厚度随 x 增大而增厚的过程减慢,逆压梯度则使厚度增厚的过程加快。此外还有分离问题。由附面层方程

$$v_x \frac{\partial v_x}{\partial x} + v_y \frac{\partial v_x}{\partial y} = -\frac{1}{\rho} \frac{\partial p}{\partial x} + \upsilon \frac{\partial^2 v_x}{\partial y^2}$$

　　在壁面上,$y = 0, v_x = v_y = 0$,可得

$$\mu \left(\frac{\partial^2 v_x}{\partial y^2} \right)_{y=0} = \frac{\partial p}{\partial x} \tag{6-50}$$

此式的左侧代表中层内速度分布曲线的二阶导数,此值为零代表拐点,即 $\partial v_x/\partial y$ 由负变为正的地方。在平板流中,$v_x = C, \partial p/\partial x = 0$,这是说平板的速度分布曲线的拐点在 $y = 0$ 处。从 $y = 0$ 起,有一个很大的 $\partial v_x/\partial y$ 值,随 y 增大,$\partial v_x/\partial y$ 单调下降,直到附面层的外边界 $y = \delta$ 处,$\partial v_x/\partial y$ 降为零。在绕曲面的流动中,加速段 $\partial v_x/\partial x > 0$,相应的 $\partial p/\partial x < 0$ 是顺压梯度。从式(6-50)看,$\partial^2 v_x/\partial y^2 < 0$,这是说 $\partial v_x/\partial y$ 在壁面附近是随 y 上升而下降的,从 $y = 0$ 起到 $y = \delta, \partial v_x/\partial y$ 一直是下降的,这样,在附面层内是不会再出现拐点的。在绕曲面的减速流中,$\partial v_x/\partial x < 0$,相应的 $\partial p/\partial x > 0$,可知 $(\partial v_x^2/\partial y^2)_{y=0} > 0$。这是说在壁面附近,起先 $\partial v_x/\partial y$ 是随 y 增大而增大的,但到了附面层外边界处,即 $y = \delta$ 处,$\partial v_x/\partial y$ 必须降为零,这样就可以推断,在这种流动里,$\partial v_x/\partial y$ 到后来必改为下降的,可知在附面层内部某一个 y 处应该有个拐点。速度分布曲线有拐点是分离的必要条件。在分离点上速度分布的特点是 $(\partial v_x/\partial y)_{y=0} = 0$,如图 6-19 所示;而到了附面层的外边界上,$(\partial v_x/\partial y)_{y=\delta} = 0$,所以这时的速度分布曲线在 $y = 0$ 与 $y = \delta$ 之间某处必有一拐点。当然拐点的存在并不是分离的充分条件。这个分析说明了在顺压梯度或无压强梯度的附面层流动里是不会发生分离的,而有逆压梯度的流动里是可能发生分离的。

　　从物理上看,逆压梯度之所以可能产生分离的道理在于,逆压梯度规定了流动必须顶着压强的提高而前进,这在主流里是不成问题的,它是用减速来换取压强提高的,但在附面层内,流动受黏性的阻滞已经损失了一些动量,在物面附近动量损失得尤其严重,层内黏流顶着压强前进,距离越长越走不动,$(\partial v_x/\partial y)_{y=0}$ 的值越走越小,终至走到 $(\partial v_x/\partial y)_{y=0} = 0$ 的地方开始分离(见图 6-20),s 点是分离点。

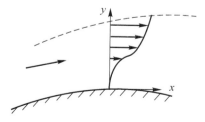

图 6-19　附面层速度分布

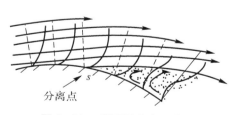

分离点

图 6-20　附面层分离示意图

　　气流流到物体的前驻点以前,也是个减速过程,因为前驻点是个速度为零的点,气流的速度在流场中必须由来流速度降到零。这个减速过程不是贴着物面进行的,它既无损失,也不会

分离。如果从前驻点起按流线的形状加一块薄板向前伸去,这时气流的减速就是贴着物面进行的了,就会发生分离,试比较图 6-21(a)与(b)。分离之后,附面层的理论就不适用了。

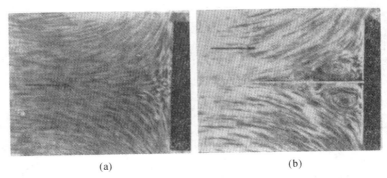

(a)   (b)

图 6-21   流场油流图

(a) 无薄板;   (b) 有薄板

针对绕圆柱体的不可压流动问题,对于理想流体,其压强分布(以压强系数 C_p 表示)如图 6-22(a)所示实线曲线。但是,对于实际流体绕圆柱的流动,其压强分布与理想流体计算结果相差很远。当 $Re=1.9\times10^5$ 时,其压强分布如图 6-22(a)所示虚线曲线;当 $Re=6.7\times10^5$ 时,其压强分布如图 6-22(a)所示点画线曲线。造成理想流体与实际流体压强分布差别很大的原因是实际流体绕圆柱流动发生了分离。图 6-23 表示绕圆柱的实际流动的一个流动图形,在圆柱的背风面部分,前方来的流体不再贴着物面流向 C 点,而是在某一点 s(及点 s')处离开柱面,点 s 到点 s' 的那一段柱面的下游方向充满着旋涡。这些杂乱无章的旋涡旋转动能很大,最终将由于黏性而耗散掉,能量的消耗使分离区内的压强降低,产生压差阻力。

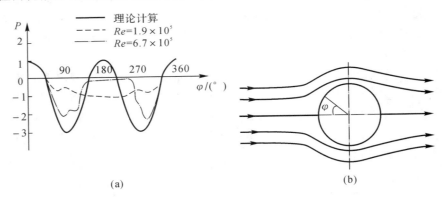

(a)   (b)

图 6-22   绕圆柱流动压强分布

s 和 s' 为流动分离点,这种流动与分析理想流体绕流时认为来流从圆柱面上、下方会合到 C 点的无分离流动有根本的不同。流动发生分离的原因可以用附面层流动的特点来解释。

当流体绕曲面流动时(例如绕圆柱流动时),附面层外边界处的外流速度是变化的。因为附面层外的流体,可以认为是理想流体,由伯努利方程可知,$p+\dfrac{1}{2}\rho v^2=$ 常数,其压强也是随外流速度变化的。而附面层内沿物面法线方向压强不变,可以认为附面层内的压强变化与附面层外边界的压强变化相同。因此在流体绕曲面流动的过程中,附面层内压强逐渐变化,附面层

内压强变化对附面层内各截面上的速度型有着重要影响。在沿流动方向压强递减(有顺压梯度)的速度加速区,附面层内速度型形状在物面附近趋于"饱满"形状(见图 6 - 24(a));在压强递增(有逆压梯度)的减速区,附面层内速度型形状在物面附近将渐变"瘦"(见图 6 - 24(b)),甚至会出现如图 6 - 24(d) 所示的情况。这时附面层内的流动实际上已出现逆来流方向的倒流。这时流动已发生了分离,即主流已离开物面。在开始发生分离的点上,附面层内的速度型应如图 6 - 24(c) 所示,即在这种二维流动的情形,分离点的条件为 $\dfrac{\partial v_x}{\partial y}\Big|_{y=0}=0$。

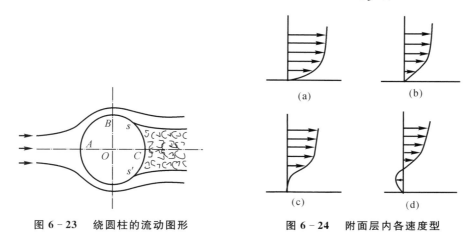

图 6 - 23　绕圆柱的流动图形　　　　图 6 - 24　附面层内各速度型

由上述分析可以知道,附面层分离的内因是空气具有黏性,外因则是逆压梯度。

6.4.2　流动状态对分离的影响

流动状态对分离也有影响。若在分离点之前附面层为层流,则称这种分离为层流分离;若在分离点之前为紊流,则称这种分离为紊流分离。图 6 - 22(a) 中虚线及点画线曲线所示分别是附面层为层流和紊流的绕圆柱流动压强分布,可见紊流分离比层流分离发生得晚。这是由于紊流附面层内速度型比层流附面层内速度型较为"饱满",所以在减速区内不易变"瘦",可以使分离现象推迟发生。因此,随着雷诺数的变化,当圆柱面上为层流附面层时,分离点可在 $\varphi = 56°$,而当附面层转变为紊流时,分离点可后移到 $\varphi = 120°$,此时分离区突然减小,阻力也会突然下降。

6.4.3　分离与压差阻力

由于分离后物体背风面压强低于前部压强,故有一个压差阻力存在,压差阻力的大小一般只能由实验得出。实验结果表明,附面层的分离区越大,压差阻力也越大;反之,压差阻力越小。要减小压差阻力,就要减小气流分离区,就是说要使附面层分离点后移。由于分离点的位置与压强梯度及附面层流动状态有关,因此,为减小物面的逆压梯度,通常将飞机的机身、机翼、挂弹架等都做成圆头尖尾的形状,圆头的作用是适应不同来流方向,尖尾的作用是使翼型后部附面层不易出现分离,把这样的形状称为流线型。

如前所述,当理想流体绕物体流动时,作用于物面的压强在沿来流方向合力为零,即没有压差阻力。真实流体绕物体流动时即使还未分离,也会由于黏性使气流总压在沿物面的流动中不断损失,致使压强分布与理想流体有差别。由于附面层自物体前部逐渐向后扩展,因此压强分布与理想流体相比,前部改变小,后部改变大,从而产生了一个沿气流方向的压差阻力。对于流线型的翼剖面,在小迎角下,这部分压差阻力相当小。随着迎角增大,压差阻力将增大,当翼型上绕流分离时,压差阻力陡增。

由上述可知,真实流体绕物体流动时,由于黏性将产生两种阻力:一种是摩擦阻力,一种是压差阻力。

6.5　高速可压流附面层

在 $Ma < 5$ 范围,一般说附面层概念还是可用的。因此解物体绕流问题的步骤仍是先按无黏流计算,然后再计及黏性附面层的影响。然而,由于层内速度梯度很大,黏性内摩擦引起动能损失并产生大量的摩擦热,使层内温度升高。由于层内温度的升高不仅使气体的密度 ρ 和黏性系数 μ 成为变量,而且会因法向温度梯度的出现而形成空气层间以及空气与物面之间的热传导。其影响有两个方面:首先由于 ρ,T 为变数,因而使可压缩附面层的求解比不可压缩附面层问题复杂得多;其次,黏性摩擦所形成的高温对飞行器壁面传入大量的热,出现所谓气动加热问题。气动加热对飞机和导弹的结构强度、仪表设备以及乘员的工作条件产生不利影响。此外,如果气流中有激波,激波和附面层还会发生相互干扰而显著改变流场和物面上的压强分布。本节对上述问题作一简单介绍。

6.5.1　温度附面层和层内温度分布

摩擦使气流温度升高,基本上只限于黏性对流动有明显影响的薄层内。靠近物面处气流受到的阻滞最严重,产生的热量最多,温度相当高。随着距物面法向距离的增加,气流受到的阻滞作用越来越小,温度逐渐降低。在物面附近薄层内形成很大的温度梯度,热传导不能忽略。这一必须计及温度变化的薄层与前述的速度附面层相似,称为温度附面层。通常把层内温度达到的理想流物面上对应点温度 T_δ 的 99% 的高度作为温度附面层的外边界,即

$$y \mid_{\frac{T}{T_\delta} = 0.99} = \delta_T$$

式中,δ_T 即为温度附面层的厚度,与 δ 并不完全相等,但差别不大。

温度附面层内的速度分布在很大程度上取决于壁面的传热情况。如果有热量通过壁面传给空气(该壁面称为热壁),则

$$q_w = -\lambda \left(\frac{\partial T}{\partial y} \right)_{y=0} > 0$$

即

$$\left(\frac{\partial T}{\partial y}\right)_{y=0} < 0$$

如果热量是由空气传给壁面(该壁面称为冷壁),则有 $q_w < 0$,或

$$\left(\frac{\partial T}{\partial y}\right)_{y=0} > 0$$

如果空气与壁面无热交换,则该壁面为绝热壁,此时 $q_w = 0$,即

$$\left(\frac{\partial T}{\partial y}\right)_{y=0} = 0$$

如图 6-25 所示为 3 种壁面传热情况的温度分布。真实飞行器表面属于哪种壁面,主要由飞行状态和内部结构的导热情况决定。

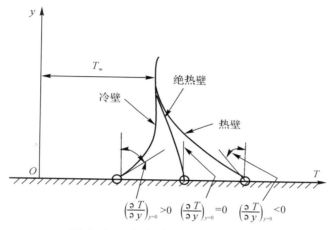

图 6-25　温度附面层内的温度分布

速度附面层和温度附面层是密切相关、互相影响的。现引入一个重要的无量纲参数 Pr,称为普朗特数,其定义为

$$Pr = \frac{\mu c_p}{\lambda} \tag{6-51}$$

式中,μ 为气体黏性系数;λ 为热传导系数;c_p 是气体的定压比热容。因为 μ 代表每单位速度梯度、每单位面积的动量传递率,λ/c_p 代表每单位焓梯度、每单位面积的热传递率,故普朗特数代表了这两种传递率的比值。Pr 是一个相似参数,它表征了气体微团在附面层内因黏性摩擦而产生的热与因热传导而散出去的热之比。

理论上可以证明,层流速度附面层厚度 δ 与温度附面层厚度 δ_T 之比与 $\sqrt{Pr}$ 值相近。若 $Pr = 1$,$\delta = \delta_T$;若 $Pr < 1$,$\delta < \delta_T$;若 $Pr > 1$,$\delta > \delta_T$。空气的 $Pr \approx 0.72$,所以 $\delta < \delta_T$,如图 6-26 所示。

为使附面层计算简化,理论上可将 Pr 近似取为 1.0,不致造成很大的误差。$Pr = 1$ 意味着附面层内每个流体微团在运动过程中热量是平衡的,即每个微团因内部黏性作用产生的热量恰好传出去了。

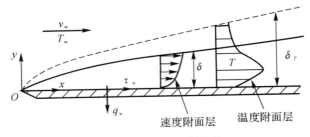

图 6 - 26 δ 和 δ_T 的比较

6.5.2 绝热壁面的恢复温度及复温因子

绝热壁时紧贴物面空气温度(也就是物面温度)实际上总是低于主流总温的。虽然紧贴物面的空气流速为零,在绝热壁时也不会向物面传热,但其温度要比距物面稍远处的空气温度高,物面附近空气就要向上层空气传热,从而使物面温度比总温低些。把不计热辐射作用的绝热壁温叫恢复温度,用 T_r 表示。此时附面层内温度分布如图 6 - 27 所示。

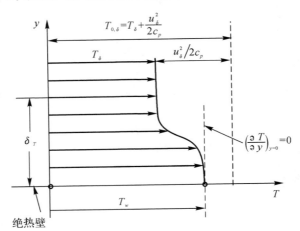

图 6 - 27 绝热壁面的 $T(y)$

为了表示恢复温度的大小,现引入复温因子 R,其定义为

$$R = \frac{T_r - T_\delta}{T_{0,\delta} - T_\delta} \tag{6-52}$$

式中,$T_{0,\delta}$ 是总温,T_δ 是附面层外缘温度,对于平板可取 $T_\delta = T_\infty$;$T_{0,\delta} - T_\delta$ 是气流绝热滞止时的温度增量,$T_r - T_\delta$ 是在有摩擦及热传导时气流在物面上滞止的实际温度增量。

理论和实验表明,R 随着 Ma 和 Re 变化不大,只与 Pr 有关。对于 $Pr = 0.72$ 的空气,层流和紊流附面层时 R 的近似值分别是

$$R_{层} \approx \sqrt{Pr} \approx 0.85$$

$$R_{紊} \approx \sqrt[3]{Pr} \approx 0.89$$

对空气若假设 $Pr = 1$,$R = 1$,附面层内每一点处总温(由于当地速度为0,所以也等于静温)

都等于主流的温度,即 $T_w = T_{0,\delta}$;实际上 $Pr < 1$,壁面附近气流因黏性作用产生的热量来不及补充由热传导传出去的热量,$T_w = T_r < T_{0,\delta}$,故 $R < 1$。此时恢复温度 T_r 的计算公式是

$$T_r = T_\delta \left(1 + R \frac{\gamma - 1}{2} Ma_\delta^2 \right) \tag{6-53}$$

6.5.3　可压流中平板摩阻因数的计算

压缩性对平板摩阻的影响可分为两个方面。一方面由于壁面温度升高,黏性系数随之增大,使壁面剪切应力有增大的倾向;另一方面,因附面层增厚,从而使壁面处速度梯度减小,剪应力下降。两方面的影响以后者为主,故随着 Ma 的增加壁面摩阻因数 C_f 是下降的。

理论分析表明,高速可压流特别是超声速平板的 C_f 除像低速那样取决于 Re 外,还取决于来流马赫数 Ma_∞ 及壁温与来流温度之比,即

$$C_f = C_f \left(Re_x, Ma_\infty, \frac{T_w}{T_\infty} \right)$$

而具体函数关系(用曲线或表格形式表示)要由层流平板和紊流平板的可压缩附面层理论求得。

一种工程计算可压缩平板附面层摩阻因数的方法称为参考温度法。此法的基本思想:当气流以 v_∞, p_∞ 顺流平板时,若令不可压时来流温度 T_∞ 增高到某一个温度 T^*,称为参考温度,则平板某处的 τ_∞ 恰好与可压缩流时的 τ_w 值相等。如能求出 T^*,则可借用不可压流的摩阻公式来计算可压缩流的 τ_w。但应注意,不可压流中那些与温度有关物理量,如 ρ, μ 等则必须使用参考温度来确定。其具体计算过程如下。

1. 计算 T^* 的值

基于理论计算和实验结果,T^* 可使用如下经验公式近似确定:

$$T^* = T_\infty + 0.5(T_w - T_\infty) + 0.22(T_r - T_\infty) \tag{6-54a}$$

或

$$\frac{T^*}{T_\infty} = 0.5 + 0.5 \frac{T_w}{T_\infty} + 0.22 \left(\frac{T_r}{T_\infty} - 1 \right) \tag{6-54b}$$

式(6-54)对于物面不论是否绝热,也不管附面层是层流还是紊流均适用。对绝热壁有

$$T_w = T_r, \quad \frac{T_r}{T_\infty} = 1 + R \frac{\gamma - 1}{2} Ma_\infty^2$$

$$\frac{T^*}{T_\infty} = 0.72 \frac{T_r}{T_\infty} + 0.28 = 1 + 0.144 R Ma_\infty^2 \tag{6-55}$$

即 $\dfrac{T^*}{T_\infty}$ 由 Ma_∞ 和附面层流态确定。

2. 由 T^* 计算 μ^* 和 ρ^*

在一定温度范围内 $\mu\text{-}T$ 可近似使用下式计算:

$$\frac{\mu^*}{\mu_\infty} = \left(\frac{T^*}{T_\infty} \right)^\omega \tag{6-56a}$$

可取 $\omega = 0.76 (300\text{K} < T < 600\text{K})$。

而 ρ^* 由状态方程计算:

$$\rho^* = \frac{p_\infty}{RT^*} \qquad (6-56b)$$

3. 计算当地摩擦因数 C_f

（1）层流附面层的 $C_{f层}$。

$$C_{f层}^* = \frac{0.664}{\sqrt{Re_x^*}} = 0.664 \left(\frac{\rho^* v_\infty x}{\mu^*}\right)^{-1/2} = \frac{0.664}{\sqrt{Re_x}} \left(\frac{T^* \mu^*}{T_\infty \mu_\infty}\right)^{1/2}$$

而

$$C_{f层} = \frac{2\tau_w}{\rho_\infty v_\infty^2} = C_{f层}^* \frac{\rho^*}{\rho_\infty} = C_{f层}^* \frac{T_\infty}{T^*} = \frac{0.664}{\sqrt{Re_x}} \left(\frac{T^*}{T_\infty}\right)^{\frac{\omega-1}{2}} \qquad (6-57a)$$

在相同的 Re_x 下可得

$$\left(\frac{C_{f可}}{C_{f不}}\right)_层 = \left(\frac{T^*}{T_\infty}\right)^{\frac{\omega-1}{2}} = \left(\frac{T^*}{T_\infty}\right)^{-0.12} \quad (\text{取}\ \omega = 0.76) \qquad (6-57b)$$

（2）紊流附面层的 $C_{f紊}$。

$$C_{f紊}^* = \frac{0.059\,2}{\sqrt[5]{Re_x^*}} = 0.059\,2 \left(\frac{\rho^* v_\infty x}{\mu^*}\right)^{-1/5} = \frac{0.059\,2}{\sqrt[5]{Re_x}} \left(\frac{T^* \mu^*}{T_\infty \mu_\infty}\right)^{1/5} \quad (Re_x < 10^7)$$

故

$$C_{f紊} = C_{f紊}^* \frac{T_\infty}{T^*} = \frac{0.059\,2}{\sqrt[5]{Re_x}} \left(\frac{T^*}{T_\infty}\right)^{-\frac{4-\omega}{5}} \qquad (6-58a)$$

在相同的 Re_x 下可得

$$\left(\frac{C_{f可}}{C_{f不}}\right)_紊 = \left(\frac{T^*}{T_\infty}\right)^{-\frac{4-\omega}{5}} = \left(\frac{T^*}{T_\infty}\right)^{-0.648} \quad (\text{取}\ \omega = 0.76) \qquad (6-58b)$$

4. 平板单面摩阻因数 C_F

因 $C_F = \int_0^1 C_f \mathrm{d}\bar{x}$，故在相同 Re_l 时有

$$\left(\frac{C_{F可}}{C_{F不}}\right)_层 = \left(\frac{C_{f可}}{C_{f不}}\right)_层 = \left(\frac{T^*}{T_\infty}\right)^{-0.12} \qquad (6-59a)$$

$$\left(\frac{C_{F可}}{C_{F不}}\right)_紊 = \left(\frac{C_{f可}}{C_{f不}}\right)_紊 = \left(\frac{T^*}{T_\infty}\right)^{-0.648} \qquad (6-59b)$$

式中，$(C_{F不})_层 = \dfrac{1.328}{\sqrt{Re_l}}$，$(C_{F不})_紊 = \dfrac{0.074}{\sqrt[5]{Re_l}}$。

例 6-3 $Ma_\infty = 3, T_\infty = 223K, v_\infty = \mu_\infty/\rho_\infty = 3.519 \times 10^{-5}\,\mathrm{m^2/s}$ 的气流流过一块绝热壁平板，设距前缘 $x = 0.3\mathrm{m}$ 处分别是层流及紊流附面层，求该处的 $C_{f层}$ 和 $C_{f紊}$。

解 由式（6-55）可求出

$$\left(\frac{T^*}{T_\infty}\right)_层 = 2.101\,6, \qquad \left(\frac{T^*}{T_\infty}\right)_紊 = 2.153\,4$$

再按式（6-57b）和式（6-58b），可得

$$\left(\frac{C_{f可}}{C_{f不}}\right)_层 = (2.101\,6)^{-0.12} = 0.915\,0$$

$$\left(\frac{C_{f可}}{C_{f不}}\right)_紊 = (2.153\,4)^{-0.648} = 0.603\,8$$

而
$$(C_{f不})_层 = \frac{0.664}{\sqrt{Re_x}} = \frac{0.664}{\sqrt{\dfrac{3 \times 20.05\sqrt{223 \times 0.3}}{3.519 \times 10^{-5}}}} = 0.000\ 240$$

$$(C_{f不})_紊 = \frac{0.059\ 2}{\sqrt[5]{Re_x}} = \frac{0.059\ 2}{\sqrt[5]{7.67 \times 10^{-6}}} = 0.002\ 49$$

故最后可得出
$$(C_{f可})_层 = 0.915 \times 0.000\ 24 = 0.000\ 220$$

$$(C_{f可})_紊 = 0.608\ 3 \times 0.002\ 49 = 0.001\ 515$$

5. 绝热平板的压缩性修正因子 η_M

对绝热平板，由式(6-55)可知 T^*/T_∞ 只取决于附面层流态和马赫数 Ma_∞，因此令
$$\frac{C_{f可}}{C_{f不}} = \frac{C_{F可}}{C_{F不}} = \eta_M$$

式中，η_M 为压缩性修正因子，对一定的附面层流态仅仅是 Ma_∞ 的函数。$\eta_M - Ma_\infty$ 曲线如图 6-28 所示。$\bar{x}_T = 1$ 对应全层流，$\bar{x}_T = 0$ 对应全紊流，$0 < \bar{x}_T < 1$ 对应混合附面层情况。从图 6-28 可看出：① 当 $Ma < 1$ 时，η_M 随 Ma_∞ 的增大下降不大，说明亚声速时压缩性对摩阻系数影响不大；② 对绝热平板，层流附面层 η_M 随 Ma_∞ 的增大下降得比较慢，而紊流附面层的 η_M 随 Ma_∞ 的增大下降较快。

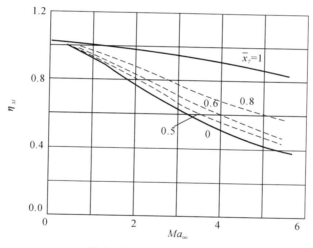

图 6-28　$\eta_M - Ma_\infty$ 曲线

$\eta_M - Ma_\infty$ 关系的方程式(特别是紊流附面层情况)有多种，其中的一种可写为
$$\eta_{M层} = (1 + 0.122\ 4Ma_\infty^2)^{-0.12} \tag{6-60a}$$

$$\eta_{M紊} = (1 + 0.128\ 2Ma_\infty^2)^{-0.648} \tag{6-60b}$$

6.5.4　壁面热流密度 q_w 的计算

设单位时间单位面积传给物面的热量为 q_w，单位是 J/(m² · s)。现引入一个无量纲传热系数 St，称为斯坦顿数，其定义为

$$St = \frac{q_w}{\rho_\delta v_\delta c_p (T_w - T_r)} \qquad (6-61)$$

式中,ρ_δ,v_δ 分别为附面层外缘处的密度和速度;c_p 为定压比热容;$T_w - T_r$ 为壁面温度与恢复温度之差。显然,对热壁 $q_w > 0$;对冷壁 $q_w < 0$;绝热壁 $q_w = 0$。

因为摩擦应力和热传导从微观上说均是由分子迁移的动量交换和能量交换所引起的,故当地摩擦因数 C_f 和传热系数 St 之间必存在有一定的关系式,称为雷诺比拟,即

$$St = \frac{C_f}{2} \cdot \frac{1}{S} \qquad (6-62)$$

式中,S 为比拟因子。根据理论和实验结果有

$$S_层 = 0.80$$
$$S_紊 = 0.82$$

计算热流密度 q_w 的步骤:首先由可压缩附面层理论求出指定点处的 C_f,然后由式(6-62)算出 St。若给定壁温 T_w 则最后由式(6-61)求得 q_w 值。由于紊流附面层的 C_f 比层流时大得多,因此为了降低 St 值应尽可能使飞行器表面保持层流附面层流态。

从式(6-61)可知,飞行器速度越高、$|T_w - T_r|$ 值越大、飞行时间越长则气动加热问题越严重,将造成飞行器结构强度减弱甚至烧毁、油料挥发变稀、座舱温度升高等不良后果。为了减轻超声速飞行器的气动加热问题,在气动设计上应尽量加长飞行器表面的顺压梯度区并使表面光滑,以保持层流附面层。此外,在结构上需要采用耐高温材料,如不锈钢和钛合金;加隔热装置以减少传入飞行器内部的热量;安装冷却系统以加速热量散逸;等等。

6.5.5　激波与附面层相互干扰

在超声速流场(包括跨声速流场的超声速区)中所出现的激波和膨胀波系彼此相遇或打到壁面上,将伴随出现波的相交或反射。以激波与固壁面相遇为例,如果流动是无黏的,激波仍将反射为激波,且反射波较易确定。然而实际是有黏流动,即物面上存在附面层,激波与附面层将出现复杂的相互干扰现象。这种干扰一方面改变了外流的激波系并影响了物面压强分布,另一方面也改变了附面层的状态,造成附面层局部分离和伴随附面层再附着而出现高的局部传热率,其情形和上游附面层特性有很大关系。这里仅以激波在平板上的反射为例来说明这种干扰的基本特性。

图 6-29 表示了一道激波打到二维平板附面层上的反射情况。由激波所造成的压强突升将通过附面层内的亚声速区向前传。层流附面层因速度型瘦削,层内亚声速区相对厚些,等于给激波后面高压逆流前传开的门大,故高压前传的距离可高达附面层厚度的 100 倍。在高压前传的影响下层流附面层远在入射点前就已经逐渐增厚,并导致在入射点前出现了一道 λ 形激波。在激波强逆压梯度作用下,入射点前附面层将产生分离。过了平板上的入射点,分离流将在下游某点处再附到壁面上,等于无黏流壁面发生外折产生一系列膨胀波并将流动重新转折回到大致沿板面方向。这个转折又迫使主流产生一组压缩波,并在上方形成激波。这样,主流中有两道反射激波,中间夹着一个扇形膨胀波束。而附面层再入射点前后出现一个鼓包形局部分离区,再附后转变为紊流并在下游因厚度达到最小而出现很高的导热率。

如果平板上是紊流附面层,那么激波和附面层相互干扰的波系和压强分布与层流时相比

将有显著的不同(见图 6 – 30)。

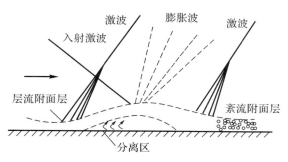

图 6 – 29　激波与层流附面层的干扰

由图 6 – 30 可看到,紊流附面层时激波反射比较接近无黏流情况,即在入射点附近只有一道反射波,而附面层增厚区相当小,附面层不易分离或分离区很小,说明激波和紊流附面层干扰区的长度和压强跃升的距离均比层流时小。其原因一方面是紊流附面层内亚声速区薄得多,高压前传的距离一般不会超过附面层厚度的 10 倍;另一方面则是紊流附面层抗逆压梯度的能力较层流时强所致。

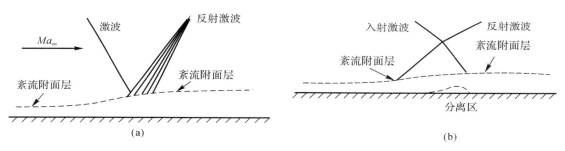

图 6 – 30　激波与紊流附面层的干扰
(a)接近无黏反射; (b)有小分离区

习　　　题

6 – 1　光滑平板长 0.6m,宽 2m,气流速度为 30m/s,试求国际标准海平面大气条件下平板所受的摩擦阻力(设流动保持为层流)。

[答:2F = 1.58N]

6 – 2　若速度变化为 $v_\delta = v_0 x^m$,v_δ 为附面层外边界处的流速,v_0 为常数,试证明相应的压强变化为

$$\frac{\partial p}{\partial x} = -m\rho v_0^2 x^{2m-1}$$

因此,$m > 1$ 代表顺压梯度,$m < 1$ 代表逆压梯度。

6 – 3　弦长 l 为 3.5m 的平板,$Re_l = 10^6$,试估计平板后缘处的附面层厚度(分全部为层流和全部为紊流两种情况)。

[答:全层流 0.017 5m,全紊流 0.081 7m]

6-4 如果对速度剖面采用 $\frac{1}{7}$ 的指数规律:

$$\frac{v_x}{v_\delta} = \left(\frac{y}{\delta}\right)^{\frac{1}{7}}$$

试证明附面层的位移厚度与动量损失厚度分别是 $\delta^* = \frac{\delta}{8}, \delta^{**} = \frac{7\delta}{72}; \frac{\delta^*}{\delta^{**}} \approx 1.3$。

6-5 设低速飞机在 3 000m 高空以 360km/h 速度飞行。若机翼面积为 40m²,平均弦长为 2.5m,试用二维平板附面层计算公式估算机翼的摩擦阻力:(1) 按完全紊流计算;(2) 按全层流计算。

[答:(1)$2F_{全紊}$ = 1 040N,(2)$2F$ = 132N]

6-6 在 $H=0$ 海平面上 $Ma_\infty=4$ 的超声速气流流过长 2m 的平板,设板面上为全层流附面层,且为绝热壁,试计算单位展长平板的摩阻。

[答:$X_{F层}$ = 389.92N]

6-7 承上题,绝热平板上为全紊流,再计算单位展长的摩阻。

[答:$X_{F紊}$ = 3 735.81N]

6-8 $H=10 000m, Ma_\infty=4, \alpha=0$ 的超声速气流流过二维平板。已知 $T_w=450K, x=\frac{l}{2}$ 处为紊流附面层,求该处的 C_f 和 q_w。

[答:$C_f=0.001 32, q_w=103.09kJ/(m^2 \cdot s)$]

第7章 绕翼型的低速流动

一般机翼都有对称面,平行于机翼对称平面截得的机翼剖面称为翼剖面,通常也称为翼型(见图7-1)。

翼型按形状大体可分为圆头尖尾形和尖头尖尾形两大类。前者用于低速、亚声速和跨声速机翼以及在低超声速下飞行的超声速飞机的机翼上;后者用于在较高的超声速下飞行的超声速飞机机翼和导弹的弹翼上。本章只研究低速翼型的气动特性。

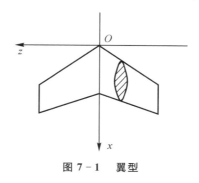

图 7-1　翼型

7.1　翼型的几何参数与气动参数

7.1.1　翼型的几何参数

1.几何弦长 b

如图7-2所示,通常将连接翼型前缘和后缘的直线称为翼型的弦线,翼弦长称为几何弦长,简称弦长,用 b 表示。弦长 b 是翼型的特征尺寸。

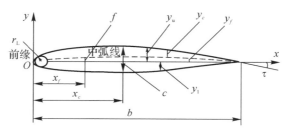

图 7-2　翼型的几何参数

2. 翼型表面无量纲坐标

如图 7-2 所示,将坐标系原点 O 取在前缘,x 轴沿弦线向后,y 轴向上,即取体轴坐标,翼型上、下表面采用无量纲的弦长百分比表示:

$$\left.\begin{aligned}\bar{y}_u = \frac{y_u}{b} = f_u\left(\frac{x}{b}\right) = f_u(\bar{x}) \\[2mm] \bar{y}_l = \frac{y_l}{b} = f_l\left(\frac{x}{b}\right) = f_l(\bar{x})\end{aligned}\right\} \qquad (7-1)$$

式中,$\bar{y} = f(\bar{x})$ 可用数学方程式表示,亦可用数据表格给出。

3. 弯度分布函数 $\bar{y}_c(\bar{x})$,相对弯度 $\bar{f}$,最大弯度位置 $\bar{x}_f$

翼型上、下表面 y 轴方向高度中点的连线称为中弧线,中弧线的无量纲 y 轴方向坐标 $\bar{y}_f(\bar{x})$ 称为弯度函数;$\bar{y}_{f\max} = \bar{f}$ 称为相对弯度;最大弯度所在位置的无量纲坐标 $\bar{x}$ 称为最大弯度位置 $\bar{x}_f$,即

$$\bar{y}_f(\bar{x}) = \frac{1}{2}(\bar{y}_u + \bar{y}_l) \qquad (7-2\text{a})$$

$$\bar{f} = \frac{f}{b} = \bar{y}_{f\max} \qquad (7-2\text{b})$$

$$\bar{x}_f = \frac{x_f}{b} \qquad (7-2\text{c})$$

这 3 个参数表示翼型的弯度特性。

4. 厚度分布函数 $\bar{y}_c(\bar{x})$,相对厚度 $\bar{c}$,最大厚度位置 $\bar{x}_c$

上翼面到中弧线的无量纲 y 轴方向距离 $\bar{y}_c(\bar{x})$ 称为厚度分布函数;上、下表面之间无量纲最大 y 轴方向高度称为相对厚度 $\bar{c}$;最大厚度的 $\bar{x}$ 值称为最大厚度位置 $\bar{x}_c$,即

$$\bar{y}_c(\bar{x}) = \frac{1}{2}(\bar{y}_u - \bar{y}_l) \qquad (7-3\text{a})$$

$$\bar{c} = \frac{c}{b} = 2\,\bar{y}_{c\max} \qquad (7-3\text{b})$$

$$\bar{x}_c = \frac{x_c}{b} \qquad (7-3\text{c})$$

这 3 个参数表示翼型的厚度特性。

5. 前缘半径 r_L,后缘角 τ

对圆头翼型,其前缘钝度用一个与前缘相切圆的半径 r_L 来表示,圆心在中弧线前缘点的切线上,r_L 称为前缘半径,相对前缘半径 $\bar{r}_L$ 的定义是

$$\bar{r}_L = \frac{r_L}{b} \qquad (7-4)$$

翼型上、下表面在后缘处切线间的夹角称为后缘角 τ。τ 值的大小表示了后缘的尖锐度。

6. 常用低速翼型编号法

一般说来,翼型的 $\bar{c}$、$\bar{f}$、$\bar{x}_f$ 这 3 个几何参数对气动特性影响特别大,常在翼型编号中全部或部分表示出来。下面仅就 4 种机翼设计上常用的美国低速翼型编号法作一些简单介绍。

(1)NACA 四位数字翼型。以 NACA2412 翼型为例:

所有 NACA 四位数字翼型的 $\bar{x}_c = 30\%$。

（2）NACA 五位数字翼型　例如，对 NACA 23012 翼型：

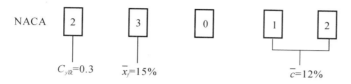

第一位数字表示设计升力系数的 $\dfrac{20}{3}$ 倍；

第二位数字表示 $\bar{x}_f$ 十分位的 2 倍；

第三位数字表示后段中弧线的类型，0 表示是直线，1 表示是反弯曲线。

设计升力系数是指翼型中弧线在前缘的切线与来流平行时翼型的理论升力系数。所有 NACA 五位数字翼型的 $\bar{x}_c = 30\%$。

（3）NACA 六位数字翼型。例如，NACA65$_3$–218 翼型：

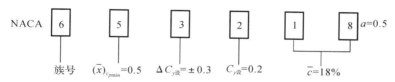

第一位数字指所属的翼型称号；

第二位数字指当翼型弯度为零时，零迎角下最低压强点 $\bar{x}$ 值的十分位；

第三位数字指 $C_{y设}$ 的增量 $\Delta C_{y设}$ 的十分位数；

第四位数字指设计升力系数 $C_{y设}$ 的十分位数；

第五、第六位数字指 $\bar{c}$ 的十分位数。

a 是说明中弧线载荷特性的，即从前缘起到某个弦向位置 a，载荷是常值，此后载荷线性下降，到后缘处降为零。

$\Delta C_{y设}$ 表示在 $C_{y设}$ 上、下 $\Delta C_{y设}$ 范围内，翼面上仍有有利的压强分布存在。NACA 六位数字的 $\bar{x}_c$ 介于 $0.35 \sim 0.45$ 之间。NACA 六位数字翼型又叫层流翼型。

（4）NASA 翼型。美国 NASA 发展和建立了现代低速翼型系列，编号为 LS(1)–04XX，例如 LS(1)–0417：

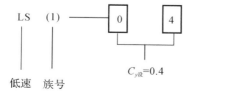

LS(1) – 04XX 低速翼型系列是在超临界翼型的基础上发展起来的,具有良好的低速气动特性。

7.1.2 翼型空气动力系数

1.翼型的迎角和空气动力

在翼型平面上,把来流 v_∞ 与翼弦间的夹角定义为几何迎角,简称迎角,用 α 表示(见图 7 – 3)。对弦线而言,来流上偏 α 为正,下偏 α 为负。气流绕翼型的流动是平面流动,翼型上的气动力应视为无限翼展机翼在 z 轴方向截取单位长翼段上所产生的气动力,见图 7 – 4。翼型表面上每一点都作用压强 p 和摩擦应力 τ,它们产生一个合力 R,将 R 分解为垂直 v_∞ 方向的升力 Y 和平行于 v_∞ 方向的阻力 X。合力 R 对某参考点,例如对前缘 O 或 1/4 弦点取矩可得 M_z 或 $M_{z1/4}$,规定力矩使翼型抬头为正,低头为负(见图 7 – 5)。

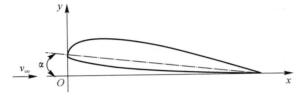

图 7 – 3　翼型的迎角

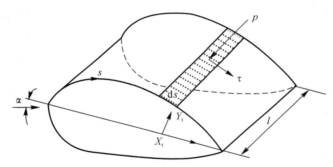

图 7 – 4　单位展长翼段

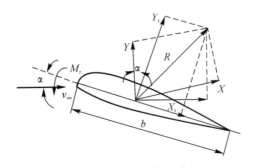

图 7 – 5　翼型上的气动力

2. 翼型空气动力系数

翼型无量纲的空气动力系数的定义是

升力系数
$$C_y = \frac{Y}{\frac{1}{2}\rho v_\infty^2 \times b \times 1} \qquad (7-5a)$$

阻力系数
$$C_x = \frac{X}{\frac{1}{2}\rho v_\infty^2 \times b \times 1} \qquad (7-5b)$$

力矩系数
$$m_z = \frac{M_z}{\frac{1}{2}\rho v_\infty^2 \times b^2 \times 1} \qquad (7-5c)$$

对低速翼型绕流来说,空气的压缩性可忽略,但必须计及空气的黏性。因此,以上 3 个空气动力系数除与翼型的几何参数和迎角有关外,还要取决于雷诺数 Re 的高低,至于空气动力系数与 α、Re、翼型无量纲几何参数之间的关系式或曲线关系,则应由理论计算或实验结果确定。

7.2　低速翼型的气动特性概述

7.2.1　低速翼型的绕流特点

低速直匀流以 v_∞、小 α 流过一个圆头尖尾翼型时,其流态如图 7-6 所示。其流动的主要特点:流动附体无分离,物面上附面层及尾迹区均相当薄;前驻点在下翼面距前缘不远处,流经驻点的流线把来流分成两部分,一部分气流从驻点起绕过前缘经上翼面向后流去,另一部分气流沿下翼面流动;在后翼处流动平滑地汇合后向下后方流去,并逐渐转回到来流方向,随着迎角的增大,驻点逐渐后移,最大速度点越来越靠近前缘,最大速度值越大,上、下翼面的压差也越大,因而升力也越大。对圆头较厚翼型,在中等迎角下,上表面后区的附面层因受到逐渐增大的逆压梯度作用而发生局部分离。随着 α 的继续增大,后缘分离区向前扩展,当迎角达到某个临界值后上翼面的附体流动被彻底破坏,升力下降,阻力大增,流动不太稳定。此现象称为失速,此临界迎角又称为失速迎角。典型翼型在大迎角(已接近失速迎角)下的流态和表面压强分布曲线(理论计算和实验结果)如图 7-7 所示。

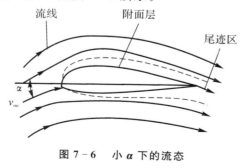

图 7-6　小 α 下的流态

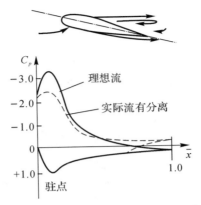

图 7 - 7　大迎角下翼型的流层和压强分布

7.2.2　翼型气动力系数随迎角 α 变化曲线

翼型的升力系数 C_y 随迎角 α 的变化曲线如图 7-8 所示。在失速前的中小迎角下,黏性对升力系数的影响不大,C_y 随 α 基本上是线性增加的。但在大迎角时,特别是接近临界迎角 $α_{临}$ 时最大升力系数 C_{ymax},以及失速后的 $Cy - α$ 曲线形状却受黏性影响很大,因此与 Re 的大小有关。

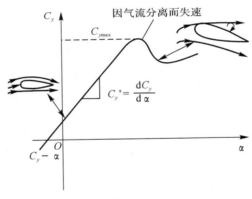

图 7 - 8　翼型的 $C_y - α$ 曲线

在小 α 下因流动附体,翼型阻力主要是摩擦阻力,因此 C_x 值较小且随 α 变化不大。随着迎角的增加,出现了黏性压差阻力增量,其值近似与 $α^2$(或 C_y^2)成正比。当 $α > α_{临}$ 时分离区已扩及整个上翼面,阻力系数 C_x 大增。

图 7-9 给出了 NACA 2412 翼型两个 Re 下的 $C_y - α$,$C_x - α$ 和 $m_{z1/4} - α$ 的实验曲线。由 $C_y - α$ 曲线,当 $α \leqslant 12°$ 时 C_y 与 α 呈直线关系,$α_{临} \approx 16°$,$C_{ymax} = 1.5$,$(α)_{c_y=0} = -2.1°$;由 $C_x - α$ 曲线得 $C_{xmin} = 0.006$,$C_{x黏压} = C_x - C_{xmin} \propto α^2$;由 $m_{z1/4} - α$ 曲线得到在比较宽的 α 范围内 $m_{z1/4} \approx -0.05$。Re 的变化主要影响 C_{ymax}(或 $α_{临}$)和 C_{xmin},对 $C_y^α$ 和 $m_{z1/4}$ 影响很小。

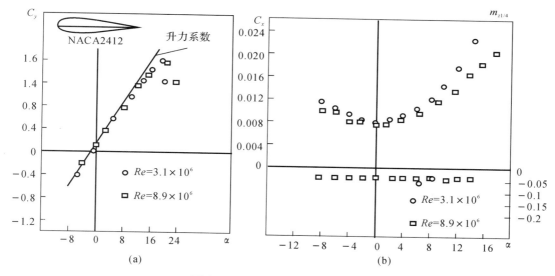

图 7 - 9   NACA 2412 的气动特性

（a）$C_y - \alpha$ 曲线；　（b）$C_x - \alpha$ 与 $m_{z1/4} - \alpha$ 曲线

7.3   库塔-茹科夫斯基后缘条件和环量的确定

7.3.1   库塔-茹科夫斯基后缘条件

根据库塔-茹科夫斯基升力定理,在定常、理想、不可压流中,直匀流流过任意界面形状翼型的升力为

$$Y = \rho v_\infty \Gamma \tag{7-6}$$

所以对给定 ρ 和 v_∞ 值,只要确定了给定迎角和几何外形翼型的环量值,根据升力定理即可求出作用在翼型上的升力。

在第 3 章研究了理想不可压流绕圆柱的流动。对圆柱可以取不同的环量 Γ 值,对应的驻点位置也就有多个。对于绕尖后缘的翼型来说,当给定来流 ρ 和 v_∞ 以及 α 和翼型形状时,对于理想流理论上也可以存在多个环量值,均满足翼型表面是流线的边界条件,但却分别对应于后驻点在上翼面、下翼面和尖后缘三种流动图画,如图 7 - 10 所示。对图 7 - 10(a) 和图 7 - 10(b) 所示两种情况,将出现绕后缘的流动,理论上尖后缘处将出现无穷大的速度和无穷大的负压强,这在物理上是不可能的。只有在图 7 - 10(c) 所示情况下上、下翼面气流平滑地流过后缘,后缘速度为有限值。根据实验流态观察,当迎角不太大时绕翼型流动只有图 7 - 10(c) 所示是实际存在的。20 世纪初,库塔和茹科夫斯基几乎同时提出了确定环量的补充条件,即库塔-茹科夫斯基后缘条件。

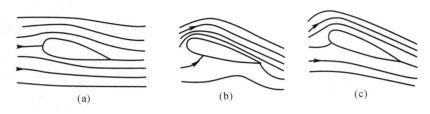

图 7 - 10　绕翼型三种位流流态

(a) 后驻点在上翼面；　(b) 后驻点在下翼面；　(c) 后驻点在尖后缘

库塔-茹科夫斯基后缘条件：

(1) 对于给定翼型和迎角,绕翼型的环量值应正好使流动平滑地流过后缘去。

(2) 若翼型后缘角 $\tau > 0$,则后缘点是后驻点,如图 7 - 11(a) 所示,即

$$v_1 = v_2 = 0 \tag{7-7a}$$

(3) 若翼型后缘角 $\tau = 0$,则后缘点的速度为有限值,如图 7 - 11(b) 所示,即

$$v_1 = v_2 \tag{7-7b}$$

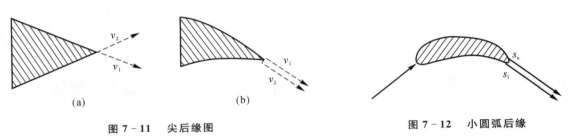

图 7 - 11　尖后缘图　　　　　　　　**图 7 - 12　小圆弧后缘**

真实翼型的后缘并不是尖角,而往往是一个小圆弧(见图 7 - 12),这时库塔-茹科夫斯基后缘条件不再适用。但因圆弧很小,下翼面气流不能绕过后缘到上翼面去,同样上翼面也不能绕过后缘到下翼面去。真实流动往往是在尾部某两点 s_u 和 s_l 上气流和翼型分离,s_u 和 s_l 两点相当接近,上、下两股气流脱体后在尾部形成的尾流区很薄。根据实际测量有

$$p_{s_u} = p_{s_l} \tag{7-8a}$$

由伯努利方程知

$$v_{s_u} = v_{s_l} \tag{7-8b}$$

式(7 - 8b)称为推广的库塔-茹科夫斯基后缘条件。上述脱体点 s_u 和 s_l 事先并不确知,它与翼型形状和迎角有关。对于流线型翼型的绕流,脱体点总是非常接近后缘处,位流计算时可近似取在后缘处。

7.3.2　环量的产生和后缘条件的关系

根据旋涡守恒定理,在理想不可压流中忽略彻体力时,绕相同质点组成的封闭周线上的速度环量 Γ 不随时间变化,即 $\frac{d\Gamma}{dt} = 0$。翼型都是从静止开始加速运动到定常状态的,根据旋涡守恒定理,翼型引起流体运动的速度环量应和静止流体一样处处为零,而由库塔-茹科夫斯基后缘条件确定的速度环量是一个不为零的值。这是否违背了旋涡守恒定理? 绕翼型环量产生的

物理原因以及与后缘条件的关系又是什么？

　　为说明这两个问题，首先在翼型流场中做一个将翼型包围在内的相当大的封闭流体周线 $CDEF$。翼型静止时，此流体周线上的速度环量 $\Gamma = 0$，如图 7-13(a) 所示。当翼型刚开始起动的瞬间，观察者站在翼型上看，因贴近翼型表面的黏性附面层还来不及生成（黏性起作用需要一段时间），绕翼型的环量为零，此时后驻点不在后缘处而在翼面上，例如在翼面的 B 处，如图 7-13(b) 所示。某一时间间隔后，翼面上黏性附面层已生成。下翼面气流绕过后缘沿上翼面前流，由于在后缘处流速很大，压力很低，后缘与后驻点之间的翼面上存在很大的逆压梯度，使附面层发生分离，产生一个逆时针的旋涡 $+\Gamma$，称为起动涡。它随着流体向下游运动。封闭流体周线 $CDEF$ 在连续运动中逐渐扩大，但始终包围翼型和起动涡。根据旋涡守恒定理，此流体周线上的环量始终等于零。因此绕翼型上相应地要产生一个顺时针的环量 $-\Gamma$。由于 $-\Gamma$ 的作用，翼型上表面的速度增加，后驻点向后缘推移，但只要后驻点还在上翼面上，上述过程继续发生，不断由逆时针的起动涡拖向下游，因而绕翼型的顺时针环量不断增大，驻点不断后移，直到后驻点移至后缘为止。这时上、下翼面的气流恰好在后缘处平滑地汇合，如图 7-13(c) 所示。以后翼型均匀前进，起动涡被遗留在远后方，绕翼型的环量为一定值。

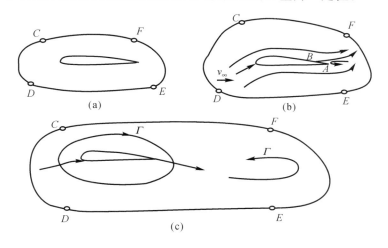

图 7-13　绕流环量的产生

(a) 静止情况；　(b) 起动情况；　(c) 匀速前进情况

　　根据以上分析得到重要的物理概念：

　　(1) 流体的黏性和翼型的尖后缘是产生起动涡的物理原因。一旦起动涡形成，又忽略黏性，绕翼型的速度环量总是与起动涡大小相等，方向相反。

　　(2) 对形状一定的翼型来说，只要给定运动速度和迎角，就有一个强度由库塔-茹科夫斯基后缘条件完全确定的环量与之相对应。

　　(3) 如果速度和迎角变化了，上、下翼面流动汇合处就要从后缘移向上翼面或下翼面，则重复上述起动过程，直到新的环量值可保证气流在翼型后缘处平滑汇合为止。

　　代表绕翼型环量的旋涡，因始终附着在翼型上，故称为附着涡，以区别于外流场中随气流一起运动的旋涡。根据升力定理，直匀流中一个具有适当强度的附着涡，就升力效应来说完全相当于直匀流中一个有环量的翼型。

7.4　薄翼型理论

从翼型低速下的绕流图形和起动特性分析已看到,在小迎角下流动附体无分离,黏性对压强分布、升力、力矩特性影响不大,可近似使用理想位流解法求 $C_p(x)$, $C_y - \alpha$ 和 $m_z - \alpha$;但在计算翼型阻力系数 C_x,以及大迎角下的最大升力系数 C_{ymax} 等失速特性时则必须计及气流黏性的影响。

理想不可压流体流过一个翼型,如果除迎角不大以外翼型的厚度和弯度也很小,流场是小扰动位流场,那么翼面上的边界条件以及压强系数可以线化,厚度、弯度和迎角的影响可以分开考虑。翼型的这种位流解法在空气动力学上称为薄翼型理论。

7.4.1　流动的分解

采用如图 7 - 14 所示的体轴坐标系 Oxy,原点 O 取在翼型前缘,x 轴沿翼弦向后,y 轴向上。

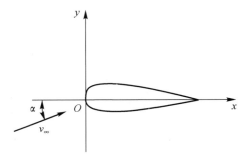

图 7 - 14　薄翼型绕流

1. 扰动速度位 ϕ 的线性叠加

(1)扰动速度位 ϕ 及其方程。若用 Φ 表示绕翼型位流的速度位函数,则 Φ 满足线性的二维拉普拉斯方程,叠加原理成立,即 Φ 可视为直匀流的速度位 ϕ_∞ 与翼型存在引起的扰动速度位 ϕ 之和,即

$$\Phi = \phi_\infty + \phi \tag{7-9}$$

显然有

$$\frac{\partial^2 \phi}{\partial x^2} + \frac{\partial^2 \phi}{\partial y^2} = 0 \tag{7-10}$$

由于 ϕ 也满足拉普拉斯方程,所以 ϕ 也具有可叠加性。

(2)翼面边界条件的近似线性化表示式。令翼面上的扰动分速度分别是 v'_{xw} 和 v'_{yw},则小 α 下翼面上的速度分量分别是

$$v_{xw} = v_\infty \cos\alpha + v'_{xw} \approx v_\infty + v'_{xw}$$

$$v_{yw} = v_\infty \sin\alpha + v'_{yw} \approx v_\infty \alpha + v'_{yw}$$

由翼面应是条流线的边界条件有

$$\frac{\mathrm{d}y_\mathrm{w}}{\mathrm{d}x_\mathrm{w}} = \frac{v_{y\mathrm{w}}}{v_{x\mathrm{w}}} = \frac{v_\infty \alpha + v'_{y\mathrm{w}}}{v_\infty + v'_{x\omega}}$$

或

$$v'_{y\mathrm{w}} = v_\infty \frac{\mathrm{d}y_\mathrm{w}}{\mathrm{d}x_\mathrm{w}} + v'_{x_\omega} \frac{\mathrm{d}y_\mathrm{w}}{\mathrm{d}x_\mathrm{w}} - v_\infty \alpha \qquad (7-11)$$

对薄翼型，$\bar{c}$ 和 $\bar{f}$ 很小，翼面坐标 y_∞ 和翼面斜率 $\dfrac{\mathrm{d}y_\mathrm{w}}{\mathrm{d}x_\mathrm{w}}$ 可认为是一阶小量；小迎角下 α 亦可视为一阶小量；小扰动下的 $v'_{x\mathrm{w}}$ 和 $v'_{y\mathrm{w}}$ 与 v_∞ 相比也是一阶小量，因此在保留一阶小量条件下式（7－11）化简为

$$v'_{y\mathrm{w}} = v_\infty \frac{\mathrm{d}y_\omega}{\mathrm{d}x_\mathrm{w}} - v_\infty \alpha \qquad (7-12\mathrm{a})$$

因 $y_\mathrm{wl}^\mathrm{u} = y_f \pm y_c$，故上式又可写为

$$v'^\mathrm{u}_{y\mathrm{wl}} = v_\infty \frac{\mathrm{d}y_f}{\mathrm{d}x} \pm v_\infty \frac{\mathrm{d}y_c}{\mathrm{d}x} - v_\infty \alpha \qquad (7-12\mathrm{b})$$

式（7－12b）表示，$v'_{y\mathrm{w}}$ 在小扰动条件下可近似表示为弯度、厚度和迎角三部分贡献的线性和。

（3）ϕ 的线性叠加式。根据 ϕ 的方程是线性的，以及 $v'_{y\mathrm{w}}$ 的近似线化表示式，就可将扰动速度位 ϕ 表示为弯度、厚度以及迎角三部分贡献的和，即可写为

$$\phi = \phi_f + \phi_c + \phi_a \qquad (7-13)$$

这是因为，由式（7－13）有

$$v'_{y\mathrm{w}} = \left(\frac{\partial \phi}{\partial y}\right)_\mathrm{w} = \left(\frac{\partial \phi_f}{\partial y}\right)_\mathrm{w} + \left(\frac{\partial \phi_c}{\partial y}\right)_\mathrm{w} + \left(\frac{\partial \phi_a}{\partial y}\right)_\mathrm{w} = v'_{y\mathrm{w}f} + v'_{y\mathrm{w}c} + v'_{y\mathrm{w}a} =$$

$$v_\infty \frac{\mathrm{d}y_f}{\mathrm{d}x} \pm v_\infty \frac{\mathrm{d}y_c}{\mathrm{d}x} - v_\infty \alpha$$

这就是式（7－12b）。

因此，扰动位流的 ϕ 有叠加性，即它是弯度、厚度和迎角单独存在时扰动速度位的和。

2. 压强系数 C_p 的线化表示式

理想不可压位流中，流场上任一点的 C_p，根据伯努利方程可写为

$$C_p = 1 - \frac{v^2}{v_\infty^2} = 1 - \frac{(v_\infty \cos\alpha + v'_x)^2 + (v_\infty \sin\alpha + v'_y)^2}{v_\infty^2}$$

在 $\bar{f}, \bar{c}, \alpha$ 均为小量的小扰动假设下，若只保留一阶小量，略去二阶和二阶以上小量，则

$$C_p = -\frac{2v'_x}{v_\infty} \qquad (7-14)$$

由式（7－13）有

$$v'_x = \frac{\partial \phi}{\partial x} = \frac{\partial \phi_f}{\partial x} + \frac{\partial \phi_c}{\partial x} + \frac{\partial \phi_a}{\partial x} = v'_{xf} + v'_{xc} + v'_{xa}$$

将其代入式（7－14）得

$$C_p = -\frac{2v'_{xf}}{v_\infty} - \frac{2v'_{xc}}{v_\infty} - \frac{2v'_{xa}}{v_\infty} = C_{pf} + C_{pc} + C_{pa}$$

上式也适用于翼面，即

$$C_{p\mathrm{w}} = -\frac{2}{v_\infty}\left(\frac{\partial \phi_f}{\partial x}\right)_\mathrm{w} - \frac{2}{v_\infty}\left(\frac{\partial \phi_c}{\partial x}\right)_\mathrm{w} - \frac{2}{v_\infty}\left(\frac{\partial \phi_a}{\partial x}\right)_\mathrm{w} = C_{p\mathrm{w}f} + C_{p\mathrm{w}c} + C_{p\mathrm{w}a} \qquad (7-15)$$

由式(7-15)可知,在小扰动条件下由于物体边界条件和翼面压强系数均可近似线化,不仅 ϕ 有叠加性,C_{pw} 亦有叠加性。

3. 薄翼型小 α 下位流的分解

由于在薄翼型、小 α 的小扰动条件下扰动速度位 ϕ 和物面压强系数均有叠加性,作用在薄翼型上的升力系数和力矩可以视为弯度、厚度和迎角作用之和,因此绕翼型的位流能分解为 3 个简单位流之和,如图 7-15 所示。

这 3 个简单位流分别是 $\alpha=0$ 的弯度问题(中弧线弯板 $\alpha=0$ 的绕流问题),$\alpha=0$ 的厚度问题(厚度分别是 $y_c(x)$ 对称翼型 $\alpha=0$ 的绕流问题),$\alpha\neq0$ 的迎角问题($\alpha\neq0$ 的平板绕流问题)。

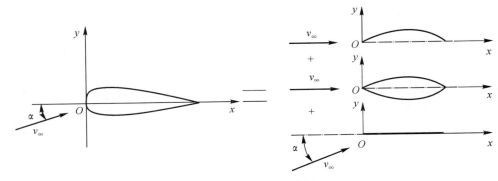

图 7-15 流动的分解

厚度问题因流动上、下对称,翼型表面虽有压强作用,但上、下表面对应点处无压差,不产生升力和力矩。弯度问题和迎角问题则流动上、下不对称,压差作用产生升力和力矩贡献。弯度和迎角作用可合在一起处理,称为迎角-弯度问题。将有迎角的中弧线弯板的升力和力矩特性代表薄翼型小迎角下的升力和力矩特性,这种理论通常就称为薄翼型理论。

前面已经介绍过使用孤立奇点流,如点源、点汇、点涡、点偶,与直匀流叠加可得到某些特定的二维不可压位流解。但是,对绕任意形状、任意厚度的翼型来说,利用叠加位流基本解的方法来寻求满足边界条件的位流解是不容易的。为此需要将孤立奇点流与直匀流叠加求解的概念加以推广,并在任意复杂物形上具体加以应用。例如,将点源(两头伸向无限远的线源)推广到物面上连续分布单位长度源强为 $q(s)$ 的面源,并与直匀流叠加以模拟无升力物体的厚度作用。又如,因点涡可以模拟升力效应,对有升力翼型的求解则需要在物面上连续分布单位长度涡强为 $\gamma(s)$ 的附着涡面来代替翼面,并与直匀流叠加以确定翼型的升力。

在翼型表面布源和布涡并与直匀流叠加的位流叠加解法,关键是确定源分布函数 $q(s)$ 或涡分布函数 $\gamma(s)$。对布源来说,$q(s)$ 由物面应是条流线的边界条件来定;对布涡则除满足物面是条流线以外,还应由库塔-茹科夫斯基后缘条件一起确定 $\gamma(s)$。

7.4.2 迎角-弯度问题

1. 面涡的基本特性

面涡是由面上无限多根连续分布的涡丝所组成的,它们各自垂直纸面且两端伸向无限远,如图 7 - 16 所示。

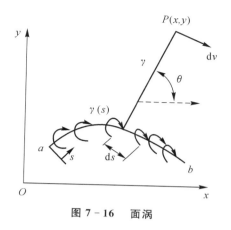

图 7 - 16　面涡

设单位长度涡强为 γ,则 $\mathrm{d}s$ 微段涡强为 $\gamma\mathrm{d}s$,它在流场中某点 P 处的诱导速度可认为是由具有此涡强的点涡集中在一点所产生的,即

$$\mathrm{d}v = -\frac{\gamma\mathrm{d}s}{2\pi r} \tag{7-16}$$

式中,r 是 P 点到 $\mathrm{d}s$ 的距离,$\mathrm{d}v$ 垂直于 r,因图示 γ 为顺时针故为负。该微段涡强在 P 点引起的速度位为

$$\mathrm{d}\phi = -\frac{\gamma\mathrm{d}s}{2\pi}\theta$$

整个面涡从 a 到 b,在 P 点引起的速度位是

$$\phi = -\int_a^b \frac{\gamma\mathrm{d}s}{2\pi}\theta \tag{7-17}$$

绕点涡的速度环量等于点涡强度。同样,绕涡面的速度环量等于涡面的强度,即

$$\Gamma = \int_a^b \gamma\mathrm{d}s \tag{7-18}$$

由式(7-16)可看出,涡面上每一个微段涡强在周围流场中所有点处诱导的速度满足连续性条件,所以整个涡面诱导的速度场在场中所有点满足连续性条件,但在涡面上除外,涡面上、下的流体在涡面作用下产生切向速度的间断。下面来证明涡面是切向速度的间断面,同时建立涡面强度和切向速度间断值之间的关系。

为简单起见,考虑一个分布在 x 轴上的平面涡面(见图 7-17)。微段涡强 $\gamma(\xi)\mathrm{d}\xi$ 在流场中 (x,y) 点及其在与 x 轴对称的点 $(x,-y)$ 处产生的诱导速度满足以下关系:

$$v_x(x,y) = -v_x(x,-y) \tag{7-19a}$$

$$v_y(x,y) = v_y(x,-y) \tag{7-19b}$$

于是整个涡面在 (x,y) 和 $(x,-y)$ 点诱导的速度也一定满足上式。当 $y\to\pm0$ 时,则有

$$v_x(x,+0) = -v_x(x,-0) \tag{7-20a}$$

$$v_y(x,+0) = v_y(x,-0) \tag{7-20b}$$

由下面即将导出的涡面强度和切向速度间断值之间的关系式可以知道,涡面上、下的流体切向速度都不为零,因而依据式(7-20)可得出,平面涡面是切向速度间断面,但法向速度是连续

的。同样,从理论上可严格证明曲面涡面也是切向速度的间断面。所以,涡面和切向速度间断面之间是等价的。

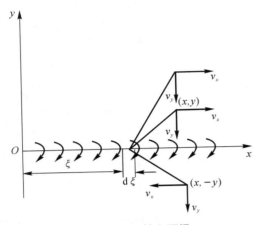

图 7 - 17　　x 轴上面涡

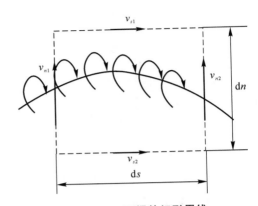

图 7 - 18　　面涡的矩形周线

包围微段涡强 $\gamma \mathrm{d}s$ 作一矩形周线,边长分别是 $\mathrm{d}s$ 和 $\mathrm{d}n$,周线上的速度分别是 v_{s1} 和 v_{s2},v_{n1} 和 v_{n2},如图 7 - 18 所示。绕矩形周线的速度环量为

$$\Gamma' = (v_{s1} - v_{s2})\mathrm{d}s + (v_{n1} - v_{n2})\mathrm{d}n$$

因 $\Gamma' = \gamma \mathrm{d}s$,故有

$$\gamma \mathrm{d}s = (v_{s1} - v_{s2})\mathrm{d}s + (v_{n1} - v_{n2})\mathrm{d}n$$

由于涡面上法向速度是连续的,故当 $\mathrm{d}s$ 的中点处法向速度为 v_n 时有

$$v_{n2} - v_{n1} = \left(v_n + \frac{\partial v_n}{\partial s}\frac{\mathrm{d}s}{2}\right) - \left(v_n - \frac{\partial v}{\partial s}\frac{\mathrm{d}s}{2}\right) = \frac{\partial v_n}{\partial s}\mathrm{d}s$$

和

$$\gamma \mathrm{d}s = (v_{s1} - v_{s2})\mathrm{d}s - \frac{\partial v_n}{\partial s}\mathrm{d}s\mathrm{d}n$$

当 $\mathrm{d}s$ 和 $\mathrm{d}n$ 均趋近于零时

$$\gamma = v_{s1} - v_{s2} \tag{7 - 21}$$

上式说明涡面是切向速度的间断面,穿过涡面当地切向速度的突跃值等于当地的涡面强度。

对于平面涡来说,涡面上任一点处的切向速度只能由当地涡强产生,其他地方涡强对此点只产生法向速度而不产生切向速度。此时,由式(7 - 20)和式(7 - 21)可得出

$$v_x(x, +0) = -v_x(x, -0) = \frac{\gamma}{2} \tag{7 - 22}$$

2. 确定面涡强度 $\gamma(\xi)$ 的积分方程

如图 7 - 19 所示,直匀流 v_∞ 以小迎角流过中弧线弯板,使用面涡法求解迎角-弯度问题需要一个变强度 $\gamma(s)$ 的涡面来代替中弧面,并在中弧面上满足如下边界条件:

$$v'_{yw} = v_\infty \left(\frac{\mathrm{d}y_f}{\mathrm{d}x} - \alpha\right) \tag{7 - 23}$$

和库塔-茹科夫斯基后缘条件。

因为翼型弯度一般很小,中弧线和弦线差别不大,因而在中弧线上布涡可近似用弦线上布

涡来代替,翼面上 y 轴方向扰动速度 v'_{yw} 可近似用弦线上的值来代替。这是因为对 v'_{yw} 可根据泰勒公式有

$$v'_{yw} = v'_y(x,y_f) = v'_y(x,0) + \left(\frac{\partial v'_y}{\partial y}\right)_{y=0} y_f + \cdots$$

因 y_f 和 $\left(\dfrac{\partial v'_y}{\partial y}\right)_{y=0}$ 都是一阶小量,它们的乘积是二阶小量,略去此项及更高阶小量得 $v'_y(x,y_f) \approx v'_y(x,0)$。

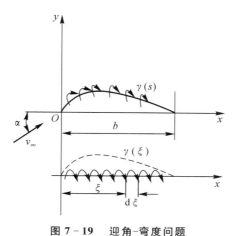

图 7－19　迎角-弯度问题

在一阶近似条件下求解迎角-弯度问题,或说求解薄翼型的升力和力矩问题,归结为在满足下列条件下求解沿弦线连续分布的涡强 $\gamma(\xi)$:

(1) 无穷远处边界条件

$$v'_{x\infty} = 0, \quad v'_{y\infty} = 0 \tag{7－24a}$$

(2) 物面边界条件

$$v'_y(x,0) = v_\infty \left(\frac{\mathrm{d}y_f}{\mathrm{d}x} - \alpha\right), \quad 0 \leqslant x \leqslant b \tag{7－24b}$$

(3) 库塔-茹科夫斯基后缘条件

$$\gamma(b) = 0 \tag{7－24c}$$

因涡面在无穷远处的扰动条件为零,所以无穷远处的边界条件自动满足,求解时只需考虑物面边界条件和后缘条件即可。

弧线上某点 ξ(布涡点)处涡面强度为 $\gamma(\xi)$,在 $\mathrm{d}\xi$ 微段上的涡强为 $\gamma(\xi)\mathrm{d}\xi$,它在弦线上任一点 x(受扰点)处产生的诱导速度为

$$\mathrm{d}v'_y(x,0) = \frac{\gamma(\xi)\mathrm{d}\xi}{2\pi(\xi - x)}$$

这里定义正值 γ 的方向如图 7－19 所示,v'_y 向上为正,整个涡面在 x 点处产生的诱导速度值为

$$v'_y(x,0) = \int_0^b \frac{\gamma(\xi)\mathrm{d}\xi}{2\pi(\xi - x)} \tag{7－25}$$

将式(7－25)代入式(7－24b)得

$$\frac{1}{2\pi} \int_0^b \frac{\gamma(\xi)\mathrm{d}\xi}{(\xi - x)} = v_\infty \left(\frac{\mathrm{d}y_f}{\mathrm{d}x} - \alpha\right) \tag{7－26}$$

式(7-26)即为确定 $\gamma(\xi)$ 的积分方程。

3. $\gamma(\xi)$ 的三角级数解

首先作变量置换，令

$$\xi = \frac{b}{2}(1 - \cos\theta), \quad x = \frac{b}{2}(1 - \cos\theta_1) \tag{7-27}$$

则 $\gamma(\xi) = \gamma(\theta)$，$\mathrm{d}\xi = \frac{b}{2}\sin\theta\mathrm{d}\theta$，代入式(7-26)得

$$-\frac{1}{2\pi}\int_0^\pi \frac{\gamma(\theta)\sin\theta}{\cos\theta - \cos\theta_1}\mathrm{d}\theta = v_\infty\left(\frac{\mathrm{d}y_f}{\mathrm{d}x} - \alpha\right) \tag{7-28}$$

然后将 $\gamma(\theta)$ 表示为一个三角级数：

$$\gamma(\theta) = 2v_\infty\left(A_0\cot\frac{\theta}{2} + \sum_{n=1}^\infty A_n\sin n\theta\right) \tag{7-29}$$

式中，$A_0, A_1, A_2, \cdots, A_n$ 是待定系数。第一项为 $\cot\frac{\theta}{2}$，是为了表达弯板前缘处理论上将出现无穷大速度(前缘点处 $\theta = 0$，$\cot\frac{\theta}{2} \to \infty$)。在后缘处 $\theta = \pi$，级数各项均为零，是满足后缘条件 $\gamma(\pi) = 0$ 的。

将式(7-29)代入式(7-28)得

$$-\frac{1}{\pi}\int_0^\pi\left\{\frac{A_0(1 + \cos\theta)}{\cos\theta - \cos\theta_1} + \frac{\frac{1}{2}\sum\limits_{n=1}^\infty A_n\left[\cos(n-1)\theta - \cos(n+1)\theta\right]}{\cos\theta - \cos\theta_1}\right\}\mathrm{d}\theta = \frac{\mathrm{d}y_f}{\mathrm{d}x} - \alpha \tag{7-30}$$

利用广义积分公式

$$I_n = \int_0^\pi \frac{\cos n\theta}{\cos\theta - \cos\theta_1}\mathrm{d}\theta = \pi\frac{\sin(n\theta_1)}{\sin\theta_1}$$

将式(7-30)各项逐一积分出来，得

$$\alpha - A_0 + \sum_{n=1}^\infty A_n\cos(n\theta_1) = \frac{\mathrm{d}y_f}{\mathrm{d}x}$$

先将上式两边均乘 $\mathrm{d}\theta_1$，并取 θ_1 由 0 到 π 的积分得

$$\int_0^\pi(\alpha - A_0)\mathrm{d}\theta_1 + \int_0^\pi\sum_{n=1}^\infty A_n\cos(n\theta_1)\mathrm{d}\theta_1 = \int_0^\pi\frac{\mathrm{d}y_f}{\mathrm{d}x}\mathrm{d}\theta_1$$

即有

$$A_0 = \alpha - \frac{1}{\pi}\int_0^\pi\frac{\mathrm{d}y_f}{\mathrm{d}x}\mathrm{d}\theta_1 \tag{7-31a}$$

再将其两边逐次乘上 $\cos n\theta_1\mathrm{d}\theta_1(n = 1 \sim \infty)$，并将 θ_1 取 $0 \sim \pi$ 的积分得

$$\int_0^\pi(\alpha - A_0)\cos n\theta_1\mathrm{d}\theta_1 + \int_0^\pi\sum_{n=1}^\infty A_n\cos^2 n\theta_1\mathrm{d}\theta_1 = \int_0^\pi\frac{\mathrm{d}y_f}{\mathrm{d}x}\cos n\theta_1\mathrm{d}\theta_1$$

其中

$$\int_0^\pi(\alpha - A_0)\cos n\theta_1\mathrm{d}\theta_1 = 0$$

$$\int_0^\pi\sum_{n=1}^\infty A_n\cos^2 n\theta_1\mathrm{d}\theta_1 = \frac{\pi}{2}A_n$$

故

$$A_n = \frac{2}{\pi} \int_0^\pi \frac{\mathrm{d}y_f}{\mathrm{d}x} \cos n\theta_1 \, \mathrm{d}\theta_1 \qquad (7-31\mathrm{b})$$

在给定翼型弯度函数 $y_f(x)$ 和迎角 α 后，$A_0, A_1, A_2, \cdots, A_n$ 均可根据式 (7-31) 求出，代入式 (7-29) 得 $\gamma(\theta)$。

4. 绕弯板的气动特性

有了 $\gamma(\theta)$ 就不难求得弯板的气动特性：

$$C_{p1}^u(x) = -\frac{2v'_x(x, \pm 0)}{v_\infty} = \mp \frac{\gamma(x)}{v_\infty} \qquad (7-32\mathrm{a})$$

$$\Gamma = \int_0^b \gamma(\xi) \mathrm{d}\xi = v_\infty b \int_0^\pi \left[A_0 \cot \frac{\theta}{2} + \sum_{n=1}^\infty A_n \sin(n\theta) \right] \sin\theta \mathrm{d}\theta = \pi v_\infty b \left(A_0 + \frac{A_1}{2} \right)$$

$$Y = \rho v_\infty \Gamma = \pi \rho v_\infty^2 b \left(A_0 + \frac{A_1}{2} \right)$$

$$C_y = \frac{Y}{\frac{1}{2}\rho v_\infty^2 b} = 2\pi \left(A_0 + \frac{A_1}{2} \right) = 2\pi (\alpha - \alpha_0) \qquad (7-32\mathrm{b})$$

其中

$$\alpha_0 = \frac{1}{\pi} \int_0^\pi \frac{\mathrm{d}y_f}{\mathrm{d}x} (1 - \cos\theta_1) \mathrm{d}\theta_1$$

由式 (7-32) 可看到：C_y 仅取决于三角级数前两项系数；α_0 是 $C_y = 0$ 时的迎角，在正弯度时是一个仅取决于弯度函数的小负数，称为零升迎角；C_y-α 图形是一条直线，其斜率 $C_y^\alpha = 2\pi \mathrm{rad}^{-1}$，截距 $C_{y0} = -2\pi\alpha_0$，如图 7-20 所示。

当几何迎角等于零升迎角时，翼型上有一条平行于 v_∞ 且通过后缘的直线，称为零升力线。定义绝对迎角为 v_∞ 与零升力线间的夹角，用 α_a 表示（见图 7-21），即

$$\alpha_a = \alpha - \alpha_0 \qquad (7-33\mathrm{a})$$

$$C_y = C_y^\alpha \alpha_a = 2\pi\alpha_a \qquad (7-33\mathrm{b})$$

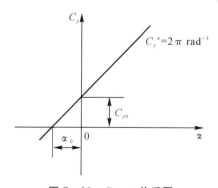

图 7-20　C_y-α 关系图

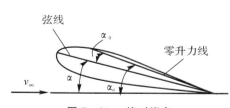

图 7-21　绝对迎角

对前缘的力矩系数

$$m_z = \frac{M_z}{\frac{1}{2}\rho v_\infty^2 b^2} = \frac{-\int_0^b \rho v_\infty \gamma(\xi)\xi \mathrm{d}\xi}{\frac{1}{2}\rho v_\infty^2 b^2} = \frac{\pi}{4}(A_2 - A_1) - \frac{1}{4}C_y = m_{z0} - \frac{1}{4}C_y \qquad (7-34)$$

式中

$$m_{z0} = \frac{\pi}{4}(A_2 - A_1) = \frac{1}{2}\int_0^\pi \frac{\mathrm{d}y_f}{\mathrm{d}x}(\cos2\theta_1 - \cos\theta_1)\mathrm{d}\theta_1 \qquad (7-35)$$

是 $C_y = 0$ 时的力矩系数,称为零升力矩系数。在正弯度时它也是一个只取决于弯度函数的小负数。由式(7-34),$m_z - C_y$ 图形也是一条直线,斜率 $m_z^{C_y} = -\frac{1}{4}$,截距为 m_{z0},如图7-22所示。

薄翼型理论的优点是可用解析方法计算出翼型升力和力矩特性与迎角和中弧线弯度之间的关系,而且与实验值比较吻合。

例 7-1 分析有迎角平板翼型的气动特性。

解 对平板 $\frac{\mathrm{d}y_f}{\mathrm{d}x} = 0$,故有

$$A_0 = \alpha, \quad A_1 = A_2 = \cdots\cdots = A_n = 0$$

所以

$$\gamma(\theta) = 2v_\infty\alpha\cot\frac{\theta}{2}$$

或者

$$\gamma(x) = 2v_\infty\alpha\sqrt{\frac{b-x}{x}}$$

故

$$\alpha_0 = 0, \quad C_y^\alpha = 2\pi\,\mathrm{rad}^{-1}$$

$$m_{z0} = 0, \quad m_z^{C_y} = -\frac{1}{4}$$

图 7-22 $m_z - C_y$ 曲线

直匀气流以小 α 流过平板翼型的流线谱和 $\gamma(x)$ 分布如图7-23所示。

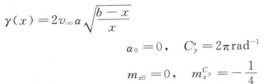

(a)

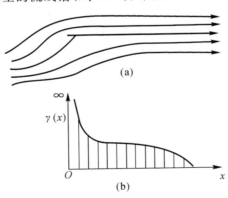

(b)

图 7-23 平板绕流

平板翼型上压强总是垂直板面的,压强合力 Y_t 必定也是垂直板面的,它在来流方向有一个分力 $Y_t\sin\alpha \neq 0$,似应有阻力存在,但根据理想流理论,翼型阻力应是零,问题在于上面没有留意前缘的绕流效应,或者说漏算了一个名为前缘吸力的力。

从图7-23可看到,$\alpha > 0$ 时前驻点在下板面前缘后不远处,来流要绕过前缘从下板面流到上板面去。对无厚度平板,因前缘半径为零,前缘处速度趋于无穷大,根据伯努利方程,前缘处压强趋于负无穷大,而作用面积趋于零。无穷大乘零可以是一个有限值,所以沿板向产生一个有限大小的前缘吸力 F,F 与 Y_t 合成后正好得到与来流垂直的升力 Y,阻力为零,如图7-24所示。

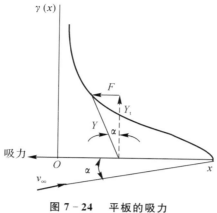

图 7 - 24　平板的吸力

平板翼型的前缘吸力系数是

$$C_F = C_{Y_t} \tan\alpha \approx 2\pi\alpha^2$$

例 7 - 2　分析有迎角抛物线形弯板的气动特性。

解　弯板翼型的 $\overline{y}_f = 4\overline{f}\,\overline{x}(1-\overline{x})$，故

$$\frac{\mathrm{d}\overline{y}_f}{\mathrm{d}x} = 4\overline{f}(1-2\overline{x})\cos\theta_1$$

$$A_0 = \alpha - \frac{4\overline{f}}{\pi}\int\cos\theta_1 = \alpha$$

$$A_1 = \frac{8\overline{f}}{\pi}\int_0^\pi \cos^2\theta_1\,\mathrm{d}\theta_1 = 4\overline{f}$$

$$A_2 = \frac{8\overline{f}}{\pi}\int_0^\pi \cos\theta_1 \cos2\theta_1\,\mathrm{d}\theta_1 = 0$$

$$\cdots\cdots$$

$$A_n = \frac{8\overline{f}}{\pi}\int_0^\pi \cos\theta_1 \cos n\theta_1\,\mathrm{d}\theta_1 = 0$$

$$\gamma(\theta) = 2v_\infty\alpha\cot\frac{\theta}{2} + 8v_\infty\overline{f}\sin\theta$$

$$\gamma(\overline{x}) = 2v_\infty\alpha\sqrt{\frac{1-\overline{x}}{x}} + 16v_\infty\overline{f}\sqrt{\overline{x}(1-\overline{x})}$$

$$\alpha_0 = \frac{4\overline{f}}{\pi}\int_0^\pi \cos\theta_1\,\mathrm{d}\theta_1 - \frac{4\overline{f}}{\pi}\int_0^\pi \cos^2\theta_1\,\mathrm{d}\theta_1 = -2\overline{f}\ \text{rad}$$

$$C_{y0} = -2\pi\alpha_0 = 4\pi\overline{f}$$

$$m_{z0} = \frac{\pi}{4}(A_2 - A_1) = -\pi\overline{f}$$

下面来求此弯板翼型的前缘吸力系数（见图 7 - 25）。$\mathrm{d}x$ 微段翼型上、下表面压差在来流方向的投影为

$$(p_1 - p_u)\mathrm{d}x\left(\frac{\mathrm{d}y_f}{\mathrm{d}x} - \alpha\right)$$

除前缘点，整个翼型上、下表面压力差在来流方向的投影为

$$\lim_{c \to 0} \int_c^b (p_1 - p_u) \left(\frac{dy_f}{dx} - \alpha \right) dx$$

根据达朗贝尔疑题,理想流体中翼型总阻力为零,即

$$X = F + \lim_{c \to 0} \int_c^b (p_1 - p_u) \left(\frac{dy_f}{dx} - \alpha \right) dx = 0$$

或

$$F = - \lim_{c \to 0} \int_c^b (p_1 - p_u) \left(\frac{dy_f}{dx} - \alpha \right) dx$$

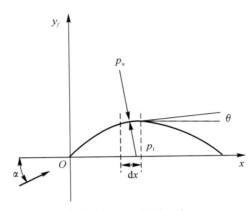

图 7 - 25　弯板的吸力

而吸力系数为

$$C_F = \frac{F}{\frac{1}{2} \rho_\infty v_\infty^2 b} = - \frac{1}{b} \lim_{c \to 0} \int_c^b (C_{p_1} - C_{p_u}) \left(\frac{dy_f}{dx} - \alpha \right) dx$$

$$C_{p_1} - C_{p_u} = \frac{2\gamma(x)}{v_\infty}$$

$$\frac{dy_f}{dx} - \alpha = \frac{v'_y}{v_\infty}$$

故可得

$$C_F = - \frac{2}{b v_\infty^2} \lim_{c \to 0} \int_c^b v'_y \gamma(x) dx \qquad (7-36)$$

把弯板翼型的 $\frac{dy_f}{dx}$ 和 $\gamma(\theta)$ 代入得

$$C_F = - \frac{2}{b v_\infty^2} \lim_{\theta_0 \to 0} \int_{\theta_0}^\pi v_\infty (4\bar{f}\cos\theta - \alpha) \left[2v_\infty \left(\alpha\cot\frac{\theta}{2} + 4\bar{f}\sin\theta \right) \right] \frac{b}{2} \sin\theta d\theta$$

积分得 $$C_F = 2\pi\alpha^2$$

式(7 - 36)也可用于平板翼型,此时 $v'_y = -v_\infty \alpha$,$\gamma(\theta) = 2v_\infty \alpha\cot\frac{\theta}{2}$,代入得

$$C_F = 2\alpha^2 \lim_{\theta_0 \to 0} \int_{\theta_0}^\pi (1 - \cos\theta) d\theta = 2\pi\alpha^2$$

实际气流都是有黏性的。弯(平)板前缘点附近逆压梯度很大,气流发生分离,因而前缘吸力并不能兑现。将翼型头部做成小圆头,前缘吸力基本上可以兑现。

例 7 - 3　零迎角下一个弦长为 1 的平板翼型,其后缘襟翼偏转了一个小角度 η,襟翼弦长为 E(见图 7 - 26)。试求因襟翼偏转所产生的 ΔC_y 表示式和 $\eta = 15°,E = 1/3$ 时的 ΔC_y 值。

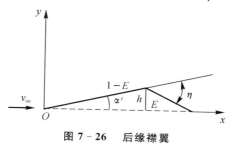

图 7 - 26　后缘襟翼

解　将襟翼偏转以后前、后缘间的连线视为假想的弦线,则可用迎角-弯度问题来求解。在小偏转角时有如下近似关系式:

$$\alpha' \approx \eta E$$

$$\left(\frac{\mathrm{d}y_f}{\mathrm{d}x}\right)_{前} \approx \alpha'$$

$$\left(\frac{\mathrm{d}y_f}{\mathrm{d}x}\right)_{后} \approx -(\eta - \alpha')$$

$$x_h \approx 1 - E$$

$$\theta_{1h} = \arccos(2E - 1)$$

故

$$A_0 = \alpha' - \frac{1}{\pi}\int_0^\pi \frac{\mathrm{d}y_f}{\mathrm{d}x}\mathrm{d}\theta_1 = \alpha' - \frac{1}{\pi}\left[\int_0^{\theta_{1h}}\left(\frac{\mathrm{d}y_f}{\mathrm{d}x}\right)_{前}\mathrm{d}\theta_1 + \int_{\theta_{1h}}^\pi \left(\frac{\mathrm{d}y_f}{\mathrm{d}x}\right)_{后}\mathrm{d}\theta_1\right] = \frac{\eta(\pi - \theta_{1h})}{\pi}$$

$$A_1 = \frac{2}{\pi}\int_0^\pi \frac{\mathrm{d}y_f}{\mathrm{d}x}\cos\theta_1\mathrm{d}\theta_1 = \frac{2}{\pi}\left[\int_0^{\theta_{1h}}\alpha'\cos\theta_1\mathrm{d}\theta_1 + \int_{\theta_{1h}}^\pi -(\eta - \alpha')\cos\theta_1\mathrm{d}\theta_1\right] = \frac{2\eta}{\pi}\sin\theta_{1h}$$

$$\Delta C_y = 2\pi\left(A_0 + \frac{A_1}{2}\right) = 2\eta\left[(\pi - \theta_{1h}) + \sin\theta_{1h}\right] \tag{7 - 37}$$

当 $\eta = 15°,E = 1/3,\theta_{1h} = \arccos\left(-\dfrac{1}{3}\right) = 109° 28',\sin(\theta_{1h}) = 0.943$,将这些值代入 ΔC_y 计算式得

$$\Delta C_y = \frac{\pi}{6}(1.243 + 0.943) = 1.15$$

7.4.3　厚度问题的解

零迎角下厚度分布函数为 $y_c(x)$ 的对称薄翼型的绕流问题称为厚度问题。对厚度问题可使用面源法求解,即在翼型表面上连续布源求解。

1. 面源的基本特性

面源是由无限对连续分布的线源(其线垂直于纸面,两头伸向无限远)组成的,如图 7 - 27所示。设单位长度面源强度为 q,则 $\mathrm{d}s$ 微段上面源强度为 $q\mathrm{d}s$,它在流场中某点 P 处产生的诱导速度为

$$dv = \frac{q\,ds}{2\pi r} \qquad (7-38)$$

式中,r 是点 P 到 ds 的距离,dv 沿 r 的方向。ds 微段面源在 P 点处产生的扰动速度位为

$$d\phi = \frac{q\,ds}{2\pi}\ln r$$

整个面源从 a 到 b,引起的扰动速度位是

$$\phi = \int_a^b \frac{q}{2\pi}\ln r\,ds \qquad (7-39)$$

因为穿过围绕点源封闭周线的体积流量等于点源强度,所以穿过绕面源封闭周线的流量等于面源的总源强,即

$$Q = \int_a^b q\,ds \qquad (7-40)$$

由于面源上每一个面源元素在周围流场中所有点处的诱导速度满足连续性条件,所以整个面源诱导的速度场中所有点满足连续性条件,但在面源上除外,面源上、下的流体在面源作用下产生法向速度的间断。下面来证明面源是法向速度的间断面,同时建立面源强度和法向速度间断值之间的关系。

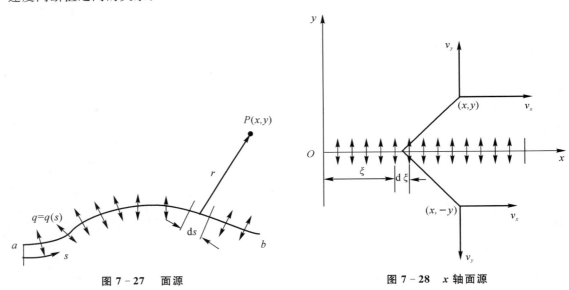

图 7 - 27　面源　　　　　　　　　　图 7 - 28　x 轴面源

为简单起见,考察一个布在 x 轴上的二维平面面源,如图 7 - 28 所示。微段面源上的源强 $q(\xi)d\xi$ 在流场中 (x,y) 点及其与 x 轴的对称点 $(x,-y)$ 处产生的诱导速度满足以下关系:

$$v_x(x,y) = v_x(x,-y), \quad v_y(x,y) = -v_y(x,-y)$$

于是整个面源在 (x,y) 和 (x,y) 诱导的速度也一定满足上式。当 $y \to \pm 0$ 时,则有

$$v_x(x,+0) = v_x(x,-0) \qquad (7-41a)$$
$$v_y(x,+0) = -v_y(x,-0) \qquad (7-41b)$$

因面源上、下流体的法向速度均不为零(见下文),则由式(7-41)可以得出,平面面源是法向速度的间断面,而切向速度是连续的。同样,从理论上可证明曲面面源也是法向速度的间断面。包围面源元素作一矩形周线,边长分别为 ds 和 dn,垂直周线的速度分别是 v_{n1} 和 v_{n2},v_{s1} 和

v_{s2},如图 7 – 29 所示。显然,通过矩形周线的体积流量 Q' 应等于微段面源的源强 $q\,\mathrm{d}s$,即

$$Q' = q\,\mathrm{d}s = (v_{n1} - v_{n2})\mathrm{d}s + (v_{s2} - v_{s1})\mathrm{d}n$$

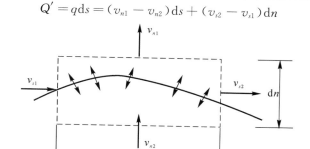

图 7 – 29　面源微段上矩形周线

由于面源上切向速度是连续的,设 $\mathrm{d}s$ 中点处切向速度为 v_s,则

$$v_{s2} - v_{s1} = \left(v_s + \frac{\partial v_s}{\partial s}\frac{\mathrm{d}s}{2}\right) - \left(v_s - \frac{\partial v_s}{\partial s}\frac{\mathrm{d}s}{2}\right) = \frac{\partial v_s}{\partial s}\mathrm{d}s$$

则

$$q\,\mathrm{d}s = (v_{n1} - v_{n2})\mathrm{d}s + \frac{\partial v_s}{\partial s}\mathrm{d}s\mathrm{d}n$$

当 $\mathrm{d}s$ 和 $\mathrm{d}n$ 均趋于零时得

$$q = v_{n1} - v_{n2} \tag{7 – 42}$$

此式说明面源是法向速度间断面,穿过面源当地法向速度的突跃值等于当地的面源强度。

对平面面源,面源上任一点处的法向速度只能由当地的源强产生,其他源强无法向速度贡献。由式(7 – 41b)和式(7 – 42)可得出

$$v_y(x, +0) = -v_y(x, -0) = \frac{q}{2} \tag{7 – 43}$$

2. 厚度问题的解

对薄翼型,可用弦线上布源近似代替在表面上布源。设在 x 轴上连续分布单位长度源强密度函数为 $q(\xi)$ 的源(q 为负值则为汇),$\mathrm{d}\xi$ 微段上的源强为 $q(\xi)\mathrm{d}\xi$,根据物面条件求出 $q(\xi)$ 的分布。

厚度问题的物面条件由式(7 – 12b),知

$$v'_{\mathrm{ywcl}} \approx v'_y(x, \pm 0) = \pm v_\infty\,\frac{\mathrm{d}y_c}{\mathrm{d}x}$$

又因为布源的面是法向速度的突跃面,所以源强密度等于当地法向速度的突跃值。根据式(7 – 43)可得

$$v'_y(\xi, +0) = -v'_y(\xi, -0) = \frac{q(\xi)}{2}$$

即有

$$q(\xi) = 2v_\infty\left(\frac{\mathrm{d}y_c}{\mathrm{d}x}\right)_{x=\xi}$$

若已知翼型的厚度分布函数 $y_c(x)$,则由上式即可求出源强密度分布函数 $q(\xi)$,不必像迎角-弯度问题那样要解积分方程。

要求翼型表面的压强分布,根据式(7-14)有

$$C_{pwc} = -\frac{2v'_{xwc}}{v_\infty}$$

而

$$v'_{xwc} \approx v'_x(x, \pm 0) = -\int_0^b \frac{q(\xi)\mathrm{d}\xi}{2\pi(\xi-x)} = \int_0^b \frac{v_\infty\left(\frac{\mathrm{d}y_c}{\mathrm{d}x}\right)_{x=\xi}\mathrm{d}\xi}{\pi(x-\xi)} \tag{7-44}$$

故

$$C_{pwc} = C_p(\bar{x}, \pm 0) = -\frac{2}{\pi}\int_0^1 \frac{\left(\frac{\mathrm{d}\bar{y}_c}{\mathrm{d}\bar{x}}\right)_{\bar{x}=\bar{\xi}}\mathrm{d}\bar{\xi}}{\bar{x}-\bar{\xi}} \tag{7-45}$$

例 7-4 $\alpha=0$ 的低速气流以 v_∞ 流过一个 $\bar{y}_c = 4\left(\frac{\bar{c}}{2}\right)\bar{x}(1-\bar{x})$ 的薄对称翼型(见图 7-30(a)),试用厚度问题求表面压强系数分布 $C_{pw}(\bar{x})$ 的表示式和 $\bar{x}=\frac{1}{2}$ 处的 C_{pmin} 的值。

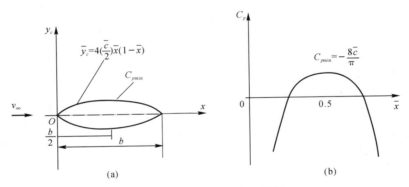

图 7-30 薄翼型厚度问题解

解 因 $\frac{\mathrm{d}y_c}{\mathrm{d}x} = \frac{\mathrm{d}\bar{y}_c}{\mathrm{d}\bar{x}} = 2\bar{c}(1-2\bar{x})$,故有

$$q(\xi) = 2v_\infty\left(\frac{\mathrm{d}y_c}{\mathrm{d}x}\right)_{x=\xi} = 4v_\infty\bar{c}(1-2\bar{\xi})$$

$$v'_x = \frac{2v_\infty\bar{c}}{\pi}\int_0^1 \frac{1-2\bar{\xi}}{\bar{x}-\bar{\xi}}\mathrm{d}\bar{\xi} = \frac{2v_\infty\bar{c}}{\pi}\left[2+(2\bar{x}-1)\ln\frac{1-\bar{x}}{\bar{x}}\right]$$

$$C_{pw}(\bar{x}) = \frac{-2v'_{xw}}{v_\infty} = -\frac{4\bar{c}}{\pi}\left[2+(2\bar{x}-1)\ln\frac{1-\bar{x}}{\bar{x}}\right] \tag{7-46}$$

$C_{pw}-\bar{x}$ 的曲线如图 7-30(b) 所示。最低压强点在 $\bar{x}=\frac{1}{2}$ 处,该 C_{pmin} 值是

$$C_{pmin} = (C_{pw})_{\bar{x}=\frac{1}{2}} = -\frac{8\bar{c}}{\pi} \tag{7-47}$$

7.5 任意形状翼型绕流的数值方法 —— 面元法

薄翼型理论只适用于绕薄翼型小迎角下的流动。若翼型相对厚度超过 12%,或迎角较

大,薄翼型理论与实验值间的误差变大,需要使用厚翼型理论来计算。厚翼型理论不止一种,这里只介绍厚翼型的数值计算方法。

7.5.1　对称厚度无升力流的数值计算法

对于二维对称物体无升力绕流,前面已介绍过可用面源法进行数值求解。这里要讲的是对称厚翼型无升力(即 $\alpha=0$)绕流,也可以通过在对称轴上分布平面偶极子与来流叠加的方法求解。

考虑速度为 v_∞ 的直匀流和在 x 轴上一段 AB(为物体对称轴上任取的一段,一般应小于物体长度)上连续分布偶极子流相叠加后的流动,假定偶极子强度分布为 $\mu(\xi)$。如图 7 - 31 所示,布偶微段 $\mathrm{d}\xi$ 对流场中任一点 $P(x,y)$ 处作用的流函数为

$$\mathrm{d}\psi = -\frac{\mu(\xi)\mathrm{d}\xi y}{(x-\xi)^2 + y^2}$$

而对整个叠加流动,即直匀流与全场上分布偶极子在点 P 引起的流函数为

$$\psi = v_\infty y - \int_a^b \frac{\mu(\xi) y}{(x-\xi)^2 + y^2}\mathrm{d}\xi \tag{7-48}$$

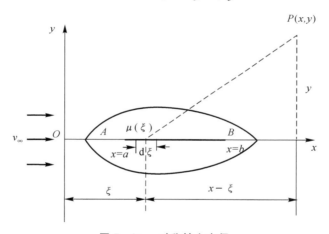

图 7 - 31　对称轴上布偶

如给定 $\psi=0$ 为物面方程,则 $\mu(\xi)$ 分布就可由式(7-48)加以确定。然而这是一个积分方程,解析求解通常是困难的。利用数值解法,求得物面 $\psi=0$ 的 μ_j 分布。因此,物面外任一点处的流函数便是

$$\psi_p = v_\infty y_p - \sum_{j=1}^n \frac{\mu_j \Delta\xi y_p}{(x_p - \xi_j)^2 + y_p} \tag{7-49}$$

而速度分布为

$$v_x = \frac{\partial\psi}{\partial y}, \quad v_y = -\frac{\partial\psi}{\partial x}$$

将物面坐标代入即可得到 $v_{x\mathrm{w}}$ 和 $v_{y\mathrm{w}}$,最后由下式计算 $C_{p\mathrm{w}}$:

$$\mathrm{C}_{p\mathrm{w}} = 1 - \frac{v_{x\mathrm{w}}^2 + v_{y\mathrm{w}}^2}{v_\infty^2} \tag{7-50}$$

7.5.2 任意厚翼型有升力时的数值计算法

前已述及,计算绕任意形状、任意厚度翼型的压强分布、升力和力矩特性,可以使用面涡法。该法和面源法相仿,使用数值方法,即从下翼面后缘起将翼面分成 n 个小段,每一小段用折线代替。段长不一定相等,并在每一小段上布常值涡,涡强度密度分别是 $\gamma_1, \gamma_2, \gamma_3, \cdots, \gamma_n$,它们是待求的,在每个涡片上取适当的点为控制点,在每个控制点上准确满足物面边界条件,如图 7-32 所示。

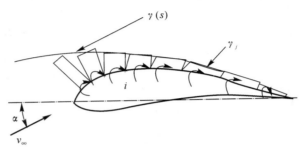

图 7-32 厚翼型的面涡数值解法

第 j 个涡片在第 i 个控制点上引起的扰动速度位,由涡的速度位公式得

$$\mathrm{d}\phi_{ij} = -\frac{\gamma_j}{2\pi}\int_{s_j}\theta_{ij}\,\mathrm{d}s_j \tag{7-51a}$$

而

$$\theta_{ij} = \arctan\frac{y_i - y_j}{x_i - x_j} \tag{7-51b}$$

翼面上所有涡片对 i 控制点引起的总的扰动速度位是

$$\phi_i = -\sum_{j=1}^{n}\frac{\gamma_j}{2\pi}\int_{s_j}\theta_{ij}\,\mathrm{d}s_j$$

引起的法向速度为

$$v_{\mathrm{n}i} = \frac{\partial\phi_i}{\partial n_i}$$

则在第 i 个控制点上满足物面边界条件是

$$v_\infty\cos\beta_i - \sum_{j=1}^{n}\frac{\gamma_j}{2\pi}\int_{s_j}\frac{\partial\theta_{ij}}{\partial n_i}\,\mathrm{d}s_j = 0 \tag{7-52}$$

式中, β_i 为来流与第 i 个涡片外法线间的夹角。

式(7-52)中 $i=1,2,\cdots,n$,故它为 n 阶线性方程组。为满足后缘条件,需使下表面第 1 个涡片和上表面最后第 n 个涡片的控制点 $1,n$ 尽可能地接近后缘,所以这两个涡片要取得很短。$\gamma_{后缘} = 0$ 的后缘条件用下式近似代替:

$$\gamma_1 = -\gamma_n \tag{7-53}$$

联立式(7-52)和式(7-53),可求得 $\gamma_1, \gamma_2, \gamma_3, \cdots, \gamma_n$,然后求出各涡片控制点上的切向速度、压强系数和翼型的升力,即

$$v_{s_i} = v_\infty \sin\beta_i + \frac{\gamma_i}{2} - \sum_{\substack{j=1 \\ j \neq i}}^{n} \frac{\gamma_j}{2\pi} \int_{s_j} \frac{\partial\theta_{ij}}{\partial s_i} \mathrm{d}s_j \qquad (7-54a)$$

$$C_{pi} = 1 - \left(\frac{v_{s_i}}{v_\infty}\right)^2 \qquad (7-54b)$$

$$Y = \rho_\infty v_\infty \sum_{j=1}^{n} s_j \gamma_j \qquad (7-54c)$$

因为任意厚翼型的面涡数值计算法是将涡分布在翼型的表面上,并在控制点上满足准确的边界条件,所以它包括了迎角、厚度和弯度的综合作用。实际计算结果表明,只要 n 值取得够大,数值解和实验符合得较好。若将每个涡片上的常值涡改用梯形或其他分布形态的涡,计算结果更好。NACA 0012 翼型在 $\alpha = 9°$ 时用梯形分布的涡片计算出来的翼型表面压强系数分布曲线,与精确的位流理论计算值符合得很好(见图 7-33)。

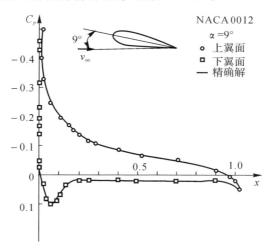

图 7-33　面涡法与精确解的比较

7.6　实用低速翼型的气动特性

为了从气动特性上选择符合设计要求的低速机翼翼型,需要了解和掌握迎角和翼型的几何参数对各方面气动特性的影响,并能对各气动系数进行工程上的估计。为此需要将理论计算结果和实验结果密切结合起来。

7.6.1　翼型表面压强分布

翼型表面压强分布不仅是结构设计和强度计算的主要外载荷依据,在气动上也是判断绕流状态和确定升力和力矩特性的一种近似方法。如果已知某翼型的压强分布曲线 $C_p - \bar{x}$,则小迎角下的升力系数 C_y 和绕前缘的力矩系数 m_z 可通过以下积分求得:

$$C_y = \int_0^1 (C_{pl} - C_{pu}) \mathrm{d}\bar{x} \qquad (7-55a)$$

$$m_z = -\int_0^1 (C_{pl} - C_{pu})\overline{x}\mathrm{d}\overline{x} \tag{7-55b}$$

当迎角 α 不大时,任意翼型的 C_p-$\overline{x}$ 压强分布可用位流理论,如前述的面涡法计算;薄翼型的 C_p-$\overline{x}$ 压强分布可使用薄翼型理论加以计算。由于位流理论未计黏性附面层的影响,C_p-$\overline{x}$ 压强分布是近似的,特别是在后缘前上翼面区有一定的误差。大迎角下由于翼型表面上附面层的分离,位流理论失效。虽然现在理论计算上已将位流计算和附面层计算结合起来,可以计算出考虑附面层存在时的压强分布,包括大迎角下有分离时的情况,但在设计使用上仍主要依靠实验结果。

7.6.2 翼型升力特性

表示翼型升力特性的 3 个参数是升力线斜率 $C_{y\infty}^{\alpha}$,$\alpha_{0\infty}$ 和 $C_{ymax\infty}$,脚注 ∞ 表示是翼型值。

1. 升力线斜率 $C_{y\infty}^{\alpha}$

实验结果表明,只要雷诺数 Re 值够大,它对 $C_{y\infty}^{\alpha}$ 的影响不大,按薄翼型理论 $C_{y\infty}^{\alpha} = 2\pi\mathrm{rad}^{-1}$,与翼型形状无关。厚翼型理论给出 $C_{y\infty}^{\alpha} > 2\pi\mathrm{rad}^{-1}$,随 $\overline{c}$ 和 τ 的增大而增大。以上两种理论均是位流理论,没有计及黏性效应改变了翼型有效外形的影响,$C_{y\infty}^{\alpha}$ 的理论值高于实验值,例如平板 $C_{y\infty}^{\alpha} = 0.9\times 2\pi$。因此,对实用有厚度翼型的 $C_{y\infty}^{\alpha}$ 与 $2\pi\mathrm{rad}^{-1}$ 差别不大。粗略估计高 Re 下有厚度翼型的 $C_{y\infty}^{\alpha}$ 值时可使用以下经验公式:

$$C_{y\infty}^{\alpha} = 1.8\pi(1 + 0.8\overline{c}) \tag{7-56}$$

2. 零升迎角 $\alpha_{0\infty}$

零升迎角是零升力线与弦线间的夹角,在正弯度时它是一个小负数。根据薄翼型理论和实验结果,$\alpha_{0\infty}$ 主要与 $\overline{f}$ 的大小有关,并可用薄翼型理论加以估计。某些 NACA 四位数字翼型 $\alpha_{0\infty}^{\circ} = -\overline{f}\times 100$。NACA 五位数字翼型 $\alpha_{0\infty}^{\circ} = -4C_{y设}$。

3. 最大升力系数 $C_{ymax\infty}$

翼型的 $C_{ymax\infty}$ 与表面上附面层的分离密切相关,因此它除与几何参数有关外,还取决于雷诺数和表面粗糙度等。常用低速翼型的 $C_{ymax\infty} = 1.3 \sim 1.7$,随 Re 的增加而增大,可从翼型手册或实验数据查得。

7.6.3 翼型纵向力矩特性

翼型力矩特性通常用 m_z-C_y 或 $m_{z1/4}$-C_y 曲线来表示。当 α 或 C_y 值不太大时 m_z-C_y 曲线也接近一条直线,即

$$m_z = m_{z0} + m_z^{C_y}C_y \tag{7-57}$$

式中,m_{z0} 为零升力矩系数,正弯度时为一个小负数;$m_z^{C_y}$ 是力矩曲线斜率,是负值。m_{z0} 和 $m_z^{C_y}$ 可近似使用薄翼型理论加以估计,即 m_{z0} 取决于弯度函数 $\overline{y}_f(\overline{x})$;$m_z^{C_y} = -\dfrac{1}{4}$。另外,当 C_y(或 α)值较大时力矩曲线变弯,其情形与 C_y-α 曲线一样是与附面层分离密切相关的。

7.6.4　压心位置 $\overline{x}_p$ 和焦点位置 $\overline{x}_F$

在翼型上有两个重要的气动特性点，一个是压心，另一个是焦点（又称气动中心）。

翼型上升力的作用点（即升力作用线与弦线的交点）称为压心 P，弦向位置用 $\overline{x}_p = \dfrac{x_p}{b}$ 来表示（见图 7-34）。由小迎角下 $m_z = -C_y \overline{x}_p$ 可得

$$\overline{x}_p = -\frac{m}{C_y} = -\frac{m_{z0}}{C_y} - m_z^{C_y} \tag{7-58a}$$

只要 $m_{z0} \neq 0$，$\overline{x}_p$ 将随着 C_y（或 α）变化。若按薄翼型理论取 $m_z^{C_y} = -\dfrac{1}{4}$，则

$$\overline{x}_p = -\frac{m_{z0}}{C_y} + \frac{1}{4} \tag{7-58b}$$

翼型上还存在这样一个点，不论 C_y（或 α）如何变，对该点的力矩系数都等于 m_{z0}，此点称为焦点 F，弦向位置用 $\overline{x}_F = \dfrac{x_F}{b}$ 来表示（见图 7-35）。对焦点的力矩系数为

$$m_{zF} = -C_y(\overline{x}_p - \overline{x}_F) = m_{z0}$$

将式（7-58a）代入上式，得

$$\overline{x}_F = -m_z^{C_y} \tag{7-59}$$

而

$$\overline{x}_p = \overline{x}_F - \frac{m_{z0}}{C_y} \tag{7-60}$$

显然，因焦点位置与迎角无关，故它实际上是翼型随迎角变化引起的升力增量的作用点。由于正弯度时 m_{z0} 为小负数，故当 $C_y > 0$ 时 $\overline{x}_p > \overline{x}_F$，即压心位于焦点之后。

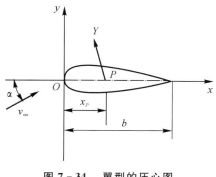

图 7-34　翼型的压心图

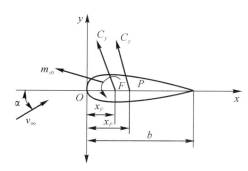

图 7-35　翼型的焦点

7.6.5　翼型阻力特性和极曲线

低速翼型的阻力是由空气黏性引起的，从物理实质上可将黏性阻力分为摩擦阻力（由物面上黏性切应力造成的）和压差阻力（由附面层存在改变了位流压强分布造成的）两部分。当迎角不大时摩擦阻力是主要的，压差阻力不大。在翼型设计升力系数 $C_{y\text{设}}$ 下（此时迎角不大）的

阻力系数称为最小阻力系数 $C_{x\min}$。

随着 C_y 或 α 增大,翼表面上附面层增厚,尾迹区加宽,黏性压差阻力逐渐增大为主要部分。一旦出现失速,黏性压差阻力剧增,C_x 随着 α 或 C_y 急剧增大。实验结果表明,失速前的 $C_{x黏压}$ 可近似认为与 C_y^2 成正比,即

$$C_{x黏压} = kC_y^2 \tag{7-61}$$

式中 k 为黏性压阻增量系数,可由理论或实验数据来确定。

虽然翼型阻力特性可以用 C_x - α 曲线表示,但在飞机设计上更常用 C_y - C_x 曲线来表示翼型的升阻特性,称为极曲线(见图 7-36)。图中 $C_y = 0$ 处的 C_x 值称为零升阻力系数 C_{x0},通常 $C_{x0} \approx C_{x\min}$。失速前的极曲线可近似用如下公式表示:

$$C_x = C_{x0} + kC_y^2 \tag{7-62}$$

因此,它近似是一条抛物线。

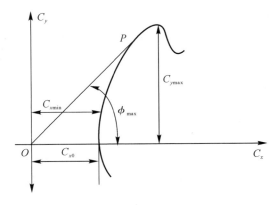

图 7-36   翼型的极曲线

极曲线上任一点 P(它对应某个确定的迎角 α)和 O 点的连线 OP 与 Ox 轴的夹角为 ϕ,并用 K 表示 ϕ 角的正切,则

$$K = \tan\phi = \frac{C_y}{C_x} \tag{7-63}$$

称为翼型的升阻比。K 的最大值用 $K_{\max}$ 表示,称为最大升阻比,它是衡量升阻特性的重要指标之一,性能优良翼型的 $K_{\max}$ 可达 7.0 以上。

习　　题

7-1   一架低速飞机的平直机翼采用 NACA 2417 翼型,问此翼型的 $\bar{f}, \bar{x}_f$ 和 $\bar{c}$ 各等于多少?
[答:$\bar{f} = 2\%, \bar{x}_f = 40\%, \bar{c} = 17\%$]

7-2   有一个小 α 下的平板翼型,作为近似将其上分布涡集中在 1/4 弦点上(见习题图 7-2)。试证明若取 $\frac{3}{4}$ 弦点处满足边界条件,则 $C_y^{\alpha} = 2\pi\,\mathrm{rad}^{-1}$。

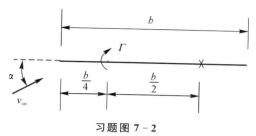

习题图 7 - 2

7 - 3　小迎角下平板翼型的绕流问题,试证明 $\gamma(\theta)$ 可以有以下两种形式的解:

(1) $\gamma(\theta) = \dfrac{\cos\theta}{\sin\theta} 2v_\infty \alpha$

(2) $\gamma(\theta) = \dfrac{1 + \cos\theta}{\sin\theta} 2v_\infty \alpha$

而解(1)不满足后缘条件,解(2)则满足后缘条件。

7 - 4　NACA 2412 翼型中弧线方程是

$$y_{f前} = \frac{1}{8}(0.80x - x^2) \qquad 0 \leqslant x \leqslant 0.4$$

$$y_{f后} = 0.0555(0.20 + 0.80x - x^2) \qquad 0.4 \leqslant x \leqslant 1.0$$

如习题图 7 - 4 所示。试根据薄翼型理论求 C_y^α, α_0, $\overline{x}_F$ 和 m_{z0} 值。

[答:$\alpha_0 = -2.095°$, $C_y^\alpha = 2\pi\,\text{rad}^{-1}$, $\overline{x}_F = 0.25$, $m_{z0} = -0.05309$]

7 - 5　一个翼型前段是一平板,后段为下偏15°的平板襟翼(见习题图 7 - 5),试求当 $\alpha = 5°$ 的 C_y 值。

[答:$C_y = 1.69$]

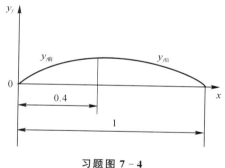

习题图 7 - 4

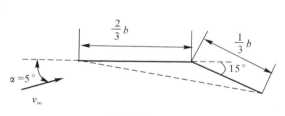

习题图 7 - 5

7 - 6　$\alpha = 0°$ 的气流流过一个 $\overline{f} \ll 1$ 抛物面弯板翼型,$\overline{y}_f = 4\overline{f}\,\overline{x}(1 - \overline{x})$。现将弯板上分布的涡集中在 $\overline{x} = \dfrac{1}{8}$ 和 $\overline{x} = \dfrac{5}{8}$ 两点,涡强分别为 Γ_1 和 Γ_2(见习题图 7 - 6)。现取前控制点 $\overline{x} = \dfrac{3}{8}$、后控制点 $\overline{x} = \dfrac{7}{8}$ 来满足翼面边界条件。试用此简化模型证明

$$C_{y0} = 4\pi\overline{f}$$

7 - 7　一个弯板翼型,$b = 1$,$y_f = kx(x - 1)(x - 2)$,k 为常数,$\overline{f} = 2\%$。试求 $\alpha = 3°$ 时的 C_y 和 m_z。

[答:$C_y = 0.535$, $m_z = -0.1798$]

7-8 有一弯板翼型，$b=1$，$y_f = 8.28\overline{f}\left(x^3 - \dfrac{15}{8}x^2 + \dfrac{7}{8}x\right)$（见习题图 7-8）。证明

$$m_{z0} = 0 \qquad \alpha_0 = -2.07\overline{f}\,\text{rad}$$

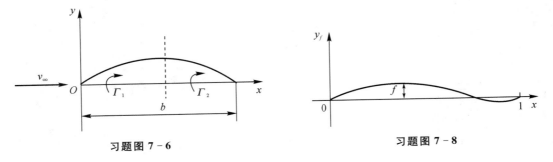

习题图 7-6　　　　　　　　　　　　　　**习题图 7-8**

7-9 有一个扁椭圆翼型，$b=1$，$c \ll 1$，$y_c = \dfrac{c}{2}\sqrt{1 - (2x-1)^2}$（见习题图 7-9）。试应用薄翼型理论的厚度问题求弦中点处最低压强系数 $C_{p\min} = C_{px=\frac{1}{2}}$ 值。

[答：$C_{p\min} = C_{px=\frac{1}{2}} = -2c$]

7-10 低速气流 v_∞ 以小 α 流过一个薄对称翼型，$\overline{y}_c = 4\left(\dfrac{\overline{c}}{2}\right)\overline{x}(1-\overline{x})$（见习题图 7-10）。

试用迎角问题和厚度问题求：

（1）表面 $C_p - \overline{x}$ 表达式；

（2）$C_{p\overline{x}=\frac{1}{2}}$ 值。

$\left[答：C_p = C_{pc} + C_{p\alpha} = \mp 2\alpha\sqrt{\dfrac{1-\overline{x}}{\overline{x}}} - \dfrac{4\overline{c}}{\pi}\left[2 + (2\overline{x}-1)\ln\dfrac{1-\overline{x}}{\overline{x}}\right], \ (C_{p\overline{x}=\frac{1}{2}})_{\substack{上\\下}} = \mp 2\alpha - \dfrac{8\overline{c}}{\pi}\right]$

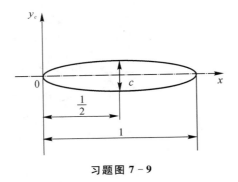

习题图 7-9

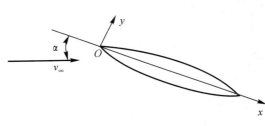

习题图 7-10

第 8 章 绕翼型的可压缩流动

本章将在小扰动假设的线性化理论的基础上,讨论无黏定常流动绕亚声速薄翼型和超声速翼型的空气动力特性。由于作了无黏性有位流动的假设,因此不涉及与黏性有关的阻力特性。

8.1 速度位方程

在不可压位流中,速度位 ϕ 满足拉普拉斯方程。解一个具体位流问题,在数学上归结为在满足给定的具体边界条件下解拉普拉斯方程。对无黏、定常和等熵可压流动,速度位 ϕ 所满足的方程就不再是拉普拉斯方程了,而是一个要复杂得多的方程,原因是连续方程中的密度不再是常数,不能消去。

定常流时,连续方程可展开为

$$v_x \frac{\partial \rho}{\partial x} + v_y \frac{\partial \rho}{\partial y} + v_z \frac{\partial \rho}{\partial z} + \rho\left(\frac{\partial v_x}{\partial x} + \frac{\partial v_y}{\partial y} + \frac{\partial v_z}{\partial z}\right) = 0 \qquad (8-1)$$

等熵流动中,流体是正压流体,即密度只是压强的函数,$\rho = \rho(p)$,因此

$$\frac{\partial \rho}{\partial x} = \frac{1}{a^2}\frac{\partial p}{\partial x}, \qquad \frac{\partial \rho}{\partial y} = \frac{1}{a^2}\frac{\partial p}{\partial y}, \qquad \frac{\partial \rho}{\partial z} = \frac{1}{a^2}\frac{\partial p}{\partial z} \qquad (8-2)$$

其中 $a^2 = \dfrac{\mathrm{d}p}{\mathrm{d}\rho}$。

将式(8-2)代入式(8-1)得到

$$\frac{1}{a^2}\left(\frac{v_x}{\rho}\frac{\partial p}{\partial x} + \frac{v_y}{\rho}\frac{\partial p}{\partial y} + \frac{v_z}{\rho}\frac{\partial p}{\partial z}\right) + \left(\frac{\partial v_x}{\partial x} + \frac{\partial v_y}{\partial y} + \frac{\partial v_z}{\partial z}\right) = 0 \qquad (8-3)$$

而欧拉方程

$$\left.\begin{aligned}
\frac{\partial p}{\partial x} &= -\rho\left(v_x\frac{\partial v_x}{\partial x} + v_y\frac{\partial v_x}{\partial y} + v_z\frac{\partial v_x}{\partial z}\right) \\
\frac{\partial p}{\partial y} &= -\rho\left(v_x\frac{\partial v_y}{\partial x} + v_y\frac{\partial v_y}{\partial y} + v_z\frac{\partial v_y}{\partial z}\right) \\
\frac{\partial p}{\partial x} &= -\rho\left(v_x\frac{\partial v_z}{\partial x} + v_y\frac{\partial v_z}{\partial y} + v_z\frac{\partial v_z}{\partial z}\right)
\end{aligned}\right\} \qquad (8-4)$$

将式(8-4)中的 $\dfrac{\partial p}{\partial x}, \dfrac{\partial p}{\partial y}, \dfrac{\partial p}{\partial z}$ 代入式(8-3),得到

$$\left(1 - \frac{v_x^2}{a^2}\right)\frac{\partial v_x}{\partial x} + \left(1 - \frac{v_y^2}{a^2}\right)\frac{\partial v_y}{\partial y} + \left(1 - \frac{v_z^2}{a^2}\right)\frac{\partial v_z}{\partial z} - \frac{v_x v_y}{a^2}\left(\frac{\partial v_x}{\partial y} + \frac{\partial v_y}{\partial x}\right) - \frac{v_y v_z}{a^2}\left(\frac{\partial v_y}{\partial z} + \frac{\partial v_z}{\partial y}\right) -$$

$$\frac{v_z v_x}{a^2}\left(\frac{\partial v_z}{\partial x} + \frac{\partial v_x}{\partial z}\right) = 0 \qquad (8-5)$$

对于有位流动,存在速度位 ϕ,并且

$$v_x = \frac{\partial \phi}{\partial x}, \quad v_y = \frac{\partial \phi}{\partial y}, \quad v_z = \frac{\partial \phi}{\partial z}$$

将上式代入式(8-5),得到可压流速度位 ϕ 满足的方程

$$\left(1 - \frac{v_x^2}{a^2}\right)\frac{\partial^2 \phi}{\partial x^2} + \left(1 - \frac{v_y^2}{a^2}\right)\frac{\partial^2 \phi}{\partial y^2} + \left(1 - \frac{v_z^2}{a^2}\right)\frac{\partial^2 \phi}{\partial z^2} - 2\frac{v_x v_y}{a^2}\frac{\partial^2 \phi}{\partial x \partial y} -$$

$$2\frac{v_y v_z}{a^2}\frac{\partial^2 \phi}{\partial y \partial z} - 2\frac{v_z v_x}{a^2}\frac{\partial^2 \phi}{\partial z \partial x} = 0 \tag{8-6}$$

式中,声速 a 可通过能量方程改写成速度形式,而速度可用 ϕ 表示,因此方程式(8-6)只是包含一个未知数 ϕ 的方程;由于这个二阶偏微分方程的系数是速度位 ϕ 的函数,因此偏微分方程式(8-6)的性质是非线性的。同时不难看出,不可压流动相当于 $a \to \infty$ 的情况,那时式(8-6)将成为拉普拉斯方程。

这样,解绕过物体的无旋流动问题,变成在数学上解偏微分方程式(8-6)满足该物体的具体边界条件的问题。由于方程不是线性的,所以对于有实际意义的物体形状(如机翼或机身等)的绕流问题,一般是无法求解的,可采用近似解法,如小扰动线化法以及数值解法等。

8.2　小扰动线化理论

飞行器或其部件的空气动力学问题,大都是远前方直匀流受到物体的扰动问题。为了适应高速飞行,需要减少阻力,因此机翼的相对厚度和弯度都比较小,而且迎角也不大,因而对流场的扰动,除物体个别地方外,总的来说是不大的,如图8-1所示,这种扰动称为小扰动。采用风轴系,令 x 轴与远前方未经扰动的直匀流相一致,这样前方来流只在 x 轴方向有一个速度分量 v_∞。由于物体的存在,对流场产生的小扰动,其速度分量为 v'_x, v'_y, v'_z。

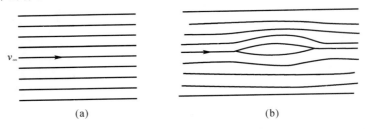

(a)　　　　　　　　　　　(b)

图 8-1　薄翼对直匀流的扰动

(a) 直匀流；　(b) 有扰动的流动

所谓小扰动,是指这些扰动分速与来流 v_∞ 相比都很小,即 $\frac{v'_x}{v_\infty} \ll 1, \frac{v'_y}{v_\infty} \ll 1, \frac{v'_z}{v_\infty} \ll 1$。在这个小扰动条件下,速度位方程式(8-6)可简化为线化方程。

8.2.1　速度位方程的线化

当直匀流以 v_∞ 流过物体(例如机翼)时,由于流场上各点的扰动速度分量为 v'_x, v'_y, v'_z,流场各点合速度的分量为 $v_x = v_\infty + v'_x, v_y = v'_y, v_z = v'_z$,将它们代入式(8-6),同时式中的 a^2

通过能量方程来表示：

$$a^2 = a_\infty^2 - \frac{\gamma-1}{2}(2v_\infty v_x' + v_x'^2 + v_y'^2 + v_z'^2)$$

为了简单起见，下式中小扰动速度上的"′"号一律省略，经过整理，速度位方程式(8-6)变为

$$(1 - Ma_\infty^2)\frac{\partial v_x}{\partial x} + \frac{\partial v_y}{\partial y} + \frac{\partial v_z}{\partial z} = Ma_\infty^2 \left[(\gamma+1)\frac{v_x}{v_\infty} + \frac{\gamma+1}{2}\left(\frac{v_x}{v_\infty}\right)^2 + \frac{\gamma-1}{2}\frac{v_y^2 + v_z^2}{v_\infty^2}\right]\frac{\partial v_x}{\partial x} +$$

$$Ma_\infty^2 \left[(\gamma-1)\frac{v_x}{v_\infty} + \frac{\gamma+1}{2}\left(\frac{v_y}{v_\infty}\right)^2 + \frac{\gamma-1}{2}\frac{v_x^2 + v_z^2}{v_\infty^2}\right]\frac{\partial v_y}{\partial y} +$$

$$Ma_\infty^2 \left[(\gamma-1)\frac{v_x}{v_\infty} + \frac{\gamma+1}{2}\left(\frac{v_z}{v_\infty}\right)^2 + \frac{\gamma-1}{2}\frac{v_y^2 + v_x^2}{v_\infty^2}\right]\frac{\partial v_z}{\partial z} +$$

$$Ma_\infty^2 \left[\frac{v_y}{v_\infty}\left(1 + \frac{v_x}{v_\infty}\right)\left(\frac{\partial v_x}{\partial y} + \frac{\partial v_y}{\partial x}\right) + \frac{v_z}{v_\infty}\left(1 + \frac{v_x}{v_\infty}\right)\left(\frac{\partial v_x}{\partial z} + \frac{\partial v_z}{\partial x}\right) + \frac{v_y v_z}{v_\infty^2}\left(\frac{\partial v_z}{\partial y} + \frac{\partial v_y}{\partial z}\right)\right]$$

$$\tag{8-7}$$

式(8-7)等号左边是常系数的线性式子。将式(8-7)等号右边各方括号中高于一次微量的项略去，得到

$$(1 - Ma_\infty^2)\frac{\partial v_x}{\partial x} + \frac{\partial v_y}{\partial y} + \frac{\partial v_z}{\partial z} = Ma_\infty^2(\gamma+1)\frac{v_x}{v_\infty}\frac{\partial v_x}{\partial x} + Ma_\infty^2(\gamma-1)\frac{v_x}{v_\infty}\left(\frac{\partial v_y}{\partial y} + \frac{\partial v_z}{\partial z}\right) +$$

$$Ma_\infty^2 \frac{v_y}{v_\infty}\left(\frac{\partial v_x}{\partial y} + \frac{\partial v_y}{\partial x}\right) + Ma_\infty^2 \frac{v_z}{v_\infty}\left(\frac{\partial v_x}{\partial z} + \frac{\partial v_z}{\partial x}\right)$$

$$\tag{8-8}$$

再进一步假设 Ma_∞ 不太接近于1，即流动不是跨声速流，这样 $|1-Ma_\infty^2|$ 不是微量；同时假设 Ma_∞ 不是很大，即流动不是高超声速。这样式(8-8)等号左边各项可以看作同一数量级的，而该式等号右边各项同左边相比，是多乘了一个微量，可以略去，成为

$$(1 - Ma_\infty^2)\frac{\partial v_x}{\partial x} + \frac{\partial v_y}{\partial y} + \frac{\partial v_z}{\partial z} = 0 \tag{8-9}$$

或将上式写成扰动速度位的形式：

$$(1 - Ma_\infty^2)\frac{\partial^2 \phi}{\partial x^2} + \frac{\partial^2 \phi}{\partial y^2} + \frac{\partial^2 \phi}{\partial z^2} = 0 \tag{8-10}$$

对二维流动

$$\beta^2 \frac{\partial^2 \phi}{\partial x^2} + \frac{\partial^2 \phi}{\partial y^2} = 0 \tag{8-11}$$

式中，$\beta^2 = 1 - Ma_\infty^2$，对于 $Ma_\infty > 1$ 的超声速流，改写上式为

$$B^2 \frac{\partial^2 \phi}{\partial x^2} - \frac{\partial^2 \phi}{\partial y^2} = 0 \tag{8-12}$$

式中，$B^2 = Ma_\infty^2 - 1$。

对亚声速流，方程式(8-11)为椭圆型的线性二阶偏微分方程；对超声速流，方程式(8-12)为双曲型的线性二阶偏微分方程。

8.2.2　压强系数的线化

由压强系数的定义

$$C_p = \frac{p - p_\infty}{\frac{1}{2}\rho_\infty v_\infty^2} = \frac{2}{\gamma Ma_\infty^2}\left(\frac{p}{p_\infty} - 1\right) \tag{8-13}$$

式中当地压强 p，可通过能量方程把它与当地合速度 v 联系起来：

$$\frac{\gamma}{\gamma-1}\frac{p_\infty}{\rho_\infty}\left(\frac{\rho_\infty}{\rho}\frac{p}{p_\infty} - 1\right) = \frac{v_\infty^2}{2}\left(1 - \frac{v^2}{v_\infty^2}\right)$$

把 $a_\infty^2 = \dfrac{\gamma p_\infty}{\rho_\infty}$ 及 $\dfrac{\rho_\infty}{\rho} = \left(\dfrac{p_\infty}{p}\right)^{\frac{1}{\gamma}}$ 代入，上式成为

$$\frac{p}{p_\infty} = \left[1 + \frac{\gamma-1}{2}Ma_\infty^2\left(1 - \frac{v^2}{v_\infty^2}\right)\right]^{\frac{\gamma}{\gamma-1}} \tag{8-14}$$

再代入式(8-13)，得

$$C_p = \frac{2}{\gamma Ma_\infty^2}\left\{\left[1 + \frac{\gamma-1}{2}Ma_\infty^2\left(1 - \frac{v^2}{v_\infty^2}\right)\right]^{\frac{\gamma}{\gamma-1}} - 1\right\} \tag{8-15}$$

为了将式(8-15)化简成更简单的式子，把上式写成

$$C_p = \frac{2}{\gamma Ma_\infty^2}\left\{\left[1 + \frac{\gamma-1}{2}Ma_\infty^2\left(1 - \frac{(v_\infty + v_x)^2 + v_y^2 + v_z^2}{v_\infty^2}\right)\right]^{\frac{\gamma}{\gamma-1}} - 1\right\} \tag{8-16}$$

将上式中括号项按二项式展开，仅保留到 $\left(\dfrac{v_x}{v_\infty}\right)^2$，$\left(\dfrac{v_y}{v_\infty}\right)^2$，$\left(\dfrac{v_z}{v_\infty}\right)^2$ 二次微量，得

$$C_p = -\left[\frac{2v_x}{v_\infty} + \frac{v_x^2}{v_\infty^2} + \frac{v_y^2 + v_z^2}{v_\infty^2}\right] \tag{8-17}$$

对于薄翼，若只取一次近似，则

$$C_p = -\frac{2v_x}{v_\infty} = -\frac{2}{v_\infty}\frac{\partial \phi}{\partial x} \tag{8-18}$$

上式就是压强系数公式经过线化后用于计算薄翼的式子。

对于旋成体，在零迎角下，在子午面内，式(8-17)变为

$$C_p = -\left(\frac{2v_x}{v_\infty} + \frac{v_r^2}{v_\infty^2}\right) \tag{8-19}$$

其中 $v_r^2 = v_y^2 + v_z^2$ 为径向速度。

8.2.3　边界条件的线化

边界条件包括物体远方的边界条件和物面上的边界条件。远方的边界条件是扰动为零。下面推导小扰动条件下较简单的线化的物面边界条件。

在物面上，定常理想流体的边界条件是物面上的某点的合速度与物面相切，或者说，合速度在物面的法线方向上的分量为零。

如图 8-2 所示，设 v 和 n 分别表示物面上任一点的气流合速度和物面的单位法向矢量，则

$$v \cdot n = 0 \tag{8-20}$$

如果物面中弧线的外法线与坐标轴夹角的余弦分别为 $\cos(n,x)$，$\cos(n,y)$，$\cos(n,z)$，小扰动条件下合速度分量分别为 $v_\infty + v_x$，v_y，v_z，则由式(8-20)得到

$$(v_\infty + v_x)\cos(n,x) + v_y\cos(n,y) + v_z\cos(n,z) = 0 \tag{8-21}$$

设物面中弧线方程为 $y = f(x,z)$，则

$$\cos(\boldsymbol{n},x) = \dfrac{-\dfrac{\partial f}{\partial x}}{\Delta}, \quad \cos(\boldsymbol{n},y) = \dfrac{1}{\Delta}, \quad \cos(\boldsymbol{n},z) = \dfrac{-\dfrac{\partial f}{\partial z}}{\Delta}$$

式中

$$\Delta = \sqrt{\left(\dfrac{\partial f}{\partial x}\right)^2 + 1 + \left(\dfrac{\partial f}{\partial z}\right)^2}$$

将以上各式代入式（8-21），得

$$-(v_\infty + v_x)\dfrac{\partial f}{\partial x} + v_y - v_z\dfrac{\partial f}{\partial z} = 0 \qquad (8-22)$$

由于物体厚度很薄，弯度很小，即 $\left|\dfrac{\partial f}{\partial x}\right| \ll 1$，$\left|\dfrac{\partial f}{\partial z}\right| \ll 1$，在小扰动假设的前提下，忽略式（8-22）中的二次微量，得到

$$-v_\infty\dfrac{\partial f}{\partial x} + v_y = 0$$

或

$$(v_y)_面 = v_\infty\dfrac{\partial f}{\partial x} \qquad (8-23)$$

由于物体的厚度、弯度很小，上式可进一步写为

$$(v_y)_{y=0} = \left(\dfrac{\partial \phi}{\partial y}\right)_{y=0} = v_\infty\dfrac{\partial f}{\partial x} \qquad (8-24)$$

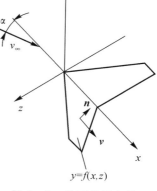

图 8-2　物面边界条件

8.3　亚声速流中薄翼型的气动特性

8.3.1　亚声速流绕薄翼型的流动特点

如图 8-3 所示为低速不可压流与亚声速可压流绕翼型流场的大致情况。其中，虚线为低速不可压流动的流线，实线为亚声速可压流动的流线。从图上看到，两者的流动图画并无本质差别，所不同的是，在翼型上、下流管收缩处，亚声速可压流的流线在竖向受到的扰动的扩张，要比低速不可压流的流线大。为了解释这个问题，不妨取 AA'，BB' 两流线之间的流管用一维等熵流动的原理进行分析。

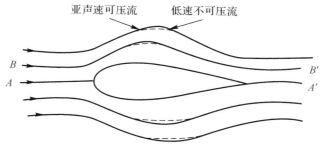

图 8-3　低速和亚声速可压流绕翼型的流动

在翼型上速度增大，流管截面收缩的地方，由

$$\frac{\mathrm{d}A}{A} = -(1 - Ma^2)\frac{\mathrm{d}v}{v} \qquad (8-25)$$

可知，对于相同速度变化率 $\mathrm{d}v/v$ 的增加，低速不可压流的 $\mathrm{d}A/A$ 要比亚声速可压流的减少得多，由此所形成当地相应的流管比可压流的小。这还可以从另一方面来阐明：在亚声速可压流中翼型表面的负压区，对于相同速度变化率 $\mathrm{d}v/v$ 的增加，由

$$\frac{\mathrm{d}\rho}{\rho} = -Ma^2\frac{\mathrm{d}v}{v} \qquad (8-26)$$

所引起密度变化率 $\mathrm{d}\rho/\rho$ 的降低，要比相应低速不可压流的大，为了保持流管中质量守恒，与不可压流情况相比，流线必须在竖向扩张以增大流管面积，如图 8-3 中实线所示，这意味着亚声速流动的压缩性影响，将使翼型在竖向所产生的扰动，要比低速不可压流的强，从而在该方向传播得更远。

8.3.2 亚声速流中薄翼型的气动特性

前面已经指出，对亚声速可压流绕过物体例如薄翼型的流动，在小扰动条件下，其扰动速度位满足线化方程式(8-11)及绕流的边界条件式(8-24)。在解得扰动速度位后，代入式(8-19)，就可算得翼型表面任一点的压强系数，通过积分就可求得其气动特性，如升力、俯仰力矩等。

薄翼型亚声速的绕流图画，与不可压流的绕流图画相比，在流动性质上并无本质不同，仅在数量之间具有一定的差别。当比较可压流线化方程与不可压流拉普拉斯方程时，发现两者仅相差一个常数因子 β^2，因此数学上可通过适当的坐标变换，将线化方程化为拉普拉斯方程，并将边界条件和压强系数进行相应变换，以建立两流场间的联系，这样就把求解线化方程满足边界条件的问题变为求解拉普拉斯方程满足边界条件的问题。

1. 线化方程的变换

为了将线化方程变换为拉普拉斯方程，引用以下变换：

$$x' = x, \quad y' = \beta y, \quad \phi' = k\phi, \quad v'_\infty = v_\infty \qquad (8-27)$$

式中带"'"号的量分别为对应不可压流场的坐标、扰动速度位和来流速度。k 为一待定常数。因为

$$\frac{\partial\phi}{\partial x} = \frac{1}{k}\frac{\partial\phi'}{\partial x'}, \quad \frac{\partial^2\phi}{\partial x^2} = \frac{1}{k}\frac{\partial^2\phi'}{\partial x'^2}, \quad \frac{\partial^2\phi}{\partial y^2} = \frac{\beta^2}{k}\frac{\partial^2\phi'}{\partial y'^2}$$

将上式代入式(8-11)，得

$$\frac{\partial^2\phi'}{\partial x'^2} + \frac{\partial^2\phi'}{\partial y'^2} = 0$$

上式即为不可压流拉普拉斯方程。由此可知，变换关系式(8-27)是构成两个相关流场(可压流场和不可压流场)之间联系的变换式。由于 x, y 用的是不同的缩尺，因此置于两个流场的翼型，其几何形状并不是简单几何相似的，这样的变换叫仿射变换。经这种变换所得的相应翼型之间，是仿射相似的。

2. 边界条件的变换

在远前方扰动速度必须为零的条件，经式(8-27)变换后仍然满足，这是明显的。下面研

究翼面边界条件是如何变化的。

将式(8-27)代入式(8-24),得到

$$\left(\frac{\partial \phi'}{\partial y'}\right)_{y'=0} = v'_{\infty} \frac{k}{\beta^2} \frac{\mathrm{d}y'}{\mathrm{d}x'}$$

如令

$$k = \beta^2 \tag{8-28}$$

则

$$\left(\frac{\partial \phi'}{\partial y'}\right)_{y'=0} = v'_{\infty} \frac{\mathrm{d}y'}{\mathrm{d}x'} \tag{8-29}$$

上式表明,采用式(8-27)的变换和式(8-28),可得到与亚声速流相同形式的边界条件。因此解亚声速绕薄翼型流动的问题——解线化方程(8-11)满足物面边界条件式(8-24),变为解拉普拉斯方程满足形式相同的边界条件式(8-29)的问题,而后者正是在第 7 章中所研究过的低速翼型的气动特性问题。

3. 相应薄翼型之间的变换

下面研究相应的不可压低速流薄翼型与亚声速流薄翼型两者在几何参数之间存在的关系。根据式(8-27),不可压流翼型的 y' 坐标,为亚声速流翼型 y 坐标的 β 倍($\beta < 1$),故对应不可压流翼型的几何参数 $\bar{c}'$,$\bar{f}'$ 和迎角 α',与亚声速流翼型相应的几何参数 $\bar{c}$,$\bar{f}$ 和迎角 α 之间,亦存在如下关系:

$$\left. \begin{aligned} \overline{c'} &= \beta \bar{c} \\ \overline{f'} &= \beta \bar{f} \\ \text{迎角 } \alpha' &= \beta \alpha \end{aligned} \right\} \tag{8-30}$$

式(8-30)表明,亚声速流动中,由于 $\beta < 1$,所对应不可压流翼型较亚声速流翼型为薄弯度和小迎角,如图 8-4 所示。

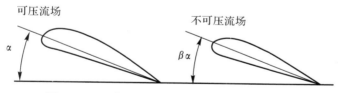

图 8-4　亚声速流翼型和相应的不可压流翼型

4. 翼型上对应点压强系数之间的关系

将式(8-27)和式(8-28)代入式(8-18),得到

$$C_p = -\frac{1}{\beta^2} \frac{2}{v'_{\infty}} \frac{\partial \phi'}{\partial x'}$$

上式可写为

$$(C_p)_{Ma_{\infty},\alpha,\bar{c},\bar{f}} = \frac{1}{\beta^2} (C_p)_{0,\beta\alpha,\beta\bar{c},\beta\bar{f}} \tag{8-31}$$

式中,角标"Ma_{∞}"表示流动是亚声速流,"0"表示流动是不可压流。

式(8-31)表明,可压流动中翼型表面某点的压强系数,等于相应不可压流翼型表面对

应点的压强系数乘以 $\frac{1}{\beta^2}$ 倍,对应点的位置由式(8-30)确定。

式(8-31)只是一种换算法。为了计算可压流亚声速翼型的压强系数,由图8-4可见,问题归结为计算对应不可压流中形状不同的翼型在不同迎角下的压强系数。这给计算带来不便。实用中,常对同一形状的翼型在相同迎角下,建立亚声速和低速不可压流的翼型两者之间压强系数存在的关系。这又是一种换算方法。

由于压强系数和扰动速度位的 x 轴方向导数成正比,小扰动不可压流翼型对气流的扰动,可认为是由翼型的厚度、弯度和迎角三者所引起扰动的叠加,而扰动的大小,显然和翼型的厚度、弯度及迎角的大小成正比。根据这样的原理,式(8-31)对应的关系还可再变一下。将图8-4所示的不可压流翼型的厚度、弯度和迎角,分别放大 $1/\beta$ 倍,其所引起的扰动速度 $v'_x = \frac{\partial \phi'}{\partial x}$ 也将放大 $1/\beta$ 倍,随之相应的压强系数也必须放大 $1/\beta$ 倍,即

$$(C_p)_{0,a,\bar{c},\bar{f}} = \frac{1}{\beta}(C_p)_{0,\beta a,\beta \bar{c},\beta \bar{f}} \qquad (8-32)$$

将式(8-32)代入式(8-31),得到

$$(C_p)_{Ma_\infty,a,\bar{c},\bar{f}} = \frac{1}{\beta}(C_p)_{0,a,\bar{c},\bar{f}} \qquad (8-33)$$

式(8-33)表明,流过具有相同厚度和弯度的翼型,在相同迎角下,亚声速流的压强系数只要将不可压流对应点上的压强系数简单地乘以 $1/\beta$ 就行了($\beta < 1$)。换算关系式(8-33)称为普朗特-格劳沃法则,$1/\beta$ 称为亚声速压缩性修正因子。

5. 翼型的亚声速气动特性

升力由压强分布积分而得到,而俯仰力矩和升力只差一个 x 轴方向的力臂,所以翼型在亚声速的升力系数 C_y 和俯仰力矩系数 m_z,等于不可压流的相应值乘以 $1/\beta$:

$$(C_y)_{Ma_\infty,a,\bar{c},\bar{f}} = \frac{1}{\beta}(C_y)_{0,a,\bar{c},\bar{f}} \qquad (8-34)$$

$$(m_z)_{Ma_\infty,a,\bar{c},\bar{f}} = \frac{1}{\beta}(m_z)_{0,a,\bar{c},\bar{f}} \qquad (8-35)$$

由于流过翼型的迎角相同,故

$$(C_y^a)_{Ma_\infty} = \frac{1}{\beta}(C_y^a)_0 \qquad (8-36)$$

8.4　超声速流中的翼型

8.4.1　超声速流绕薄翼型的流动特点

在超声速风洞实验中观察到,超声速气流流过物体时,如果物体头部钝粗,在物体前面将产生一道脱体激波。由于脱体激波中有一段强度较大的正激波,物体将承受较大的激波阻力。因此,为了减小激波阻力,超声速翼型前缘最好做成尖的,如菱形、四边形和双弧形等。现

以双弧形翼型为例,来说明翼型超声速绕流的特点。

如图 8-5(a)所示为超声速气流以迎角 α 绕双弧形翼型流动的示意图。如果迎角 α 小于翼型前缘半顶角 θ,则气流流过这样的翼型时,在前缘处相当于绕凹角流动,因此在前缘处将产生两道附体的斜激波。由于上、下翼面气流相对于来流的偏转角不同,所以上、下翼面的激波强度和倾角也不相同。

靠近翼面的气流通过斜激波后,将偏转到与前缘处翼型的切线方向一致,随后气流沿翼型表面的流动相当于绕凸曲面的流动,通过一系列膨胀波而连续膨胀。从翼型前部所发生的膨胀波,将与头部激波相交,并削弱激波,使激波相对于来流倾角逐渐减小,最后退化为马赫波。当上、下翼面的超声速流流到翼型的后缘时,由于上、下气流的指向不一致(两者之差为后缘角),且压强一般也不相等,根据来流迎角情况,在后缘上、下会产生两道斜激波,或一道激波和一组膨胀波,以使后缘汇合的气流具有相同的指向(近似地认为等于前方来流方向)和相等的压强。后缘激波同样地也要被翼面上的膨胀波所削弱,最后退化为马赫波。

翼面压强在激波后为最大,以后沿翼面经一系列膨胀波,而顺流逐渐下降,由于翼面前半段压强高于后半段压强,因而翼面上压强的合力在来流方向将有一分力。因为这种阻力是由于激波出现而形成的,故称为波阻。

当翼型处于小的正迎角时,由于上翼面前缘切线相对于来流所组成的凹角比下翼面的大,故上翼面的激波较下翼面的弱,其波后的马赫数上翼面较大,波后压强较下翼面低,所以上翼面的压强将小于下翼面的压强,压强的合力在与来流向垂直的方向上将有一分力,即升力。

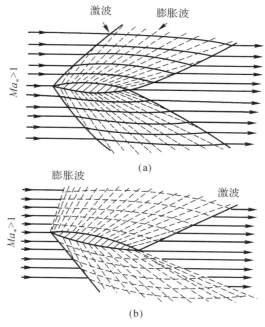

图 8-5　超声速气流绕翼型表面的流动示意图

(a)$\alpha < \theta$;　(b)$\alpha > \theta$

如果翼型的迎角大于翼型前缘的半顶角,即 $\alpha > \theta$(见图 8-5(b)),则气流绕上翼面的前缘流动就相当于绕一凸角流动,故在上表面前缘处将产生一组膨胀波,下表面仍为激波。同时在后缘的上表面仍形成斜激波,但下表面处则为一组膨胀波。

8.4.2　薄翼型超声速气动特性的线化理论

为了减小波阻力,超声速飞行器的机翼,其翼型厚度是比较薄的,弯度很小甚至为零,而且飞行迎角也较小,因此机翼产生的激波,其强度较弱。作为一级近似,可将激波近似看成马赫波,同时,膨胀波在一级近似下也可取为马赫波,并近似认为所有马赫波相互平行,且与来流的夹角均为来流马赫角

$$\mu_\infty = \arctan \frac{1}{\sqrt{Ma_\infty^2 - 1}}$$

因此,对于超声速气流绕薄翼型的小扰动,根据前面有关高速可压流动的知识,可以推导得到任一点的压强系数为

$$C_p = \pm \frac{2\theta}{\sqrt{Ma_\infty^2 - 1}} \tag{8-37}$$

其中 θ 是翼型上某点的切线与沿 x 轴的来流方向的夹角(取弧度)。

由于翼型比较薄,弯度比较小,除个别点外,翼型表面上各点的 θ 都比较小,可近似用该点翼面的斜率 $\dfrac{\mathrm{d}y}{\mathrm{d}x}$ 来替代。这里 x 轴沿来流方向,y 轴垂直于 x 轴,组成风轴坐标系,则式(8-37)等号右边"+"号用于翼型的上表面,"－"号用于翼型的下表面:

$$\left. \begin{aligned} C_{p_\mathrm{u}}(x,+0) &= \frac{2\left(\dfrac{\mathrm{d}y}{\mathrm{d}x}\right)_\mathrm{u}}{\sqrt{Ma_\infty^2 - 1}} \\[2em] C_{p_\mathrm{l}}(x,-0) &= \frac{-2\left(\dfrac{\mathrm{d}y}{\mathrm{d}x}\right)_\mathrm{l}}{\sqrt{Ma_\infty^2 - 1}} \end{aligned} \right\} \tag{8-38}$$

式中,下标"u""l"分别表示翼型上、下表面,"+0""－0"分别表示 $y=0$ 平面的上、下表面。

线性理论条件下薄型的分解,如图 8-6 所示。

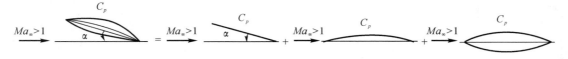

图 8-6　线化理论条件下薄翼型的分解

式(8-38)表明,压强系数与翼面斜率成线性关系。因此,在线化理论范围内,翼型表面的压强系数,可认为是由以下 3 部分绕流所产生的压强系数叠加而成的。

$$C_p = C_{p\alpha} + C_{pf} + C_{pc} \tag{8-39}$$

式中,下标"α"表示迎角为 α 的平板绕流,下标"f"表示迎角为零、中弧线弯度为 f 的弯板绕流,下标"c"表示迎角、弯度均为零,厚度为 c 的对称翼型绕流。因此,由式(8-39),翼型上、下翼面的压强系数,在线化理论范围内将分别等于分解的 3 种翼型在对应点的压强系数之和:

$$\left. \begin{aligned} C_{pu}(x,+0) &= (C_{pu})_\alpha + (C_{pu})_f + (C_{pu})_c \\ C_{pl}(x,-0) &= (C_{pl})_\alpha + (C_{pl})_f + (C_{pl})_c \end{aligned} \right\} \tag{8-40}$$

8.4.3　超声速流中薄翼型的气动特性

下面将分别讨论、计算作用在平板、弯板和厚度翼型上的载荷系数和气动力系数。

1. 迎角问题

由于上、下表面 $\left(\dfrac{\mathrm{d}y}{\mathrm{d}x}\right)_a = -\alpha$，代入式（8-38），可得到平板的载荷系数为

$$\Delta(C_p)_a = (C_{p_1} - C_{p_u})_a = \frac{4\alpha}{\sqrt{Ma_\infty^2 - 1}} \tag{8-41}$$

2. 弯度问题

由于上、下表面弯板斜率 $\left(\dfrac{\mathrm{d}y}{\mathrm{d}x}\right)_f$ 相同。当 $\left(\dfrac{\mathrm{d}y}{\mathrm{d}x}\right)_f$ 为正时，上表面为压缩流动，下表面为膨胀流动；当 $\left(\dfrac{\mathrm{d}y}{\mathrm{d}x}\right)_f$ 为负时，上表面为膨胀流动，下表面为压缩流动。因此，由式（8-38）可得

$$\left.\begin{aligned}
(C_{p_u})_f &= \frac{2\left(\dfrac{\mathrm{d}y}{\mathrm{d}x}\right)_f}{\sqrt{Ma_\infty^2 - 1}} \\[2mm]
(C_{p_1})_f &= \frac{-2\left(\dfrac{\mathrm{d}y}{\mathrm{d}x}\right)_f}{\sqrt{Ma_\infty^2 - 1}}
\end{aligned}\right\} \tag{8-42}$$

载荷系数为

$$\Delta(C_p)_f = (C_{p_1} - C_{p_u})_f = \frac{-4\left(\dfrac{\mathrm{d}y}{\mathrm{d}x}\right)_f}{\sqrt{Ma_\infty^2 - 1}} \tag{8-43}$$

3. 厚度问题

当上表面斜率 $\left(\dfrac{\mathrm{d}y_u}{\mathrm{d}x}\right)_c$ 为正时，为压缩流动；当 $\left(\dfrac{\mathrm{d}y_u}{\mathrm{d}x}\right)_c$ 为负时，为膨胀流动。下表面情况恰恰相反，当 $\left(\dfrac{\mathrm{d}y_1}{\mathrm{d}x}\right)_c$ 为正时，为膨胀流动；当 $\left(\dfrac{\mathrm{d}y_1}{\mathrm{d}x}\right)_c$ 为负时，为压缩流动。因此由式（8-38）得

$$\left.\begin{aligned}
(C_{p_u})_c &= \frac{2\left(\dfrac{\mathrm{d}y_u}{\mathrm{d}x}\right)_c}{\sqrt{Ma_\infty^2 - 1}} \\[2mm]
(C_{p_1})_c &= \frac{-2\left(\dfrac{\mathrm{d}y_1}{\mathrm{d}x}\right)_c}{\sqrt{Ma_\infty^2 - 1}}
\end{aligned}\right\} \tag{8-44}$$

由于厚度问题，对称翼型上、下表面对应点的斜率，其大小相等，方向相反，即

$$\left(\frac{\mathrm{d}y_u}{\mathrm{d}x}\right)_c = -\left(\frac{\mathrm{d}y_1}{\mathrm{d}x}\right)_c \tag{8-45}$$

因此载荷系数为

$$\Delta(C_p)_c = (C_{p_1} - C_{p_u})_c = 0 \tag{8-46}$$

4. 薄翼型的气动特性

线化理论下薄翼型的升力系数、波阻系数和对前缘的俯仰力矩系数,与压强系数一样,也是由上述 3 部分贡献的,如图 8 - 7 所示。

(1) 升力系数 C_y。

$$C_y = (C_y)_a + (C_y)_f + (C_y)_c \tag{8-47}$$

其中,

$$(C_y)_a = \frac{\Delta (C_p)_a b q_\infty \cos\alpha}{q_\infty b} \approx \frac{4\alpha}{\sqrt{Ma_\infty^2 - 1}} \tag{8-48a}$$

$$(C_y)_f = \frac{\int_0^b \Delta (C_p)_f \, dS \cos\theta \cdot q_\infty}{q_\infty b} = \frac{\int_0^b \Delta (C_p)_f q_\infty \, dx}{q_\infty b} = \frac{-4 \int_0^1 \left(\frac{d\overline{y}}{d\overline{x}}\right)_f d\overline{x}}{\sqrt{Ma_\infty^2 - 1}} = 0 \tag{8-48b}$$

$$(C_y)_c = 0 \tag{8-48c}$$

由上述分析,根据线化近似理论,薄翼型的弯度部分和厚度部分都不会产生升力,升力仅由平板部分的迎角所产生

$$C_y = (C_y)_a = \frac{4\alpha}{\sqrt{Ma_\infty^2 - 1}} \tag{8-49}$$

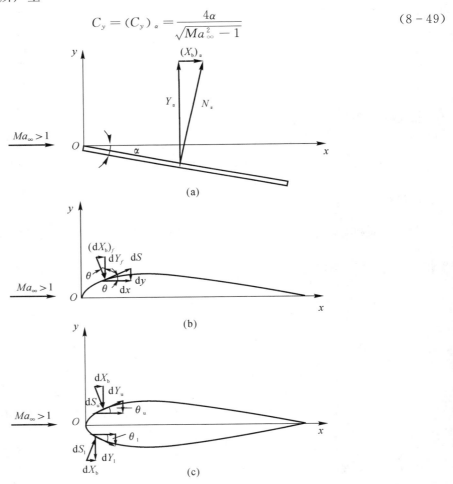

图 8 - 7　作用在翼型上的力的分解

（2）波阻系数 C_{x_b}。

$$C_{x_b} = \frac{X_b}{q_\infty b}$$

式中，X_b 为作用于翼型上的波阻力。

从图 8-7(a) 可见

$$(C_{x_b})_a = \frac{(X_b)_a}{q_\infty b} \approx \frac{4\alpha^2}{\sqrt{Ma_\infty^2 - 1}} \tag{8-50a}$$

从图 8-7(b) 可见，作用于微元面积 dS 上的力，在来流方向的分量即波阻力为

$$(\mathrm{d}X_b)_f = -q_\infty (C_{p_1} - C_{p_u})_f \mathrm{d}S\sin\theta = -q_\infty (C_{p_1} - C_{p_u})_f \tan\theta \cos\theta \mathrm{d}S$$

由于 $\tan\theta = \left(\dfrac{\mathrm{d}y}{\mathrm{d}x}\right)_f$，$\cos\theta \mathrm{d}S = \mathrm{d}x$，所以

$$(\mathrm{d}X_b)_f = -q_\infty (C_{p_1} - C_{p_u})_f \left(\frac{\mathrm{d}y}{\mathrm{d}x}\right)_f \mathrm{d}x$$

将式(8-42)代入上式，并对 x 沿弦向积分可得到波阻力，从而波阻系数可写为

$$(C_{x_b})_f = \frac{4}{b\sqrt{Ma_\infty^2 - 1}} \int_0^b \left(\frac{\mathrm{d}y}{\mathrm{d}x}\right)_f^2 \mathrm{d}x \tag{8-50b}$$

从图 8-7(c) 可见，上、下表面对波阻力的贡献是相同的，因此上、下翼面对应点处微元面积所产生的波阻力，等于上翼面相应微元面积 $\mathrm{d}S_u$ 所产生波阻力的 2 倍：

$$(\mathrm{d}X_b)_c = 2q_\infty (C_{p_u} \mathrm{d}S_u \sin\theta_u)_c = 2q_\infty (C_{p_u} \mathrm{d}S_u \tan\theta_u \cos\theta_u)_c$$

由于 $\tan\theta_u = \left(\dfrac{\mathrm{d}y_u}{\mathrm{d}x}\right)_c$，$\mathrm{d}S_u\cos\theta_u = \mathrm{d}x$。将式(8-44)代入，并注意到式(8-45)，沿弦向积分得到厚度部分的波阻系数

$$(C_{x_b})_c = \frac{4}{b\sqrt{Ma_\infty^2 - 1}} \int_0^b \left(\frac{\mathrm{d}y_u}{\mathrm{d}x}\right)_c^2 \mathrm{d}x \tag{8-50c}$$

将式(8-50a)、式(8-50b)和式(8-50c)相加，得薄翼型波阻系数为

$$C_{x_b} = \frac{4}{\sqrt{Ma_\infty^2 - 1}} \left\{ \alpha^2 + \frac{1}{b}\int_0^b \left[\left(\frac{\mathrm{d}y}{\mathrm{d}x}\right)_f^2 + \left(\frac{\mathrm{d}y}{\mathrm{d}x}\right)_c^2 \right] \mathrm{d}x \right\} \tag{8-51}$$

上式表明，薄翼型的波阻系数由两部分组成：一部分与升力有关；另一部分仅与薄翼型的弯度部分和厚度部分有关，称为零升波阻系数。

（3）对前缘的俯仰力矩系数 m_z。

$$m_z = \frac{M_z}{q_\infty b^2}$$

对翼型前缘产生的低头力矩规定为负。由于压强分布沿平板方向为常值，故升力作用于平板中点，所以

$$(m_z)_a = -\frac{C_y}{2} \tag{8-52a}$$

从图 8-7(b) 可见，微元面积 dS 距前缘距离为 x，则对前缘的力矩为

$$(\mathrm{d}m_z)_f = -\mathrm{d}Y_f x = \frac{4\left(\dfrac{\mathrm{d}y}{\mathrm{d}x}\right)_f}{\sqrt{Ma_\infty^2 - 1}} q_\infty x \mathrm{d}x$$

因此对前缘的俯仰力矩系数

$$(m_z)_f = \frac{4}{b^2\sqrt{Ma_\infty^2 - 1}} \int_0^b \left(\frac{\mathrm{d}y}{\mathrm{d}x}\right)_f x\,\mathrm{d}x$$

采用分部积分,由于 $[y_f]_0^b = 0$,所以

$$(m_z)_f = -\frac{4}{b^2\sqrt{Ma_\infty^2 - 1}} \int_0^b y_f\,\mathrm{d}x \qquad (8-52\mathrm{b})$$

从图 8-7(c) 可见,由于对应点处,$\mathrm{d}Y_u$ 和 $\mathrm{d}Y_l$ 是相互抵消的,因此翼型厚度部分对前缘力矩的贡献为零。综合上述 3 部分的分析,薄翼型对前缘的俯仰力矩系数为

$$m_z = -\frac{C_y}{2} - \frac{4}{b^2\sqrt{Ma_\infty^2 - 1}} \int_0^b y_f\,\mathrm{d}x \qquad (8-53)$$

进一步可知,翼型压力中心的相对位置

$$\bar{x}_p = \frac{x_p}{b} = -\frac{m_z}{C_y} \qquad (8-54)$$

另外,翼型焦点相对位置

$$\bar{x}_F = -\frac{\partial m_z}{\partial C_y} = \frac{1}{2} \qquad (8-55)$$

式(8-55)是容易理解的,因为翼型焦点是由迎角所产生的升力增量的作用点,对超声速薄翼型线化近似理论,随迎角的变化,它的升力增量作用点始终在翼弦中点处。众所周知,翼型在低速绕流时,其焦点位于弦长距前缘的四分之一处。这就是说,从低速到超声速,焦点位置显著后移。这是研究飞行器安定性和操纵性问题时必须注意的问题。

习　　题

8-1　在很低的马赫数下,二维翼型上某一点处的压强系数是 -0.5。试按线化理论,求 $Ma_\infty = 0.5, 0.8$ 时该点的压强系数为多少。

［答: $-0.578, -0.834$］

8-2　二维翼型在气流中这样放置:使它的最低压强点出现在下表面。当远前方来流马赫数为 0.3 时,这点的压强系数为 -0.782。试用普朗特-格劳沃法则,求该翼型的临界马赫数。

［答: 0.65］

8-3　翼型 NACA 0006 在亚声速风洞中做实验,测得 $\alpha = 0°$ 附近的升力曲线斜率 $\dfrac{\mathrm{d}C_y}{\mathrm{d}a}$ 如下:

Ma_∞	0.3	0.4	0.5	0.6	0.7	0.8
$\dfrac{\mathrm{d}C_y}{\mathrm{d}a}/\mathrm{rad}^{-1}$	0.596	0.620	0.654	0.710	0.801	0.963

作曲线与按普朗特-格劳沃法则推算的曲线相比较。

8-4　某翼型在 Ma_∞ 增大到 0.8 时,翼型上最大速度点的速度已达声速。问此翼型在低速时最大速度点的压强系数是多少?假设普朗特-格劳沃法则可用。

〔答：－0.260 8〕

8-5　如习题图 8-5 所示，具有对称菱形剖面的无限翼展机翼，以 $Ma_\infty=2$ 在海平面空气中向左运动。相对厚度 $\bar{c}=0.15$，迎角 $\alpha=0°$，求 B 点压强。

〔答：52 630N/m²〕

习题图 8-5　　　　　　　　　习题图 8-7

8-6　二维平板在 6km 高度，以 $Ma_\infty=2$ 飞行，迎角 $\alpha=10°$，计算上、下表面间的压强差。

〔答：53 000N/m²〕

8-7　如习题图 8-7 所示翼型，以 $Ma_\infty=3$，$\alpha=2°$ 运动，厚度与弦长之比为 0.1，且最大厚度出现在前缘之后 30% 弦长处。计算：

（1）绕焦点的力矩系数；

（2）压力中心位置；

（3）波阻系数；

（4）零升迎角。

〔答：－0.035 2；1.214 弦长处；0.035 4；0°〕

第9章　　高超声速流动基础知识

高超声速飞行器包括具有穿越大气层的发射上升段、大气层外的轨道飞行段,以及再入大气层的返回段的一类飞行器,如返回式卫星、飞船、航天飞机、空天飞机和弹道式导弹等,也包括在大气层内以高超声速(一般认为 $Ma_\infty > 5$)飞行的飞机和导弹。高超声速流动是一个复杂的领域,在这里仅介绍高超声速流动的一些基本知识,包括高超声速流动特点、高超声速相仿律和马赫无关原理、牛顿公式以及气动加热和热防护等。

9.1　　高超声速流动特点

高超声速流动概括地说,就是当飞行器的飞行马赫数增加时,某些物理现象变得越来越复杂的流动。这些现象也就是区分超声速流动和高超声速流动的主要特征。这些现象包括由于流动马赫数 Ma_∞ 数很高而产生的高度非线性的流体动力学特性和由于流动能量很大而引起的高温物理化学特性。具体来说,有以下现象存在。

9.1.1　　流场非线性

当高超声速气流受到扰动时,即使扰动速度与来流速度相比十分微小,但同声速相比可能并不小,因此微小的速度改变也会引起气流热力学参数相当大的变化。由理想一维流的运动方程、完全气体状态方程和等熵关系式可得

$$\frac{\mathrm{d}p}{p} = -\gamma Ma^2 \frac{\mathrm{d}v}{v} \tag{9-1a}$$

$$\frac{\mathrm{d}\rho}{\rho} = -Ma^2 \frac{\mathrm{d}v}{v} \tag{9-1b}$$

$$\frac{\mathrm{d}T}{T} = -(\gamma-1)Ma^2 \frac{\mathrm{d}v}{v} \tag{9-1c}$$

以上各式说明,当 $Ma \gg 1$ 时,即使微小的速度变化也将引起气流压强、密度、温度和声速等参数发生相当大的变化。因此,不能采用小扰动假设使运动方程线性化了,而必须保留方程中的非线性项。这种非线性性质,使扰流问题的理论研究更为复杂和困难。

9.1.2　　薄激波层

飞行器在超声速飞行时,飞行器与气流相遇的前缘将产生激波,激波与飞行器表面之间的流场叫作激波层。当飞行器的 Ma_∞ 很高时,激波层就很薄。如图9-1所示,当 $Ma_\infty=36$ 时,完全气体($\gamma=1.4$)绕过一个楔角为15°的尖楔,由气体动力学的斜激波理论可知,激波角只有18°。假若考虑真实气体效应,激波角会更小。根据高超声速流动的激波层很薄这个特征,建

立了包括牛顿理论在内的高超声速无黏流动的近似分析方法。另外,也正是激波层很薄,在 Re 数较低时,由于黏性边界层很厚,就必须在整个激波层内都考虑黏性。

图 9 - 1　高超声速飞行下的流过尖楔外形的激波层示意图

9.1.3　无黏流与边界层之间的相互干扰

在高超声速时,气流流动的动能在边界层中转换成内能,使得高超声速边界层内的温度很高。由于温度增高,从而使黏性系数增加,使得边界层增厚。另外,在垂直于飞行器表面方向,边界层内的压力不变,温度的增加引起密度减小。由质量守恒定律可知此时边界层的厚度就增加。因此,在高超声速时,沿飞行器表面的边界层要比较低速度时厚得多。厚的边界层将使外部的无黏流动产生很大的变化,而无黏流的变化又影响边界层的发展,这种无黏流和边界层的相互干扰叫作黏性干扰。当边界层进一步不断增厚,使得边界层和激波层完全融合时,就不能再用边界层的概念,而必须在整个激波层内都要考虑黏性。图 9 - 2 给出了高超声速边界层流动的黏性干扰示意图。

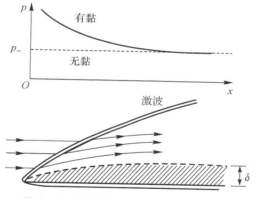

图 9 - 2　高超声速边界层流动的示意图

9.1.4　存在高熵层

高超声速飞行器的前缘一般都是钝的,而钝体在超声速气流中要产生弓形激波。在前缘的轴线附近,激波角接近 $90°$。经过这段激波的流线,在激波后的熵值增加很多。往下游时,激波角逐渐减小。经过这段激波的流线,在激波后的熵值增加较少。因此在飞行器接近前缘的一段区域内,在垂直于飞行器表面的方向,存在很大的熵梯度。这种熵梯度很大的区域叫作熵层。该熵层覆盖在物体表面,并延伸到头部下游相当大的距离,如图 9 - 3 所示。由克罗柯(Crocco) 定理可知,熵层是涡量很大的区域。

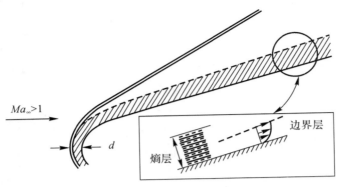

图 9 - 3   高超声速熵层示意图

9.1.5   高温真实气体效应

高超声速飞行器前缘弓形激波后的高温和飞行器表面边界层中的高温,可以激发气体分子的振动,引起离解甚至产生电离。假若在流动中发生振动和化学反应的时间与空气流过流场的时间相比要快得多,则这种流动叫作平衡流动。反之,则叫作非平衡流动。具体来说,当空气的温度超过 800K 时,可以激发分子振动的能量。此时定压比热容 c_p 和定容比热容 c_V 都将是温度的函数,从而比热比也将是温度的函数。当温度进一步增加时,将发生一系列化学反应。对于平衡化学反应,c_p 和 c_V 将是温度和压力的函数,因此比热比 $\gamma = f(p,T)$。对于空气,在一个大气压时,当温度增加到 2 000K 时,开始发生氧分子的离解($O_2 \rightarrow 2O$)。当温度增加到 4 000K 时,氧分子基本上都离解了,而且在这个温度时,氮分子开始离解($N_2 \rightarrow 2N$)。当温度增加到 9 000K 时,氮分子基本都离解了。当温度高于 9 000K 时,开始发生电离,此时空气就变成等离子体。

如果飞行器表面采用烧蚀防热,烧蚀产物就会进入边界层,形成复杂的化学反应。上述种种现象都使气体偏离了完全气体的假设。在空气动力学的理论中,通常将这些现象叫作真实气体效应。真实气体效应对高超声速飞行器的气动特性有重要的影响,特别是对复杂外形的飞行器影响很大。另外,真实气体效应对高超声速飞行器的气动加热将产生十分显著而又复杂的影响。除此以外,由于电离而产生的自由电子,可以吸收电磁波,使得电磁波既不能传进飞行器内部,也不能从飞行器内部传出来。这种现象通常叫作“黑障”。

9.1.6   严重的气动加热问题

在超声速流中物面边界层内气流受到黏性阻滞,气体微团的动能转变为热能造成壁面附近气温的升高,高温空气将不断向低温物面传热,这就是气动加热现象。高超声速气动加热的形式不仅与常规高速流动有相同的方式——热传导和热对流,还有真实气体效应引起的多组分混合气体由于组分浓度不均匀形成的扩散传热,当温度高于 8 000K 时还要考虑辐射加热。正是高超声速飞行器严重的气动加热问题大大改变了飞行器气动外形的选择,并引起了表面的高温防护问题。

9.1.7　低密度效应

现代高超声速飞行器在大气密度很低的高空持续飞行,低密度效应对空气动力的影响很重要。当飞行高度极高时,密度可以如此之低,以至于分子的平均自由程与飞行器的特征长度具有相同的量级。空气介质不再呈现连续性,必须采用与连续介质完全不同的方法来研究这种流动,通常采用分子运动论的技术来处理。当与飞行器表面相撞后表面反射的分子与入射分子不发生相互作用时,这种流动被称为自由分子流。低密度时物面处的流动速度不为零,应取一定大小的值,称为速度滑移条件。壁面处的气体温度也不同于壁温,称此为温度跳跃条件。另外,高空低密度时,激波本身的厚度变大,通常对激波所作的间断面假设不再有效。

图 9-4 显示了典型高超声速飞行器的流动的物理特征,可见其包含很多复杂的物理现象。

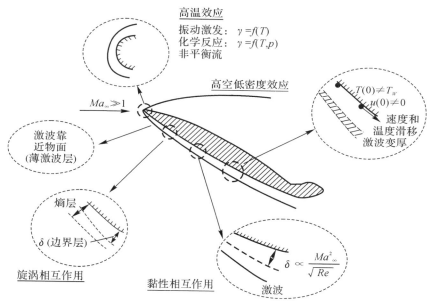

图 9-4　高超声速飞行器飞行中的流动特征

9.2　高超声速相仿律和马赫无关原理

9.2.1　高超声速绕流中的激波和膨胀波关系式

当超声速气流流经物体时,气流方向要发生向内或向外转折,相应地产生激波和膨胀波。利用激波和膨胀波的理论即可求出物体表面的压力分布和作用的空气动力。在初步分析时,这一方法对于高超声速气流同样可用。例如高超声速气流流经一平板,其流动图形如图 9-5

所示,其上、下压强分布可分别按膨胀波及激波理论求出。但在高超声速情况下,$Ma_\infty \gg 1$,激波角 β 很小,因此可以进一步把有关公式加以简化,得到一些在应用上比较方便的公式。激波前后气流参数如图9-6所示。下面来研究激波和膨胀波后气流参数的近似表达式。然后把它们应用于高超声速气动力的近似计算。

图 9-5　高超声速气流中的平板流动图形

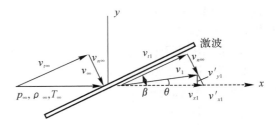

图 9-6　激波前后气流参数

在空气动力学中根据平面斜激波理论,超声速气流通过平面斜激波时,激波后的气流参数应满足

$$\frac{\rho_\infty}{\rho_1} = \frac{\tan(\beta - \theta)}{\tan \beta} = \frac{2}{\gamma + 1} \cdot \frac{1}{Ma_\infty \sin^2 \beta} + \frac{\gamma - 1}{\gamma + 1} \tag{9-2}$$

$$\frac{p_1}{p_\infty} = \frac{2\gamma}{\gamma + 1} Ma_\infty \sin^2 \beta - \frac{\gamma - 1}{\gamma + 1} \tag{9-3}$$

或

$$C_{p1} = \frac{p_1 - p_\infty}{\frac{1}{2}\rho_\infty v_\infty} = \frac{4}{\gamma + 1}\left(\sin^2 \beta - \frac{1}{Ma_\infty}\right) \tag{9-4}$$

当气流以高超声速流动时,式(9-2)和式(9-3)可以简化。当 $Ma_\infty \gg 1$ 时,激波角 β 与激波后气流转折角 θ 很接近,如果 θ 很小,则有 $\tan \beta \approx \sin \beta \approx \beta$,$\tan \theta \approx \theta$,$\tan(\beta - \theta) \approx \beta - \theta$,代入式(9-2)和式(9-3),则有

$$C_{p1} = \frac{4}{\gamma + 1}\left(\beta^2 - \frac{1}{Ma_\infty}\right) \tag{9-5}$$

$$\frac{\rho_\infty}{\rho_1} = \frac{\beta - \theta}{\beta} = \frac{2}{\gamma + 1} \cdot \frac{1}{Ma_\infty \beta^2} + \frac{\gamma - 1}{\gamma + 1} \tag{9-6}$$

其中式(9-6)可改写成

$$\beta^2 - \frac{\gamma + 1}{2}\theta\beta - \frac{1}{Ma_\infty} = 0 \tag{9-7}$$

解得

$$\beta = \frac{\gamma + 1}{4}\theta \pm \sqrt{\left(\frac{\gamma + 1}{4}\theta\right)^2 + \frac{1}{Ma_\infty}} \tag{9-8}$$

式(9-8)中负号不合理,取正号则有

$$\frac{\beta}{\theta} = \frac{\gamma + 1}{4}\left[1 + \sqrt{1 + \left(\frac{4}{\gamma + 1}\frac{1}{Ma_\infty \theta}\right)^2}\right] \tag{9-9}$$

由式(9-9)可知,对高超声速流 β/θ 仅取决于参数 $Ma_\infty \theta$。当 $Ma_\infty \theta \to \infty$ 时,则有

$$\frac{\beta}{\theta} = \frac{\gamma + 1}{2} \tag{9-10}$$

若取 $\gamma = 1.4$,则 β 仅为 θ 的1.2倍。

将式(9-7)代入式(9-5)中,可得激波后的压强系数为

$$C_{p1} = 2\theta\beta \tag{9-11}$$

用符号 C_{py} 表示激波后的压强系数 C_{p1},并将式(9-9)代入式(9-11)中,有

$$\frac{C_{py}}{\theta^2} = \frac{\gamma+1}{2}\left\{1 + \sqrt{1 + \left[\frac{4}{(\gamma+1)Ma_\infty\theta}\right]^2}\right\} \tag{9-12}$$

当 $Ma_\infty\theta \to \infty$ 时,则有

$$\frac{C_{py}}{\theta^2} = \gamma+1 \tag{9-13}$$

现在再来研究膨胀波后的气流参数,在 $Ma_\infty \gg 1$ 和气流的转折角足够小的情况下,扇形膨胀波区域极窄,气流通过它立即转过 θ 角(见图9-7)。

设气流和膨胀波的夹角为 β_p,根据膨胀波的波前与波后的参数关系可导得

$$\frac{\rho_\infty}{\rho} = \frac{\tan(\beta_p+\theta)}{\tan\beta_p} = \frac{2}{\gamma+1}\frac{1}{Ma_\infty\sin^2\beta_p} + \frac{\gamma-1}{\gamma+1} \tag{9-14}$$

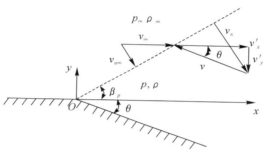

图 9-7　膨胀波前后气流参数

当 $Ma_\infty \gg 1$,θ 较小时,β_p 很小,式(9-14)可简化为

$$\beta_p^2 + \frac{\gamma+1}{2}\theta\beta_p - Ma_\infty^2 = 0 \tag{9-15}$$

由式(9-15)可解出

$$\frac{\beta_p}{\theta} = \frac{\gamma+1}{4}\left[\sqrt{1 + \left(\frac{4}{\gamma+1}\frac{1}{Ma_\infty\theta}\right)^2} - 1\right] \tag{9-16}$$

根据动量定理,膨胀波前、后压强之间的关系为

$$p - p_\infty = \rho_\infty v_\infty \sin\beta_p(v_{n\infty} - v_n) = -\rho_\infty v_\infty v_x' \tag{9-17}$$

由图9-7可知扰动速度分量 v_x' 与未扰动气流速度 v_∞ 之间关系为

$$v_x' = -v_y'\tan\beta_p \approx v_\infty\theta\tan\beta_p \approx v_\infty\theta\beta_p \tag{9-18}$$

将式(9-18)代入式(9-17)中,并化为压强系数形式,即可得出膨胀后气流的压强系数为

$$\frac{C_{pp}}{\theta^2} = -\frac{\gamma+1}{2}\left[\sqrt{1 + \left[\frac{4}{(\gamma+1)Ma_\infty\theta}\right]^2} - 1\right] \tag{9-19}$$

若 $Ma_\infty\theta \to \infty$,则有

$$\frac{C_{pp}}{\theta^2} = 0 \tag{9-20}$$

9.2.2 高超声速相仿律

由式(9-12)和式(9-19)可看出,在高超声速流中,气流不论是通过斜激波还是通过膨胀波,波后压强系数均可表达为 $\frac{C_p}{\theta^2} = f(Ma_\infty\theta)$ 的形式。即 $\frac{C_p}{\theta^2}$ 仅取决于一个参数 $Ma_\infty\theta$,而不是两个单独的参数 Ma_∞ 和 θ。这个重要的规律就是高超声速相仿律,式中 $Ma_\infty\theta$ 为称高超声速相仿参数,θ 是一个典型的厚度参数。对两个仿射相似的翼剖面,若 $\alpha,\bar{c}$(翼型相对厚度)和 Ma_∞ 各不相同,但只要 $Ma_\infty\bar{c}$ 及 $\frac{\alpha}{c}$ 保持不变,则这两个翼剖面周围的压强场可以用同一个函数 $f\left(Ma_\infty\bar{c}, \frac{\alpha}{c}\right)$ 表示,即流场中的对应点处 $\frac{C_p}{c^2}$ 应相同。必须强调的是,两个剖面必须是仿射相似的,也就是在零迎角下两翼剖面物面方程的无量纲形式应相同。

上述压强系数的相仿律可以直接推广到其他空气动力系数。对于升力系数

$$C_y = \frac{1}{b}\int_0^b (C_{pl} - C_{pu})\,\mathrm{d}x \tag{9-21}$$

其中 $C_{pl} = \theta^2 f_1(Ma_\infty\theta)$,$C_{pu} = \theta^2 f_u(Ma_\infty\theta)$。将 C_{pl} 和 C_{pu} 代入 C_y 的表达式,得

$$\frac{C_y}{\theta^2} = \frac{1}{b}\int_0^b (f_1 - f_u)\,\mathrm{d}x = Y(Ma_\infty\theta) \tag{9-22}$$

同理可得力矩系数

$$\frac{m_z}{\theta^2} = \frac{1}{b^2}\int_0^b (f_1 - f_u)\,x\,\mathrm{d}x = M(Ma_\infty\theta) \tag{9-23}$$

对于阻力系数

$$C_x = \frac{1}{b}\int_0^b \left(C_{pl}\frac{\mathrm{d}y_l}{\mathrm{d}x} - C_{pu}\frac{\mathrm{d}y_u}{\mathrm{d}x}\right)\mathrm{d}x \tag{9-24}$$

式(9-24)中 $\frac{\mathrm{d}y}{\mathrm{d}x}$ 是翼面的当地斜率,也可表示为 $\frac{\mathrm{d}y}{\mathrm{d}x} = \theta \cdot h\left(\frac{x}{b}\right)$,其中 $h\left(\frac{x}{b}\right)$ 表征剖面厚度分布,于是

$$\frac{C_x}{\theta^3} = X(Ma_\infty\theta) \tag{9-25}$$

式(9-22) ～ 式(9-25)说明,两个仿射相似的翼剖面,如果相对厚度与来流马赫数的乘积相等,则两个翼剖面的 $\frac{C_y}{\theta^2}$,$\frac{m_z}{\theta^2}$,$\frac{C_x}{\theta^3}$ 便相同。高超声速相仿律对于高速空气动力实验具有很重要的意义。根据这个定律,用仿射相似的物体在风洞中以不很大的 Ma_∞ 做模型试验,就可得到物体在高超声速时的气动特性数据。

9.2.3 马赫无关原理

为了便于计算,还可将激波和膨胀波后的压强系数表示式(9-12)和式(9-19)改写成更简单的形式。由式(9-12)可得

$$\frac{C_{py}}{\theta^2} = \frac{\gamma+1}{2}\left[2 + \frac{1}{Ma_\infty\theta}\sqrt{(Ma_\infty\theta)^2 + \left(\frac{4}{\gamma+1}\right)^2} - 1\right] =$$

$$(\gamma+1) + \frac{\gamma+1}{2}\left[\sqrt{(Ma_\infty\theta)^2 + \left(\frac{4}{\gamma+1}\right)^2} - Ma_\infty\theta\right]\frac{1}{Ma_\infty\theta} \qquad (9-26)$$

令

$$H = \frac{\gamma+1}{2}\left[\sqrt{(Ma_\infty\theta)^2 + \left(\frac{4}{\gamma+1}\right)^2} - Ma_\infty\theta\right] \qquad (9-27)$$

则有

$$\frac{C_{py}}{\theta^2} = (\gamma+1) + \frac{H}{Ma_\infty\theta} \qquad (9-28)$$

对于膨胀波后的压强系数 C_{pp}，将式（9-12）和式（9-19）两式叠加即得

$$\frac{C_{py}}{\theta^2} + \frac{C_{pp}}{\theta^2} = \gamma+1 \qquad (9-29)$$

所以

$$\frac{C_{pp}}{\theta^2} = -\frac{H}{Ma_\infty\theta} \qquad (9-30)$$

从式（9-27）可知系数 H 之值取决于 $Ma_\infty\theta$，如图 9-8 所示。

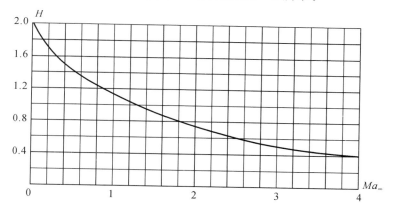

图 9-8　H 随 $Ma_\infty\theta$ 的变化

从上面讨论可以看出如下几个问题：

（1）当高超声速气流通过激波和膨胀波时，波后气流的压强系数与 θ^2 之比 $\dfrac{C_p}{\theta^2}$ 只取决于一个参数 $Ma_\infty\theta$，若 $Ma_\infty\theta$ 不变，则 $\dfrac{C_p}{\theta^2}$ 不变。压强系数 C_p 和 θ 的关系是非线性的。

（2）当 θ 一定时，$Ma_\infty\theta$ 随 Ma_∞ 增大而增大。当 $Ma_\infty\theta \to \infty$ 时，激波和膨胀波后的压强系数与 Ma_∞ 无关，这一结果通常称为高超声速的马赫数无关原理。

9.3 牛 顿 公 式

在 $Ma_\infty \gg 1$ 的情况下牛顿公式的结果与实验相符,下面介绍牛顿公式。

9.3.1 牛顿公式

牛顿公式的基本假设如下:

(1)绕物体流动的流体在与物体的微元表面相碰时,流体质点将失去与物体表面垂直方向上的动量(法向动量)而保持原有的切向动量沿着物体表面流动。由于在物面法线方向的动量的改变引起了流体作用于物面上的力,显然流体对物面的压力只作用在物面上能与流体相碰的表面(物体的迎风面)。

(2)流体质点不能直接碰撞到表面(称遮蔽面)的压力应该为零。

为了确定流体质点作用在物体上的压强的大小,根据基本假设,研究一块和来流方向成倾斜角 θ 的微元平板表面 $\mathrm{d}s$,其内法线方向为 n,如图 9-9 所示。

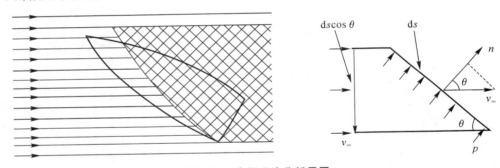

图 9-9 牛顿理论分析用图

在单位时间里,与微元表面 $\mathrm{d}s$ 相撞的流体质点的质量为 $\rho_\infty v_\infty \sin \theta \mathrm{d}s$。碰撞作用在微元表面 $\mathrm{d}s$ 上的力与流体质点和物体表面相互作用的性质有关。在非弹性碰撞时,在微元表面的法线方向上,单位时间内与 $\mathrm{d}s$ 相碰撞的流体质点的动量变化为

$$\rho v_n \mathrm{d}s = \rho_\infty v_\infty^2 \sin^2 \theta \mathrm{d}s \qquad (9-31)$$

根据牛顿公式基本假设,碰撞后流体质点失去了全部法向动量,则由动量定理,作用在微元表面法向方向的法向力为

$$p \mathrm{d}s = \rho_\infty v_\infty^2 \sin^2 \theta \mathrm{d}s \qquad (9-32)$$

所以其压强系数

$$C_p = \frac{\rho_\infty v_\infty^2 \sin^2 \theta - p_\infty}{\frac{1}{2} \rho_\infty v_\infty^2} = 2 \sin^2 \theta - \frac{2}{\gamma Ma_\infty^2} \qquad (9-33)$$

当 $Ma_\infty \to \infty$ 时,则有

$$C_p = 2 \sin^2 \theta \qquad (9-34)$$

对于一般物体,表面的当地压强系数

$$C_p = 2 \sin^2\theta = 2 \cos^2\vartheta \qquad\qquad (9-35)$$

式（9-35）中 θ 为物体微元表面的切线与来流方向之间的夹角（在内法线 $\boldsymbol{n}$ 与 $\boldsymbol{v}_\infty$ 所组成的平面内），ϑ 为微元表面的内法线 $\boldsymbol{n}$ 与来流方向之间的夹角，如图 9-10 所示。

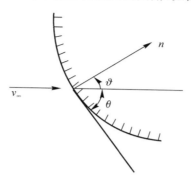

图 9-10　气流与物面的角度关系图

根据牛顿公式，在物体表面的遮蔽区内 $C_p = 0$，实验证明，牛顿公式一般要在 $Ma > 10$ 的范围才接近实际情况。应用牛顿公式（9-34）或式（9-35）就可以很方便地求出高超声速气流中任意形状物体表面的压强分布。

9.3.2　修正的牛顿公式

在工程应用中，为了得到与精确解更为接近的计算结果，通常对牛顿公式进行修正。考虑钝头体的流动，在物体前面顶点处 $\theta = \dfrac{\pi}{2}$，由牛顿公式可知该点的压强系数为 2。实际该点为驻点，其压强为正激波后的驻点压强 $C_{p0,2}$，可由激波理论求出。

$$
\begin{aligned}
C_{p0,2} &= \frac{2}{\gamma Ma_\infty^2}\left(\frac{p_{0,2}}{p_\infty} - 1\right) = \frac{2}{\gamma Ma_\infty^2}\left(\frac{p_{0,2}}{p_{0,1}}\frac{p_{0,1}}{p_\infty} - 1\right) = \\
&\quad \frac{2}{\gamma Ma_\infty^2}\left[\left(\frac{\gamma+1}{2}Ma_\infty^2\right)^{\frac{\gamma}{\gamma-1}} \cdot \frac{1}{\left(\frac{2\gamma}{\gamma+1}Ma_\infty^2 - \frac{\gamma-1}{\gamma+1}\right)^{\frac{1}{\gamma-1}}} - 1\right]
\end{aligned}
\qquad (9-36)
$$

当 $Ma_\infty \to \infty$ 时，上式可改写为

$$C_{p0,2} = \frac{2}{\gamma} \cdot \left(\frac{\gamma+1}{2}\right)^{\frac{\gamma}{\gamma-1}}\left(\frac{\gamma+1}{2\gamma}\right)^{\frac{1}{\gamma-1}} = 1.84 \quad (\gamma = 1.4) \qquad (9-37)$$

显然该驻点处的压强系数不是 2，因此必须对牛顿公式进行修正。牛顿公式可改写为

$$C_p = C_p^* \frac{\sin^2\theta}{\sin^2\theta_0} \qquad\qquad (9-38)$$

式（9-38）结果与实验值之间的吻合程度可以得到很大的改善，式（9-38）即为修正的牛顿公式。其中 C_p^* 是物体顶端处的压强系数；θ_0 为物体顶端处物面切线与来流方向之间的夹角。

对于钝头体的流动，$\sin\theta_0 = \sin\dfrac{\pi}{2} = 1$，$C_p^*$ 即为正激波后驻点处的压强系数 $C_{p0,2}$，则

$$C_p = C_{p0,2} \sin^2\theta \qquad\qquad (9-39)$$

9.3.3 绕翼型的空气动力系数表达式

利用牛顿公式可很方便地确定任意形状物体的气动力系数。下面讨论相对厚度相同的等腰三角形剖面翼型和菱形剖面的双凸型翼型的情况。当 $\bar{c},\alpha$ 均很小时,利用牛顿公式可得这些翼型的气动力表达式。

1. 等腰三角形翼型

等腰三角形翼型如图 9-11 所示,因为翼型相对厚度为 $\bar{c}$,且 $AB=BC$,所以 $\angle A=2\bar{c}$。

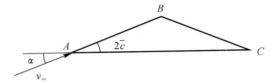

图 9-11　等腰三角形翼型

当 $\alpha<2\bar{c}$ 时,AC 边与来流方向的夹角为 α,按牛顿公式 $C_{pAC}=2\sin^2\alpha\approx2\alpha^2$。

AB 边与来流方向的夹角为 $2\bar{c}-\alpha$,于是

$$C_{pAB}=2\sin^2(2\bar{c}-\alpha)\approx2(2\bar{c}-\alpha)^2 \tag{9-40}$$

BC 边为遮蔽区,所以 $C_{pBC}=0$。

翼型升力系数为

$$C_y=\frac{C_{pAC}\cdot AC\cdot\cos\alpha-C_{pAB}\cdot AB\cdot\cos(2\bar{c}-\alpha)}{AC} \tag{9-41}$$

代入 C_{pAC},C_{pAB} 的表达式,并注意到当 $\bar{c},\alpha$ 很小时有 $\cos\alpha\approx1,\cos(2\bar{c}-\alpha)\approx1,AB=\frac{1}{2}AC$,于是得到

$$C_y=2\alpha^2-(2\bar{c}-\alpha)^2 \tag{9-42}$$

或

$$\frac{C_y}{\bar{c}^2}=2\left(\frac{a}{\bar{c}}\right)^2-\left(2-\frac{a}{\bar{c}}\right)^2 \tag{9-43}$$

同样可以求得翼型阻力系数为

$$C_x=2\alpha^3+(2\bar{c}-\alpha)^3 \tag{9-44}$$

$$\frac{C_x}{\bar{c}^3}=2\left(\frac{a}{\bar{c}}\right)^3+\left(2-\frac{a}{\bar{c}}\right)^3 \tag{9-45}$$

注意式(9-42)～(9-45)中的第二项,只有当 $\alpha<2\bar{c}$ 时才存在。当 $\alpha>2\bar{c}$ 时 AB 边也成为遮蔽区,整个翼型上表面的压强系数为零,在这种情况下,三角形翼型的升力系数和阻力系数与平板相同。

2. 菱形翼型

菱形翼型如图 9-12 所示,因翼型的相对厚度为 $\bar{c}$,$\angle A,\angle C$ 均为 $2\bar{c}$,且 AC 平分 $\angle A,\angle C$。

当 $\alpha<\bar{c}$ 时,AB,AD 边均为迎风面,且 AB 边和 AD 边与来流方向夹角分别为 $(\bar{c}-\alpha)$ 及

$(\bar{c} + \alpha)$。

于是

$$C_{PAB} = 2\,(\bar{c} - \alpha)^2$$

$$C_{PAD} = 2\,(\bar{c} + \alpha)^2$$

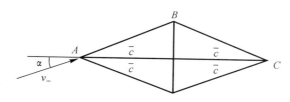

图 9 - 12　菱形翼型

BC,DC 边为遮蔽区,所以 $C_{PBC} = C_{PDC} = 0$,翼型升力系数为

$$C_y = \frac{C_{PAD} \cdot AD \cdot \cos\,(\bar{c} + \alpha) - C_{PAB} \cdot AB \cdot \cos\,(\bar{c} - \alpha)}{AC}$$

当 $\bar{c}$,α 均很小时,上式化为

$$C_y = (\bar{c} + \alpha)^2 - (\bar{c} - a)^2 \tag{9 - 46}$$

或

$$\frac{C_y}{\bar{c}^2} = \left(1 + \frac{\alpha}{\bar{c}}\right)^2 - \left(1 - \frac{\alpha}{\bar{c}}\right)^2 \tag{9 - 47}$$

当 $\alpha > \bar{c}$ 时,AB 边为遮蔽区,DC 边为迎风面,则

$$C_{PAD} = 2\,(\bar{c} + \alpha)^2, \quad C_{PDC} = 2\,(\alpha - \bar{c})^2, \quad C_{PAB} = C_{PBC} = 0$$

于是升力系数

$$\frac{C_y}{\bar{c}^2} = \left(1 + \frac{\alpha}{\bar{c}}\right)^2 + \left(\frac{\alpha}{\bar{c}} - 1\right)^2 \tag{9 - 48}$$

式(9 - 47) 和式(9 - 48) 可合并成统一的形式,即

$$\frac{C_y}{\bar{c}^2} = \left(1 + \frac{\alpha}{\bar{c}}\right)^2 + \left|1 - \frac{\alpha}{\bar{c}}\right|\left(1 - \frac{\alpha}{\bar{c}}\right) \tag{9 - 49}$$

式(9 - 49) 对 $\alpha < \bar{c}$ 和 $\alpha > \bar{c}$ 都适用。同理得阻力系数的表达式为

$$\frac{C_x}{\bar{c}^3} = \left(1 + \frac{\alpha}{\bar{c}}\right)^3 + \left|1 - \frac{\alpha}{\bar{c}}\right|^3 \tag{9 - 50}$$

对三角形翼型和菱形翼型的计算结果可以作以下讨论:

(1)高超声速流中,$Ma_\infty \rightarrow \infty$ 时翼剖面的气动特性仅取决于 $\frac{\alpha}{\bar{c}}$,而与 Ma_∞ 无关。

(2)若作出以上两种翼型及平板翼型的极曲线,如图 9 - 13 所示。显然,在高超声速情况下,迎角足够大时,下表面平直的三角形翼型比菱形翼型有更高的升阻比。因为高超声速流中产生升力主要是与来流方向成较大倾角的下翼面气流受到压缩的作用,平底时气流受压缩作用比菱形情况严重,菱形翼型后半段气流有膨胀,所以下表面平直的翼型其气动特性较具有相同的相对厚度的双凸形翼型要好。这一结论亦可推广到三维绕流情况。图 9 - 14 显示了半锥的升阻比,在适当迎角时比全锥的要高。

(3)与超声速线化理论不同,在高超声速下,升力系数不仅与 α 有关,而且与 $\bar{c}$ 有关,且 C_y 与 α 的关系一般不是线性关系。

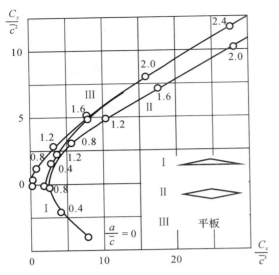

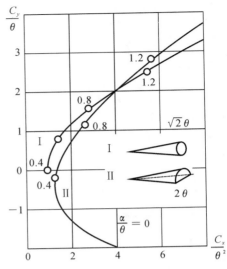

图 9 - 13　等腰三角形和菱形翼型 $\dfrac{C_y}{c^2}$ 与 $\dfrac{C_x}{c^3}$ 的曲线关系　　图 9 - 14　全锥和半锥 $\dfrac{C_y}{\theta}$ 与 $\dfrac{C_x}{\theta^2}$ 的曲线关系

9.4　高超声速飞行器的气动加热和热防护

飞行器以很高的速度在空气中运动,由于空气黏性作用,附面层内具有很大速度梯度的各气流层产生了强烈的摩擦,其结果使气流的动能不可逆地转变为热能。飞行器的飞行速度越大,高温气流对飞行器表面的加热程度就越严重,有可能导致飞行器表面改变外形,并改变飞行器的结构强度及刚度,对飞行器的正常飞行造成极为严重的影响。

9.4.1　热流量计算

1. 驻点热流计算

在驻点区,气体运动的动能几乎全部转化为内能,气体的温度最高,对飞行器表面加热的热流密度最大。人们对此做了许多研究工作,在工程设计中常用的计算公式有以下几种。

(1)Fay - Riddell 公式。

对于柱体的驻点,热流表达式为

$$q_w = 0.57 P_r^{-0.6} (\rho_\delta \mu_\delta)^{0.5} \sqrt{\left(\frac{\mathrm{d}u_\delta}{\mathrm{d}x}\right)_s} (h_{aw} - h_w) \tag{9-51}$$

对于轴对称体的驻点,热流表达式为

$$q_w = 0.763 P_r^{-0.6} (\rho_\delta \mu_\delta)^{0.5} \sqrt{\left(\frac{du_\delta}{dx}\right)_s} (h_{aw} - h_w) \tag{9-52}$$

式中, ρ_δ 和 μ_δ 分别为驻点边界层外缘的密度和黏性系数, h_{aw} 和 h_w 分别为绝热壁和物面的焓值。 h_{aw} 的表达式为

$$h_{aw} = h_\delta + r(h_0 - h_\delta) \tag{9-53}$$

式中，h_0 为边界层外缘无黏流的总焓，$h_0 = h_\delta + \dfrac{u_\delta^2}{2}$，$h_\delta$ 为边界层外缘的焓值。在驻点附近，附面层外缘速度 u_δ 很小，近似有 $h_{aw} = h_\delta$。式（9-51）和式（9-52）中 $\left(\dfrac{\mathrm{d}u_\delta}{\mathrm{d}x}\right)_s$ 表示驻点处沿物面切向速度导数，有

$$\left(\frac{\mathrm{d}u_\delta}{\mathrm{d}x}\right)_s = \frac{1}{R}\sqrt{\frac{2(p_\delta - p_\infty)}{\rho_\delta}} \tag{9-54}$$

式中，p_δ 和 p_∞ 分别为边界层外缘的压强和来流压强，R 为驻点曲率半径。可以看出，驻点热流与头部半径的平方根成反比，即 $q_w \propto \dfrac{1}{\sqrt{R}}$。为了减小热流，必须增加头部半径。

（2）Anderson 近似估算公式。

$$q_w = C\rho_\infty^N v_\infty^M \tag{9-55}$$

对于钝头体驻点，有

$$\left.\begin{aligned} N &= 0.5 \quad, M = 3 \\ C &= 1.83 \times 10^{-8} R^{-0.5}(1.0 - h_w/h_0) \end{aligned}\right\} \tag{9-56}$$

其中 R 为头部曲率半径，h_w 和 h_0 为壁面焓值和总焓。

对于层流平板，有

$$\left.\begin{aligned} N &= 0.5, \quad M = 3.2 \\ C &= 2.53 \times 10^{-9}(\cos\varphi)^{0.5}(\sin\varphi)x^{-0.5}(1.0 - h_w/h_0) \end{aligned}\right\} \tag{9-57}$$

式中，φ 为当地物面与来流夹角（°），x 为物面距离。

2. 飞行器表面的热流计算

飞行器表面的热流公式为

$$q_w = \alpha(T_r - T_w) \tag{9-58}$$

式中，T_r 为恢复温度；T_w 为壁面温度；α 为热交换系数或传热系数，其单位为 $\mathrm{J/(m^2 \cdot s \cdot ℃)}$。热交换系数 α 的计算是个复杂的问题，它由飞行速度、附面层内的气流参数等因素来决定。α 是一个有量纲的量，可以由无量纲热交换系数斯坦顿数 St（见式（6-61））确定：

$$\alpha = c_p g\rho v St \tag{9-59}$$

式中，c_p 为气流的定压比热容；g 为重力加速度；ρ 为气流的密度；v 为气流的速度。

显然，若能求出 St 的数值，即可求出 α，然后热流量 q_w 亦可求出来。由理论分析，斯坦顿数与当地摩擦因数成正比关系，有

$$St = \frac{1}{2}P_r^{-\frac{3}{2}}C_f \tag{9-60}$$

即

$$\alpha = \frac{1}{2}P_r^{-\frac{2}{3}}C_f c_p g\rho v \tag{9-61}$$

前已指出，附面层内的温度是变化的，因此在求解 α 时，所用到的 ρ，c_p 等参数也都是变化的。为了简化问题，便于工程上的应用，一般采用参考温度法。即引入一个确定的参考温度，把附面层内变化的空气特性参数用参考温度下不变的参数来代替。参考温度 T^* 由式（6-54）确定。知道了 T^*，附面层内气流的参数 c_p^*，μ^*，ρ^*，Re^* 和 Pr^* 也可以获得。

9.4.2 高超声速飞行器的热防护

高超声速飞行器热防护设计,总的来说,就是根据飞行任务要求,飞行器在工作期间所要经受的内、外热负载的状况,采取各种热控措施来组织高超声速飞行器内、外的热交换过程,保证高超声速飞行器在整个运行期间所有仪器设备、生物和结构件的环境温度水平都保持在规定的范围之内。

(1) 选择合理的气动外形,减小气动加热量。为降低驻点的传热率,提高热容量,减轻气动加热问题,由理论分析知,飞行器外形要设计成钝头体。如果采用细长飞行器,由于头部激波较弱,摩擦阻力占总阻力的比重较大,因而传递给周围气体的热量较少,传递给飞行器本身的热量多,气动加热问题严重。采用钝头飞行器,头部激波很强,摩擦阻力占总阻力的比例较小,因而传给飞行器本身的热量不多,从而缓解了气动热问题。

(2) 选用耐高温的合金材料来制造飞行器的结构部件,如使用钛合金等。

(3) 加隔热和防热装置来减少传给飞行器的热量,如采用陶瓷或碳纤维材料制造防护瓦覆盖在高超声速飞行器高温区的表面上,或者在高超声速飞行器内安装薄膜冷却和对流冷却装置,通过消耗冷却剂来降低飞行器局部区的高温。

习 题

9-1 证明理想流体中驻点处在 $Ma_\infty=0$ 时 $C_p=1$;在 $Ma_\infty \to \infty$ 时 $C_p=2$。

9-2 $Ma_\infty=20$ 的高超声速气流以 $\alpha=10°$ 流过一块平板,试用激波膨胀波理论计算在高超声速流中的关系式计算 C_{pu} 和 C_{pl},C_y 和波阻系数 C_{xb}(完全气体)。

[答:$C_{pl}=0.077\ 1$,$C_{pu}=-0.003\ 6$,$C_y=0.079\ 3$,$C_{xb}=0.014$]

9-3 已知 $\bar{c}=0.1$ 的对称翼型在 $Ma_{\infty 1}=5$,$\alpha_1=5°$ 时的实验值 C_{y1} 和 C_{x1},试求 $\bar{c}=0.05$ 仿射相似翼型的 $Ma_{\infty 2}$,α_2 以及 C_{y2}/C_{y1} 和 C_{x2}/C_{x1}。

[答:$Ma_{\infty 2}=10$,$\alpha_2=2.5°$,$C_{y2}/C_{y1}=0.25$,$C_{x2}/C_{x1}=0.125$]

9-4 试用牛顿公式计算 9-2 题中的平板上 C_{pu} 和 C_{pl},C_y 和波阻系数 C_{xb}。

[答:$C_{pl}=0.060\ 3$,$C_{pu}=0$,$C_y=0.059\ 4$,$C_{xb}=0.010\ 5$]

9-5 $Ma_\infty=10$,$\alpha=0°$ 流过 $\bar{c}=0.05$ 的半弧形翼型,试使用牛顿公式和修正的牛顿公式计算 $0 \leqslant \bar{x} \leqslant 0.5$ 的 C_p,并通过积分求气动系数 C_y 和 C_x。

[答:$C_{y牛}=-0.013\ 3$,$C_{y修牛}=-0.018\ 7$;$C_{x牛}=0.003\ 6$,$C_{x修牛}=0.005\ 06$]

9-6 $R_头=0.304\ 8$m 的钝锥在 $H=45\ 721$m$(a_\infty=327.81$m/s,$T_\infty=267.44$K,$p_\infty=130.57$N/m²,$\rho_\infty=0.001\ 7$kg/m³) 以 $Ma_\infty=12$ 飞行,$T_w=T_\infty$,试用完全气体假设计算头部驻点处的 q_w。

[答:$q_w=8\ 111.6$W/cm²]

附　　录

附表 1　国际标准大气简表

$\dfrac{H}{km}$	$\dfrac{T}{K}$	$\dfrac{p}{10^4 Pa}$	$\dfrac{\rho}{kg/m^3}$	$\dfrac{a}{m/s}$	$\dfrac{\mu}{10^{-5} N \cdot s/m^2}$
0	288.15	10.132 52	1.225 05	340.29	1.789 4
1	281.65	8.987 58	1.111 68	336.43	1.757 8
2	275.15	7.949 56	1.006 46	332.53	1.726 0
3	268.65	7.010 87	0.909 13	328.58	1.693 7
4	262.15	6.164 07	0.819 13	324.58	1.661 1
5	255.65	5.401 99	0.736 12	320.53	1.628 1
6	249.15	4.718 08	0.659 69	316.43	1.594 8
7	242.65	4.106 04	0.589 50	312.27	1.560 9
8	236.15	3.560 01	0.525 17	308.06	1.526 8
9	229.65	3.074 29	0.466 35	303.79	1.492 2
10	223.15	2.643 58	0.412 70	299.46	1.457 1
11	216.65	2.263 18	0.363 91	295.07	1.421 6
12	216.65	1.933 09	0.310 83	295.07	1.421 6
13	216.65	1.651 05	0.265 49	295.07	1.4216
14	216.65	1.410 20	0.226 75	295.07	1.421 6
15	216.65	1.204 45	0.193 67	295.07	1.421 6
16	216.65	1.028 72	0.165 42	295.07	1.421 6
17	216.65	0.878 67	0.141 28	295.07	1.421 6
18	216.65	0.750 48	0.120 68	295.07	1.421 6
19	216.65	0.641 00	0.103 07	295.07	1.421 6
20	216.65	0.547 49	0.088 03	295.07	1.421 6
21	217.65	0.467 79	0.074 87	295.75	1.427 1
22	218.65	0.399 97	0.063 73	296.43	1.432 6
23	219.65	0.342 24	0.054 28	297.11	1.438 1
24	220.65	0.293 05	0.04627	297.78	1.443 5
25	221.65	0.251 10	0.039 46	298.46	1.449 0
26	222.65	0.215 31	0.033 69	299.13	1.454 4
27	223.65	0.184 74	0.028 78	299.80	1.459 8
28	224.65	0.158 63	0.024 69	300.47	1.465 2
29	225.65	0.136 29	0.021 04	301.14	1.470 6
30	226.65	0.117 19	0.018 01	301.80	1.476 0
31	227.65	0.100 82	0.015 43	302.47	1.481 4
32	228.65	0.086 80	0.013 23	303.13	1.486 8

注：表中 a 为流体介质中声音传播的速度，简称声速。

附表 2　亚声速流动($\gamma = 1.4$)的流动参数与 Ma 的关系

Ma	p/p_0	ρ/ρ_0	T/T_0	a/a_0	A^*/A	λ
0.00	1.000 00	1.000 00	1.000 00	1.000 00	0.000 00	0.000 00
0.01	0.999 93	0.999 95	0.999 98	0.999 99	0.017 28	0.010 95
0.02	0.999 72	0.999 80	0.999 92	0.999 96	0.034 55	0.021 91
0.03	0.999 37	0.999 55	0.999 82	0.999 91	0.051 81	0.032 86
0.04	0.998 88	0.999 20	0.999 68	0.999 84	0.069 05	0.043 81
0.05	0.998 25	0.998 75	0.999 50	0.999 75	0.086 27	0.054 76
0.06	0.997 48	0.998 20	0.999 28	0.999 64	0.103 46	0.065 70
0.07	0.996 58	0.997 55	0.999 02	0.999 51	0.120 61	0.076 64
0.08	0.995 53	0.996 81	0.998 72	0.999 36	0.137 71	0.087 58
0.09	0.994 35	0.995 96	0.998 38	0.999 19	0.154 77	0.098 51
0.10	0.993 03	0.995 02	0.998 00	0.999 00	0.171 77	0.109 44
0.11	0.991 58	0.993 98	0.997 59	0.998 79	0.188 71	0.120 35
0.12	0.989 98	0.992 84	0.997 13	0.998 56	0.205 58	0.131 26
0.13	0.988 26	0.991 60	0.996 63	0.998 31	0.222 38	0.142 17
0.14	0.986 40	0.990 27	0.996 10	0.998 05	0.239 10	0.153 06
0.15	0.984 41	0.988 84	0.995 52	0.997 76	0.255 73	0.163 95
0.16	0.982 28	0.987 31	0.994 91	0.997 45	0.272 28	0.174 82
0.17	0.980 03	0.985 69	0.994 25	0.997 12	0.288 72	0.185 69
0.18	0.977 65	0.983 98	0.993 56	0.996 78	0.305 07	0.196 54
0.19	0.975 14	0.982 18	0.992 83	0.996 41	0.321 31	0.207 39
0.20	0.972 50	0.980 28	0.992 06	0.996 02	0.337 44	0.218 22
0.21	0.969 73	0.978 29	0.991 26	0.995 62	0.353 45	0.229 04
0.22	0.966 85	0.976 20	0.990 41	0.995 19	0.369 33	0.239 84
0.23	0.963 83	0.974 03	0.989 53	0.994 75	0.385 09	0.250 63
0.24	0.960 70	0.971 77	0.988 61	0.994 29	0.400 71	0.261 41
0.25	0.957 45	0.969 42	0.987 65	0.993 81	0.416 20	0.272 17
0.26	0.954 08	0.966 98	0.986 66	0.993 31	0.431 54	0.282 91
0.27	0.950 60	0.964 46	0.985 63	0.992 79	0.446 73	0.293 64
0.28	0.947 00	0.961 85	0.984 56	0.992 25	0.461 78	0.304 35
0.29	0.943 29	0.959 16	0.983 46	0.991 69	0.476 66	0.315 04
0.30	0.939 47	0.956 38	0.982 32	0.991 12	0.491 38	0.325 72
0.31	0.935 54	0.953 52	0.981 14	0.990 53	0.505 94	0.336 37
0.32	0.931 50	0.950 58	0.979 93	0.989 91	0.520 33	0.347 01
0.33	0.927 36	0.947 56	0.978 68	0.989 28	0.534 55	0.357 62
0.34	0.923 12	0.944 46	0.977 40	0.988 64	0.548 58	0.368 22
0.35	0.918 77	0.941 28	0.976 09	0.987 97	0.562 44	0.378 79

续 表

Ma	p/p_0	ρ/ρ_0	T/T_0	a/a_0	A^*/A	λ
0.36	0.914 33	0.938 03	0.974 73	0.987 29	0.576 11	0.389 35
0.37	0.909 79	0.934 70	0.973 35	0.986 58	0.589 59	0.399 88
0.38	0.905 16	0.931 30	0.971 93	0.985 87	0.602 88	0.410 39
0.39	0.900 43	0.927 82	0.970 48	0.985 13	0.615 98	0.420 87
0.40	0.895 61	0.924 27	0.968 99	0.984 37	0.628 88	0.431 33
0.41	0.890 71	0.920 66	0.967 47	0.983 60	0.641 57	0.441 77
0.42	0.885 72	0.916 97	0.965 92	0.982 81	0.654 06	0.452 18
0.43	0.880 65	0.913 22	0.964 34	0.982 01	0.666 35	0.462 57
0.44	0.875 50	0.909 40	0.962 72	0.981 18	0.678 42	0.472 93
0.45	0.870 27	0.905 51	0.961 08	0.980 35	0.690 29	0.483 26
0.46	0.864 96	0.901 57	0.959 40	0.979 49	0.701 94	0.493 57
0.47	0.859 58	0.897 56	0.957 69	0.978 62	0.713 37	0.503 85
0.48	0.854 13	0.893 49	0.955 95	0.977 73	0.724 59	0.514 10
0.49	0.848 61	0.889 36	0.954 18	0.976 82	0.735 58	0.524 33
0.50	0.843 02	0.885 17	0.952 38	0.975 90	0.746 36	0.534 52
0.51	0.837 37	0.880 93	0.950 55	0.974 96	0.756 91	0.544 69
0.52	0.831 65	0.876 63	0.948 69	0.974 01	0.767 23	0.554 83
0.53	0.825 88	0.872 28	0.946 81	0.973 04	0.777 33	0.564 93
0.54	0.820 05	0.867 88	0.944 89	0.972 06	0.787 20	0.575 01
0.55	0.814 17	0.863 42	0.942 95	0.971 06	0.796 85	0.585 06
0.56	0.808 23	0.858 92	0.940 98	0.970 04	0.806 26	0.595 07
0.57	0.802 24	0.854 37	0.938 98	0.969 01	0.815 44	0.605 05
0.58	0.796 21	0.849 78	0.936 96	0.967 97	0.824 40	0.615 01
0.59	0.790 13	0.845 14	0.934 91	0.966 91	0.833 12	0.624 92
0.60	0.784 00	0.840 45	0.932 84	0.965 83	0.841 61	0.634 81
0.61	0.777 84	0.835 73	0.930 73	0.964 75	0.849 87	0.644 66
0.62	0.771 64	0.830 96	0.928 61	0.963 64	0.857 89	0.654 48
0.63	0.765 40	0.826 16	0.926 46	0.962 53	0.865 69	0.664 27
0.64	0.759 13	0.821 32	0.924 28	0.961 40	0.873 25	0.674 02
0.65	0.752 83	0.816 44	0.922 08	0.960 25	0.880 58	0.683 74
0.66	0.746 50	0.811 53	0.919 86	0.959 09	0.887 68	0.693 42
0.67	0.740 14	0.806 59	0.917 62	0.957 92	0.894 54	0.703 07
0.68	0.733 76	0.801 62	0.915 35	0.956 74	0.901 18	0.712 68
0.69	0.727 35	0.796 61	0.913 06	0.955 54	0.907 59	0.722 25
0.70	0.720 93	0.791 58	0.910 75	0.954 33	0.913 77	0.731 79
0.71	0.714 48	0.786 52	0.908 41	0.953 11	0.919 71	0.741 29

续 表

Ma	p/p_0	ρ/ρ_0	T/T_0	a/a_0	A^*/A	λ
0.72	0.708 03	0.781 43	0.906 06	0.951 87	0.925 44	0.750 76
0.73	0.701 55	0.776 32	0.903 69	0.950 62	0.930 93	0.760 19
0.74	0.695 07	0.771 19	0.901 29	0.949 36	0.936 20	0.769 58
0.75	0.688 57	0.766 04	0.898 88	0.948 09	0.941 25	0.778 94
0.76	0.682 07	0.760 86	0.896 44	0.946 81	0.946 07	0.788 25
0.77	0.675 56	0.755 67	0.893 99	0.945 51	0.950 68	0.797 53
0.78	0.669 05	0.750 46	0.891 52	0.944 20	0.955 06	0.806 77
0.79	0.662 54	0.745 23	0.889 03	0.942 88	0.959 23	0.815 97
0.80	0.656 02	0.739 99	0.886 52	0.941 55	0.963 18	0.825 14
0.81	0.649 51	0.734 74	0.884 00	0.940 21	0.966 91	0.834 26
0.82	0.643 00	0.729 47	0.881 46	0.938 86	0.970 44	0.843 35
0.83	0.636 50	0.724 19	0.878 90	0.937 50	0.973 75	0.852 39
0.84	0.630 00	0.718 91	0.876 33	0.936 13	0.976 85	0.861 40
0.85	0.623 51	0.713 61	0.873 74	0.934 74	0.979 75	0.870 37
0.86	0.617 03	0.708 31	0.871 14	0.933 35	0.982 44	0.879 29
0.87	0.610 57	0.703 00	0.868 52	0.931 95	0.984 93	0.888 18
0.88	0.604 12	0.697 68	0.865 89	0.930 53	0.987 22	0.897 03
0.89	0.597 68	0.692 36	0.863 24	0.929 11	0.989 32	0.905 83
0.90	0.591 26	0.687 04	0.860 59	0.927 68	0.991 21	0.914 60
0.91	0.584 86	0.681 72	0.857 91	0.926 24	0.992 92	0.923 32
0.92	0.578 48	0.676 40	0.855 23	0.924 78	0.994 43	0.932 01
0.93	0.572 11	0.671 08	0.852 53	0.923 33	0.995 76	0.940 65
0.94	0.565 78	0.665 76	0.849 82	0.921 86	0.996 90	0.949 25
0.95	0.559 46	0.660 44	0.847 10	0.920 38	0.997 86	0.957 81
0.96	0.553 17	0.655 13	0.844 37	0.918 89	0.998 64	0.966 33
0.97	0.546 91	0.649 82	0.841 62	0.917 40	0.999 24	0.974 81
0.98	0.540 67	0.644 52	0.838 87	0.915 90	0.999 66	0.983 25
0.99	0.534 46	0.639 23	0.836 11	0.914 39	0.999 92	0.991 65
1.00	0.528 28	0.633 94	0.833 33	0.912 87	1.000 00	1.000 00

附表 3　超声速流动($\gamma = 1.4$) 的流动参数与 Ma 的关系

Ma	p/p_0	ρ/ρ_0	T/T_0	a/a_0	A^*/A	$\dfrac{\rho/2v^2}{p_0}$	$\theta/(°)$	λ
1.00	0.528 28	0.633 94	0.833 33	0.912 87	1.000 00	0.369 80	0.000 00	1.000 00
1.01	0.522 13	0.628 66	0.830 55	0.911 35	0.999 92	0.372 84	0.044 72	1.008 31
1.02	0.516 02	0.623 39	0.827 76	0.909 81	0.999 67	0.375 81	0.125 69	1.016 58
1.03	0.509 94	0.618 13	0.824 96	0.908 27	0.999 26	0.378 69	0.229 43	1.024 81
1.04	0.503 89	0.612 89	0.822 15	0.906 73	0.998 70	0.381 50	0.350 98	1.033 00
1.05	0.497 87	0.607 65	0.819 34	0.905 17	0.997 98	0.384 23	0.487 41	1.041 14
1.06	0.491 89	0.602 43	0.816 51	0.903 61	0.997 10	0.386 88	0.636 69	1.049 25
1.07	0.485 95	0.597 22	0.813 68	0.902 04	0.996 08	0.389 46	0.797 29	1.057 31
1.08	0.480 05	0.592 03	0.810 85	0.900 47	0.994 91	0.391 95	0.968 04	1.065 33
1.09	0.474 18	0.586 86	0.808 00	0.898 89	0.993 59	0.394 36	1.147 95	1.073 31
1.10	0.468 35	0.581 70	0.805 15	0.897 30	0.992 14	0.396 70	1.336 20	1.081 24
1.11	0.462 57	0.576 55	0.802 30	0.895 71	0.990 54	0.398 95	1.532 10	1.089 13
1.12	0.456 82	0.571 43	0.799 44	0.894 11	0.988 81	0.401 12	1.735 04	1.096 99
1.13	0.451 11	0.566 32	0.796 57	0.892 51	0.986 95	0.403 22	1.944 48	1.104 79
1.14	0.445 45	0.561 23	0.793 70	0.890 90	0.984 96	0.405 24	2.159 96	1.112 56
1.15	0.439 83	0.556 16	0.790 83	0.889 28	0.982 85	0.407 17	2.381 04	1.120 29
1.16	0.434 25	0.551 12	0.787 95	0.887 66	0.980 60	0.409 03	2.607 35	1.127 97
1.17	0.428 72	0.546 09	0.785 06	0.886 04	0.978 24	0.410 81	2.838 52	1.135 61
1.18	0.423 22	0.541 08	0.782 18	0.884 41	0.975 76	0.412 51	3.074 26	1.143 21
1.19	0.417 78	0.536 10	0.779 29	0.882 77	0.973 17	0.414 13	3.314 25	1.150 77
1.20	0.412 38	0.531 14	0.776 40	0.881 13	0.970 46	0.415 68	3.558 23	1.158 28
1.21	0.407 02	0.526 20	0.773 50	0.879 49	0.967 64	0.417 14	3.805 96	1.165 75
1.22	0.401 71	0.521 29	0.770 61	0.877 84	0.964 72	0.418 53	4.057 20	1.173 19
1.23	0.396 45	0.516 40	0.767 71	0.876 19	0.961 69	0.419 85	4.311 73	1.180 57
1.24	0.391 23	0.511 54	0.764 81	0.874 53	0.958 56	0.421 09	4.569 36	1.187 92
1.25	0.386 06	0.506 70	0.761 90	0.872 87	0.955 34	0.422 25	4.829 89	1.195 23
1.26	0.380 93	0.501 89	0.759 00	0.871 21	0.952 01	0.423 34	5.093 15	1.202 49
1.27	0.375 86	0.497 10	0.756 10	0.869 54	0.948 60	0.424 35	5.358 97	1.209 72
1.28	0.370 83	0.492 34	0.753 19	0.867 87	0.945 09	0.425 30	5.627 20	1.216 90
1.29	0.365 85	0.487 61	0.750 29	0.866 19	0.941 50	0.426 16	5.897 68	1.224 04
1.30	0.360 91	0.482 90	0.747 38	0.864 51	0.937 82	0.426 96	6.170 29	1.231 14
1.31	0.356 03	0.478 22	0.744 48	0.862 83	0.934 06	0.427 69	6.444 88	1.238 19
1.32	0.351 19	0.473 57	0.741 58	0.861 15	0.930 22	0.428 34	6.721 33	1.245 21
1.33	0.346 40	0.468 95	0.738 67	0.859 46	0.926 30	0.428 93	6.999 53	1.252 18
1.34	0.341 66	0.464 36	0.735 77	0.857 77	0.922 31	0.429 44	7.279 37	1.259 12

续 表

Ma	p/p_0	ρ/ρ_0	T/T_0	a/a_0	A^*/A	$\dfrac{\rho/2 v^2}{p_0}$	$\theta/(°)$	λ
1.35	0.336 97	0.459 80	0.732 87	0.856 08	0.918 24	0.429 89	7.560 72	1.266 01
1.36	0.332 33	0.455 26	0.729 97	0.854 38	0.914 11	0.430 27	7.843 51	1.272 86
1.37	0.327 73	0.450 76	0.727 07	0.852 69	0.909 91	0.430 59	8.127 62	1.279 68
1.38	0.323 19	0.446 28	0.724 18	0.850 99	0.905 64	0.430 83	8.412 97	1.286 45
1.39	0.318 69	0.441 84	0.721 28	0.849 28	0.901 31	0.431 02	8.699 46	1.293 18
1.40	0.314 24	0.437 42	0.718 39	0.847 58	0.896 92	0.431 14	8.987 02	1.299 87
1.41	0.309 84	0.433 04	0.715 50	0.845 87	0.892 47	0.431 20	9.275 57	1.306 52
1.42	0.305 49	0.428 69	0.712 62	0.844 17	0.887 97	0.431 19	9.565 02	1.313 13
1.43	0.301 18	0.424 36	0.709 73	0.842 46	0.883 42	0.431 13	9.855 31	1.319 70
1.44	0.296 93	0.420 07	0.706 85	0.840 75	0.878 81	0.431 00	10.146 36	1.326 23
1.45	0.292 72	0.415 81	0.703 98	0.839 03	0.874 15	0.430 81	10.438 11	1.332 72
1.46	0.288 56	0.411 58	0.701 10	0.837 32	0.869 45	0.430 57	10.730 50	1.339 17
1.47	0.284 45	0.407 39	0.698 24	0.835 61	0.864 71	0.430 27	11.023 46	1.345 58
1.48	0.280 39	0.403 22	0.695 37	0.833 89	0.859 92	0.429 91	11.316 94	1.351 95
1.49	0.276 37	0.399 09	0.692 51	0.832 17	0.855 09	0.429 50	11.610 87	1.358 28
1.50	0.272 40	0.394 98	0.689 66	0.830 45	0.850 22	0.429 03	11.905 21	1.364 58
1.51	0.268 48	0.390 91	0.686 80	0.828 74	0.845 32	0.428 52	12.199 90	1.370 83
1.52	0.264 61	0.386 88	0.683 96	0.827 02	0.840 38	0.427 94	12.494 89	1.377 05
1.53	0.260 78	0.382 87	0.681 12	0.825 30	0.835 41	0.427 32	12.790 14	1.383 22
1.54	0.257 00	0.378 90	0.678 28	0.823 58	0.830 40	0.426 65	13.085 59	1.389 36
1.55	0.253 26	0.374 95	0.675 45	0.821 86	0.825 37	0.425 92	13.381 21	1.395 46
1.56	0.249 57	0.371 05	0.672 62	0.820 14	0.820 32	0.425 15	13.676 96	1.401 52
1.57	0.245 93	0.367 17	0.669 80	0.818 41	0.815 23	0.424 33	13.972 78	1.407 55
1.58	0.242 33	0.363 32	0.666 99	0.816 69	0.810 13	0.423 47	14.268 65	1.413 53
1.59	0.238 78	0.359 51	0.664 18	0.814 97	0.805 00	0.422 56	14.564 52	1.419 48
1.60	0.235 27	0.355 73	0.661 38	0.813 25	0.799 85	0.421 61	14.860 35	1.425 39
1.61	0.231 81	0.351 98	0.658 58	0.811 53	0.794 68	0.420 61	15.156 12	1.431 27
1.62	0.228 39	0.348 27	0.655 79	0.809 81	0.789 50	0.419 57	15.451 80	1.437 10
1.63	0.225 01	0.344 58	0.653 01	0.808 09	0.784 30	0.418 49	15.747 33	1.442 90
1.64	0.221 68	0.340 93	0.650 23	0.806 37	0.779 09	0.417 37	16.042 71	1.448 66
1.65	0.218 39	0.337 31	0.647 46	0.804 65	0.773 86	0.416 21	16.337 89	1.454 39
1.66	0.215 15	0.333 72	0.644 70	0.802 93	0.768 63	0.415 01	16.632 85	1.460 08
1.67	0.211 95	0.330 17	0.641 94	0.801 21	0.763 38	0.413 77	16.927 55	1.465 73
1.68	0.208 79	0.326 64	0.639 19	0.799 49	0.758 13	0.412 50	17.221 98	1.471 35
1.69	0.205 67	0.323 15	0.636 45	0.797 78	0.752 87	0.411 19	17.516 11	1.476 93

续 表

Ma	p/p_0	ρ/ρ_0	T/T_0	a/a_0	A^*/A	$\dfrac{\rho/2v^2}{p_0}$	$\theta/(°)$	λ
1.70	0.202 59	0.319 69	0.633 71	0.796 06	0.747 60	0.409 85	17.809 91	1.482 47
1.71	0.199 56	0.316 26	0.630 99	0.794 35	0.742 34	0.408 47	18.103 36	1.487 98
1.72	0.196 56	0.312 87	0.628 27	0.792 63	0.737 06	0.407 06	18.396 43	1.493 45
1.73	0.193 61	0.309 50	0.625 56	0.790 92	0.731 79	0.405 62	18.689 11	1.498 89
1.74	0.190 70	0.306 17	0.622 85	0.789 21	0.726 52	0.404 15	18.981 37	1.504 29
1.75	0.187 82	0.302 87	0.620 16	0.787 50	0.721 24	0.402 65	19.273 19	1.509 66
1.76	0.184 99	0.299 59	0.617 47	0.785 79	0.715 97	0.401 12	19.564 56	1.514 99
1.77	0.182 19	0.296 35	0.614 79	0.784 08	0.710 71	0.399 56	19.855 44	1.520 29
1.78	0.179 44	0.293 15	0.612 11	0.782 38	0.705 44	0.397 97	20.145 84	1.525 55
1.79	0.176 72	0.289 97	0.609 45	0.780 67	0.700 19	0.396 36	20.435 71	1.530 78
1.80	0.174 04	0.286 82	0.606 80	0.778 97	0.694 94	0.394 72	20.725 06	1.535 98
1.81	0.171 40	0.283 70	0.604 15	0.777 27	0.689 69	0.393 06	21.013 87	1.541 14
1.82	0.168 79	0.280 61	0.601 51	0.775 57	0.684 46	0.391 38	21.302 11	1.546 26
1.83	0.166 22	0.277 56	0.598 88	0.773 87	0.679 23	0.389 67	21.589 78	1.551 36
1.84	0.163 69	0.274 53	0.596 26	0.772 18	0.674 01	0.387 94	21.876 85	1.556 42
1.85	0.161 19	0.271 53	0.593 65	0.770 49	0.668 81	0.386 18	22.163 32	1.561 45
1.86	0.158 73	0.268 57	0.591 04	0.768 79	0.663 62	0.384 41	22.449 17	1.566 44
1.87	0.156 31	0.265 63	0.588 45	0.767 10	0.658 44	0.382 62	22.734 39	1.571 40
1.88	0.153 92	0.262 72	0.585 86	0.765 42	0.653 27	0.380 81	23.018 96	1.576 33
1.89	0.151 56	0.259 84	0.583 29	0.763 73	0.648 12	0.378 98	23.302 88	1.581 23
1.90	0.149 24	0.256 99	0.580 72	0.762 05	0.642 98	0.377 13	23.586 13	1.586 09
1.91	0.146 95	0.254 17	0.578 16	0.760 37	0.637 86	0.375 26	23.868 71	1.590 92
1.92	0.144 70	0.251 38	0.575 61	0.758 69	0.632 75	0.373 38	24.150 59	1.595 72
1.93	0.142 47	0.248 61	0.573 07	0.757 02	0.627 67	0.371 49	24.431 78	1.600 49
1.94	0.140 28	0.245 88	0.570 54	0.755 34	0.622 60	0.369 58	24.712 26	1.605 23
1.95	0.138 13	0.243 17	0.568 02	0.753 67	0.617 55	0.367 66	24.992 02	1.609 93
1.96	0.136 00	0.240 49	0.565 51	0.752 00	0.612 52	0.365 72	25.271 06	1.614 60
1.97	0.133 90	0.237 84	0.563 01	0.750 34	0.607 50	0.363 77	25.549 35	1.619 25
1.98	0.131 84	0.235 21	0.560 51	0.748 67	0.602 51	0.361 81	25.826 91	1.623 86
1.99	0.129 81	0.232 62	0.558 03	0.747 01	0.597 54	0.359 84	26.103 71	1.628 44
2.00	0.127 80	0.230 05	0.555 56	0.745 36	0.592 59	0.357 85	26.379 76	1.632 99
2.01	0.125 83	0.227 51	0.553 09	0.743 70	0.587 67	0.355 86	26.655 04	1.637 51
2.02	0.123 89	0.224 99	0.550 64	0.742 05	0.582 76	0.353 86	26.929 55	1.642 01
2.03	0.121 97	0.222 50	0.548 19	0.740 40	0.577 88	0.351 85	27.203 28	1.646 47
2.04	0.120 09	0.220 04	0.545 76	0.738 75	0.573 02	0.349 83	27.476 22	1.650 90

续　表

Ma	p/p_0	ρ/ρ_0	T/T_0	a/a_0	A^*/A	$\dfrac{\rho/2v^2}{p_0}$	$\theta/(°)$	λ
2.05	0.118 23	0.217 60	0.543 33	0.737 11	0.568 19	0.347 80	27.748 37	1.655 30
2.06	0.116 40	0.215 19	0.540 91	0.735 47	0.563 37	0.345 77	28.019 73	1.659 67
2.07	0.114 60	0.212 81	0.538 51	0.733 83	0.558 59	0.343 73	28.290 28	1.664 02
2.08	0.112 82	0.210 45	0.536 11	0.732 20	0.553 83	0.341 68	28.560 03	1.668 33
2.09	0.111 07	0.208 11	0.533 73	0.730 57	0.549 09	0.339 63	28.828 96	1.672 62
2.10	0.109 35	0.205 80	0.531 35	0.728 94	0.544 38	0.337 57	29.097 08	1.676 87
2.11	0.107 66	0.203 52	0.528 98	0.727 31	0.539 70	0.335 51	29.364 38	1.681 10
2.12	0.105 99	0.201 26	0.526 63	0.725 69	0.535 04	0.333 45	29.630 85	1.685 30
2.13	0.104 34	0.199 02	0.524 28	0.724 07	0.530 41	0.331 38	29.896 49	1.689 47
2.14	0.102 73	0.196 81	0.521 94	0.722 46	0.525 81	0.329 31	30.161 30	1.693 62
2.15	0.101 13	0.194 63	0.519 62	0.720 84	0.521 23	0.327 24	30.425 28	1.697 74
2.16	0.099 56	0.192 47	0.517 30	0.719 23	0.516 68	0.325 16	30.688 41	1.701 83
2.17	0.098 02	0.190 33	0.514 99	0.717 63	0.512 16	0.323 09	30.950 70	1.705 89
2.18	0.096 49	0.188 21	0.512 69	0.716 03	0.507 66	0.321 01	31.212 15	1.709 92
2.19	0.095 00	0.186 12	0.510 41	0.714 43	0.503 20	0.318 93	31.472 75	1.713 93
2.20	0.093 52	0.184 05	0.508 13	0.712 83	0.498 76	0.316 85	31.732 50	1.717 91
2.21	0.092 07	0.182 00	0.505 86	0.711 24	0.494 35	0.314 77	31.991 39	1.721 87
2.22	0.090 64	0.179 98	0.503 61	0.709 65	0.489 97	0.312 70	32.249 43	1.725 79
2.23	0.089 23	0.177 98	0.501 36	0.708 07	0.485 62	0.310 62	32.506 62	1.729 70
2.24	0.087 85	0.176 00	0.499 12	0.706 49	0.481 29	0.308 54	32.762 94	1.733 57
2.25	0.086 48	0.174 04	0.496 89	0.704 91	0.477 00	0.306 47	33.018 41	1.737 42
2.26	0.085 14	0.172 11	0.494 68	0.703 33	0.472 74	0.304 40	33.273 01	1.741 25
2.27	0.083 82	0.170 20	0.492 47	0.701 76	0.468 50	0.302 33	33.526 76	1.745 04
2.28	0.082 51	0.168 30	0.490 27	0.700 19	0.464 29	0.300 26	33.779 63	1.748 82
2.29	0.081 23	0.166 43	0.488 09	0.698 63	0.460 12	0.298 20	34.031 65	1.752 57
2.30	0.079 97	0.164 58	0.485 91	0.697 07	0.455 97	0.296 14	34.282 79	1.756 29
2.31	0.078 73	0.162 75	0.483 74	0.695 52	0.451 85	0.294 08	34.533 07	1.759 99
2.32	0.077 51	0.160 95	0.481 58	0.693 96	0.447 76	0.292 03	34.782 49	1.763 66
2.33	0.076 31	0.159 16	0.479 44	0.692 41	0.443 70	0.289 98	35.031 03	1.767 31
2.34	0.075 12	0.157 39	0.477 30	0.690 87	0.439 68	0.287 94	35.278 71	1.770 93
2.35	0.073 96	0.155 64	0.475 17	0.689 33	0.435 68	0.285 90	35.525 52	1.774 53
2.36	0.072 81	0.153 91	0.473 05	0.687 79	0.431 71	0.283 87	35.771 46	1.778 11
2.37	0.071 68	0.152 21	0.470 95	0.686 26	0.427 77	0.281 84	36.016 53	1.781 66
2.38	0.070 57	0.150 52	0.468 85	0.684 73	0.423 86	0.279 81	36.260 73	1.785 19
2.39	0.069 48	0.148 85	0.466 76	0.683 20	0.419 98	0.277 80	36.504 07	1.788 69

续 表

Ma	p/p_0	ρ/ρ_0	T/T_0	a/a_0	A^*/A	$\dfrac{\rho/2v^2}{p_0}$	$\theta/(°)$	λ
2.40	0.068 40	0.147 20	0.464 68	0.681 68	0.416 13	0.275 79	36.746 53	1.792 18
2.41	0.067 34	0.145 56	0.462 62	0.680 16	0.412 31	0.273 78	36.988 13	1.795 63
2.42	0.066 30	0.143 95	0.460 56	0.678 64	0.408 52	0.271 78	37.228 86	1.799 07
2.43	0.065 27	0.142 35	0.458 51	0.677 13	0.404 76	0.269 79	37.468 72	1.802 48
2.44	0.064 26	0.140 78	0.456 47	0.675 63	0.401 03	0.267 81	37.707 72	1.805 87
2.45	0.063 27	0.139 22	0.454 44	0.674 12	0.397 32	0.265 83	37.945 85	1.809 24
2.46	0.062 29	0.137 68	0.452 42	0.672 62	0.393 65	0.263 86	38.183 12	1.812 58
2.47	0.061 33	0.136 15	0.450 41	0.671 13	0.390 01	0.261 90	38.419 52	1.815 91
2.48	0.060 38	0.134 65	0.448 41	0.669 64	0.386 40	0.259 94	38.655 07	1.819 21
2.49	0.059 45	0.133 16	0.446 42	0.668 15	0.382 81	0.258 00	38.889 75	1.822 49
2.50	0.058 53	0.131 69	0.444 44	0.666 67	0.379 26	0.256 06	39.123 56	1.825 74
2.51	0.057 62	0.130 23	0.442 47	0.665 19	0.375 73	0.254 13	39.356 52	1.828 98
2.52	0.056 74	0.128 79	0.440 51	0.663 71	0.372 24	0.252 21	39.588 62	1.832 19
2.53	0.055 86	0.127 37	0.438 56	0.662 24	0.368 77	0.250 29	39.819 87	1.835 38
2.54	0.055 00	0.125 97	0.436 62	0.660 77	0.365 33	0.248 39	40.050 26	1.838 55
2.55	0.054 15	0.124 58	0.434 69	0.659 31	0.361 92	0.246 49	40.279 79	1.841 70
2.56	0.053 32	0.123 21	0.432 77	0.657 85	0.358 54	0.244 60	40.508 47	1.844 83
2.57	0.052 50	0.121 85	0.430 85	0.656 39	0.355 19	0.242 72	40.736 30	1.847 94
2.58	0.051 69	0.120 51	0.428 95	0.654 94	0.351 87	0.240 86	40.963 29	1.851 03
2.59	0.050 90	0.119 18	0.427 05	0.653 49	0.348 57	0.239 00	41.189 42	1.854 10
2.60	0.050 12	0.117 87	0.425 17	0.652 05	0.345 31	0.237 15	41.414 71	1.857 14
2.61	0.049 35	0.116 58	0.423 29	0.650 61	0.342 07	0.235 30	41.639 15	1.860 17
2.62	0.048 59	0.115 30	0.421 43	0.649 18	0.338 86	0.233 47	41.862 75	1.863 18
2.63	0.047 84	0.114 03	0.419 57	0.647 74	0.335 68	0.231 65	42.085 51	1.866 16
2.64	0.047 11	0.112 78	0.417 72	0.646 32	0.332 52	0.229 84	42.307 44	1.869 13
2.65	0.046 39	0.111 54	0.415 89	0.644 89	0.329 39	0.228 04	42.528 52	1.872 08
2.66	0.045 68	0.110 32	0.414 06	0.643 47	0.326 29	0.226 24	42.748 77	1.875 01
2.67	0.044 98	0.109 11	0.412 24	0.642 06	0.323 22	0.224 46	42.968 19	1.877 92
2.68	0.044 29	0.107 92	0.410 43	0.640 65	0.320 18	0.222 69	43.186 78	1.880 81
2.69	0.043 62	0.106 74	0.408 63	0.639 24	0.317 16	0.220 93	43.404 54	1.883 68
2.70	0.042 95	0.105 57	0.406 83	0.637 84	0.314 17	0.219 17	43.621 48	1.886 53
2.71	0.042 29	0.104 42	0.405 05	0.636 44	0.311 20	0.217 43	43.837 59	1.889 36
2.72	0.041 65	0.103 28	0.403 28	0.635 04	0.308 27	0.215 70	44.052 88	1.892 18
2.73	0.041 02	0.102 15	0.401 51	0.633 65	0.305 35	0.213 98	44.267 35	1.894 97
2.74	0.040 39	0.101 04	0.399 76	0.632 26	0.302 47	0.212 27	44.481 00	1.897 75

续 表

Ma	p/p_0	ρ/ρ_0	T/T_0	a/a_0	A^*/A	$\dfrac{\rho/2v^2}{p_0}$	$\theta/(°)$	λ
2.75	0.039 78	0.099 94	0.398 01	0.630 88	0.299 61	0.210 57	44.693 84	1.900 51
2.76	0.039 17	0.098 85	0.396 27	0.629 50	0.296 78	0.208 88	44.905 86	1.903 25
2.77	0.038 58	0.097 78	0.394 54	0.628 13	0.293 97	0.207 20	45.117 08	1.905 98
2.78	0.037 99	0.096 71	0.392 82	0.626 76	0.291 19	0.205 53	45.327 49	1.908 68
2.79	0.037 42	0.095 66	0.391 11	0.625 39	0.288 43	0.203 87	45.537 09	1.911 37
2.80	0.036 85	0.094 63	0.389 41	0.624 03	0.285 70	0.202 22	45.745 89	1.914 04
2.81	0.036 29	0.093 60	0.387 71	0.622 67	0.283 00	0.200 59	45.953 89	1.916 69
2.82	0.035 74	0.092 59	0.386 03	0.621 31	0.280 32	0.198 96	46.161 09	1.919 33
2.83	0.035 20	0.091 58	0.384 35	0.619 96	0.277 66	0.197 34	46.367 50	1.921 95
2.84	0.034 67	0.090 59	0.382 68	0.618 61	0.275 03	0.195 74	46.573 12	1.924 55
2.85	0.034 15	0.089 62	0.381 02	0.617 27	0.272 43	0.194 14	46.777 94	1.927 14
2.86	0.033 63	0.088 65	0.379 37	0.615 93	0.269 84	0.192 56	46.981 98	1.929 70
2.87	0.033 12	0.087 69	0.377 73	0.614 60	0.267 29	0.190 99	47.185 23	1.932 25
2.88	0.032 63	0.086 75	0.376 10	0.613 27	0.264 75	0.189 43	47.387 70	1.934 79
2.89	0.032 13	0.085 81	0.374 47	0.611 94	0.262 24	0.187 87	47.589 40	1.937 31
2.90	0.031 65	0.084 89	0.372 86	0.610 62	0.259 76	0.186 33	47.790 31	1.939 81
2.91	0.031 18	0.083 98	0.371 25	0.609 30	0.257 29	0.184 80	47.990 45	1.942 30
2.92	0.030 71	0.083 07	0.369 65	0.607 99	0.254 85	0.183 28	48.189 82	1.944 77
2.93	0.030 25	0.082 18	0.368 06	0.606 68	0.252 44	0.181 77	48.388 43	1.947 22
2.94	0.029 80	0.081 30	0.366 47	0.605 37	0.250 04	0.180 28	48.586 26	1.949 66
2.95	0.029 35	0.080 43	0.364 90	0.604 07	0.247 67	0.178 79	48.783 33	1.952 08
2.96	0.028 91	0.079 57	0.363 33	0.602 77	0.245 32	0.177 31	48.979 65	1.954 49
2.97	0.028 48	0.078 72	0.361 77	0.601 47	0.243 00	0.175 84	49.175 20	1.956 88
2.98	0.028 05	0.077 88	0.360 22	0.600 18	0.240 69	0.174 39	49.370 00	1.959 25
2.99	0.027 64	0.077 05	0.358 68	0.598 90	0.238 41	0.172 94	49.564 05	1.961 62
3.00	0.027 22	0.076 23	0.357 14	0.597 61	0.236 15	0.171 51	49.757 35	1.963 96
3.01	0.026 82	0.075 41	0.355 62	0.596 34	0.233 91	0.170 09	49.949 90	1.966 29
3.02	0.026 42	0.074 61	0.354 10	0.595 06	0.231 70	0.168 67	50.141 71	1.968 61
3.03	0.026 03	0.073 82	0.352 59	0.593 79	0.229 50	0.167 27	50.332 78	1.970 91
3.04	0.025 64	0.073 03	0.351 08	0.592 52	0.227 33	0.165 88	50.523 10	1.973 19
3.05	0.025 26	0.072 26	0.349 59	0.591 26	0.225 17	0.164 49	50.712 70	1.975 47
3.06	0.024 89	0.071 49	0.348 10	0.590 00	0.223 04	0.163 12	50.901 56	1.977 72
3.07	0.024 52	0.070 74	0.346 62	0.588 75	0.220 93	0.161 76	51.089 69	1.979 97
3.08	0.024 16	0.069 99	0.345 15	0.587 50	0.218 84	0.160 41	51.277 10	1.982 19
3.09	0.023 80	0.069 25	0.343 69	0.586 25	0.216 77	0.159 07	51.463 78	1.984 41

续 表

Ma	p/p_0	ρ/ρ_0	T/T_0	a/a_0	A^*/A	$\dfrac{\rho/2v^2}{p_0}$	$\theta/(°)$	λ
3.10	0.023 45	0.068 52	0.342 23	0.585 01	0.214 72	0.157 74	51.649 74	1.986 61
3.11	0.023 10	0.067 79	0.340 78	0.583 77	0.212 69	0.156 42	51.834 99	1.988 79
3.12	0.022 76	0.067 08	0.339 34	0.582 53	0.210 67	0.155 11	52.019 52	1.990 97
3.13	0.022 43	0.066 37	0.337 91	0.581 30	0.208 68	0.153 81	52.203 33	1.993 13
3.14	0.022 10	0.065 68	0.336 48	0.580 07	0.206 71	0.152 52	52.386 44	1.995 27
3.15	0.021 77	0.064 99	0.335 06	0.578 85	0.204 76	0.151 24	52.568 84	1.997 40
3.16	0.021 46	0.064 30	0.333 65	0.577 63	0.202 82	0.149 97	52.750 53	1.999 52
3.17	0.021 14	0.063 63	0.332 25	0.576 41	0.200 91	0.148 71	52.931 53	2.001 62
3.18	0.020 83	0.062 96	0.330 85	0.575 20	0.199 01	0.147 46	53.111 82	2.003 72
3.19	0.020 53	0.062 31	0.329 47	0.573 99	0.197 14	0.146 22	53.291 43	2.005 79
3.20	0.020 23	0.061 65	0.328 08	0.572 79	0.195 28	0.144 99	53.470 33	2.007 86
3.21	0.019 93	0.061 01	0.326 71	0.571 59	0.193 44	0.143 77	53.648 55	2.009 91
3.22	0.019 64	0.060 37	0.325 34	0.570 39	0.191 61	0.142 56	53.826 09	2.011 95
3.23	0.019 36	0.059 75	0.323 98	0.569 20	0.189 81	0.141 36	54.002 94	2.013 98
3.24	0.019 08	0.059 12	0.322 63	0.568 01	0.188 02	0.140 17	54.179 10	2.015 99
3.25	0.018 80	0.058 51	0.321 29	0.566 82	0.186 25	0.138 99	54.354 60	2.017 99
3.26	0.018 53	0.057 90	0.319 95	0.565 64	0.184 50	0.137 82	54.529 41	2.019 98
3.27	0.018 26	0.057 30	0.318 62	0.564 46	0.182 76	0.136 66	54.703 55	2.021 96
3.28	0.017 99	0.056 71	0.317 29	0.563 29	0.181 05	0.135 50	54.877 03	2.023 92
3.29	0.017 73	0.056 12	0.315 97	0.562 12	0.179 35	0.134 36	55.049 83	2.025 87
3.30	0.017 48	0.055 54	0.314 66	0.560 95	0.177 66	0.133 23	55.221 98	2.027 81
3.31	0.017 22	0.054 97	0.313 36	0.559 79	0.176 00	0.132 10	55.393 46	2.029 74
3.32	0.016 98	0.054 40	0.312 06	0.558 63	0.174 34	0.130 99	55.564 28	2.031 65
3.33	0.016 73	0.053 84	0.310 77	0.557 47	0.172 71	0.129 88	55.734 45	2.033 56
3.34	0.016 49	0.053 29	0.309 49	0.556 32	0.171 09	0.128 78	55.903 97	2.035 45
3.35	0.016 25	0.052 74	0.308 21	0.555 17	0.169 49	0.127 69	56.072 83	2.037 33
3.36	0.016 02	0.052 20	0.306 94	0.554 03	0.167 90	0.126 61	56.241 05	2.039 20
3.37	0.015 79	0.051 66	0.305 68	0.552 88	0.166 33	0.125 54	56.408 63	2.041 06
3.38	0.015 57	0.051 13	0.304 43	0.551 75	0.164 78	0.124 48	56.575 56	2.042 90
3.39	0.015 34	0.050 61	0.303 18	0.550 61	0.163 24	0.123 43	56.741 85	2.044 74
3.40	0.015 12	0.050 09	0.301 93	0.549 48	0.161 72	0.122 39	56.907 51	2.046 56
3.41	0.014 91	0.049 58	0.300 70	0.548 36	0.160 21	0.121 35	57.072 54	2.048 37
3.42	0.014 70	0.049 08	0.299 47	0.547 23	0.158 71	0.120 33	57.236 94	2.050 17
3.43	0.014 49	0.048 58	0.298 24	0.546 12	0.157 23	0.119 31	57.400 71	2.051 96
3.44	0.014 28	0.048 08	0.297 02	0.545 00	0.155 77	0.118 30	57.563 85	2.053 74

续 表

Ma	p/p_0	ρ/ρ_0	T/T_0	a/a_0	A^*/A	$\dfrac{\rho/2v^2}{p_0}$	$\theta/(°)$	λ
3.45	0.014 08	0.047 59	0.295 81	0.543 89	0.154 32	0.117 30	57.726 38	2.055 51
3.46	0.013 88	0.047 11	0.294 61	0.542 78	0.152 88	0.116 31	57.888 28	2.057 27
3.47	0.013 68	0.046 63	0.293 41	0.541 67	0.151 46	0.115 33	58.049 57	2.059 01
3.48	0.013 49	0.046 16	0.292 22	0.540 57	0.150 06	0.114 35	58.210 24	2.060 75
3.49	0.013 30	0.045 69	0.291 03	0.539 48	0.148 66	0.113 38	58.370 30	2.062 47
3.50	0.013 11	0.045 23	0.289 86	0.538 38	0.147 28	0.112 43	58.529 76	2.064 19
3.51	0.012 93	0.044 78	0.288 68	0.537 29	0.145 92	0.111 48	58.688 61	2.065 89
3.52	0.012 74	0.044 33	0.287 51	0.536 20	0.144 57	0.110 53	58.846 86	2.067 59
3.53	0.012 56	0.043 88	0.286 35	0.535 12	0.143 23	0.109 60	59.004 50	2.069 27
3.54	0.012 39	0.043 44	0.285 20	0.534 04	0.141 90	0.108 67	59.161 55	2.070 94
3.55	0.012 21	0.043 00	0.284 05	0.532 96	0.140 59	0.107 76	59.318 01	2.072 61
3.56	0.012 04	0.042 57	0.282 91	0.531 89	0.139 29	0.106 85	59.473 87	2.074 26
3.57	0.011 88	0.042 14	0.281 77	0.530 82	0.138 01	0.105 94	59.629 14	2.075 90
3.58	0.011 71	0.041 72	0.280 64	0.529 75	0.136 73	0.105 05	59.783 83	2.077 54
3.59	0.011 55	0.041 31	0.279 52	0.528 69	0.135 47	0.104 16	59.937 93	2.079 16
3.60	0.011 38	0.040 89	0.278 40	0.527 63	0.134 23	0.103 28	60.091 46	2.080 77
3.61	0.011 23	0.040 49	0.277 28	0.526 58	0.132 99	0.102 41	60.244 40	2.082 38
3.62	0.011 07	0.040 08	0.276 18	0.525 52	0.131 77	0.101 55	60.396 77	2.083 97
3.63	0.010 92	0.039 68	0.275 07	0.524 48	0.130 56	0.100 69	60.548 56	2.085 56
3.64	0.010 76	0.039 29	0.273 98	0.523 43	0.129 36	0.099 84	60.699 78	2.087 13
3.65	0.010 62	0.038 90	0.272 89	0.522 39	0.128 17	0.099 00	60.850 44	2.088 70
3.66	0.010 47	0.038 52	0.271 80	0.521 35	0.127 00	0.098 16	61.000 52	2.090 26
3.67	0.010 32	0.038 13	0.270 73	0.520 31	0.125 83	0.097 34	61.150 05	2.091 80
3.68	0.010 18	0.037 76	0.269 65	0.519 28	0.124 68	0.096 52	61.299 02	2.093 34
3.69	0.010 04	0.037 39	0.268 58	0.518 25	0.123 54	0.095 71	61.447 42	2.094 87
3.70	0.009 90	0.037 02	0.267 52	0.517 23	0.122 41	0.094 90	61.595 27	2.096 39
3.71	0.009 77	0.036 65	0.266 47	0.516 20	0.121 30	0.094 10	61.742 57	2.097 90
3.72	0.009 63	0.036 29	0.265 42	0.515 18	0.120 19	0.093 31	61.889 32	2.099 41
3.73	0.009 50	0.035 94	0.264 37	0.514 17	0.119 09	0.092 52	62.035 52	2.100 90
3.74	0.009 37	0.035 58	0.263 33	0.513 16	0.118 01	0.091 75	62.181 18	2.102 38
3.75	0.009 24	0.035 24	0.262 30	0.512 15	0.116 94	0.090 98	62.326 29	2.103 86
3.76	0.009 12	0.034 89	0.261 27	0.511 14	0.115 87	0.090 21	62.470 86	2.105 33
3.77	0.008 99	0.034 55	0.260 24	0.510 14	0.114 82	0.089 45	62.614 90	2.106 79
3.78	0.008 87	0.034 21	0.259 22	0.509 14	0.113 78	0.088 70	62.758 40	2.108 24
3.79	0.008 75	0.033 88	0.258 21	0.508 14	0.112 75	0.087 96	62.901 36	2.109 68

续 表

Ma	p/p_0	ρ/ρ_0	T/T_0	a/a_0	A^*/A	$\dfrac{\rho/2v^2}{p_0}$	$\theta/(°)$	λ
3.80	0.008 63	0.033 55	0.257 20	0.507 15	0.111 72	0.087 22	63.043 80	2.111 11
3.81	0.008 51	0.033 22	0.256 20	0.506 16	0.110 71	0.086 49	63.185 71	2.112 54
3.82	0.008 40	0.032 90	0.255 20	0.505 17	0.109 71	0.085 77	63.327 09	2.113 95
3.83	0.008 28	0.032 58	0.254 21	0.504 19	0.108 72	0.085 05	63.467 95	2.115 36
3.84	0.008 17	0.032 27	0.253 22	0.503 21	0.107 74	0.084 34	63.608 29	2.116 76
3.85	0.008 06	0.031 95	0.252 24	0.502 23	0.106 77	0.083 63	63.748 11	2.118 15
3.86	0.007 95	0.031 65	0.251 26	0.501 26	0.105 81	0.082 93	63.887 41	2.119 54
3.87	0.007 84	0.031 34	0.250 29	0.500 29	0.104 85	0.082 24	64.026 20	2.120 91
3.88	0.007 74	0.031 04	0.249 32	0.499 32	0.103 91	0.081 55	64.164 48	2.122 28
3.89	0.007 63	0.030 74	0.248 36	0.498 36	0.102 98	0.080 87	64.302 25	2.123 64
3.90	0.007 53	0.030 44	0.247 40	0.497 40	0.102 05	0.080 19	64.439 52	2.124 99
3.91	0.007 43	0.030 15	0.246 45	0.496 44	0.101 14	0.079 52	64.576 28	2.126 34
3.92	0.007 33	0.029 86	0.245 50	0.495 48	0.100 23	0.078 86	64.712 54	2.127 67
3.93	0.007 23	0.029 58	0.244 56	0.494 53	0.099 33	0.078 20	64.848 30	2.129 00
3.94	0.007 14	0.029 29	0.243 62	0.493 58	0.098 44	0.077 55	64.983 56	2.130 32
3.95	0.007 04	0.029 02	0.242 69	0.492 63	0.097 56	0.076 91	65.118 32	2.131 63
3.96	0.006 95	0.028 74	0.241 76	0.491 69	0.096 69	0.076 27	65.252 60	2.132 94
3.97	0.006 86	0.028 46	0.240 84	0.490 75	0.095 83	0.075 63	65.386 38	2.134 24
3.98	0.006 76	0.028 19	0.239 92	0.489 81	0.094 98	0.075 00	65.519 68	2.135 53
3.99	0.006 67	0.027 93	0.239 00	0.488 88	0.094 13	0.074 38	65.652 49	2.136 81
4.00	0.006 59	0.027 66	0.238 10	0.487 95	0.093 29	0.073 76	65.784 82	2.138 09
4.01	0.006 50	0.027 40	0.237 19	0.487 02	0.092 47	0.073 15	65.916 67	2.139 36
4.02	0.006 41	0.027 14	0.236 29	0.486 10	0.091 64	0.072 55	66.048 03	2.140 62
4.03	0.006 33	0.026 88	0.235 39	0.485 18	0.090 83	0.071 94	66.178 92	2.141 88
4.04	0.006 24	0.026 63	0.234 50	0.484 26	0.090 03	0.071 35	66.309 34	2.143 12
4.05	0.006 16	0.026 38	0.233 62	0.483 34	0.089 23	0.070 76	66.439 28	2.144 36
4.06	0.006 08	0.026 13	0.232 74	0.482 43	0.088 44	0.070 17	66.568 76	2.145 60
4.07	0.006 00	0.025 89	0.231 86	0.481 52	0.087 66	0.069 59	66.697 76	2.146 82
4.08	0.005 92	0.025 64	0.230 99	0.480 61	0.086 89	0.069 02	66.826 30	2.148 04
4.09	0.005 85	0.025 40	0.230 12	0.479 70	0.086 12	0.068 45	66.954 38	2.149 26
4.10	0.005 77	0.025 16	0.229 25	0.478 80	0.085 36	0.067 88	67.082 00	2.150 46
4.11	0.005 69	0.024 93	0.228 39	0.477 90	0.084 61	0.067 32	67.209 15	2.151 66
4.12	0.005 62	0.024 70	0.227 54	0.477 01	0.083 87	0.066 77	67.335 85	2.152 85
4.13	0.005 55	0.024 47	0.226 69	0.476 12	0.083 13	0.066 22	67.462 10	2.154 04
4.14	0.005 47	0.024 24	0.225 84	0.475 23	0.082 40	0.065 67	67.587 89	2.155 22

续 表

Ma	p/p_0	ρ/ρ_0	T/T_0	a/a_0	A^*/A	$\dfrac{\rho/2v^2}{p_0}$	$\theta/(°)$	λ
4.15	0.005 40	0.024 01	0.225 00	0.474 34	0.081 68	0.065 13	67.713 23	2.156 39
4.16	0.005 33	0.023 79	0.224 16	0.473 45	0.080 97	0.064 60	67.838 12	2.157 56
4.17	0.005 26	0.023 57	0.223 32	0.472 57	0.080 26	0.064 07	67.962 56	2.158 71
4.18	0.005 20	0.023 35	0.222 50	0.471 69	0.079 56	0.063 54	68.086 56	2.159 87
4.19	0.005 13	0.023 13	0.221 67	0.470 82	0.078 86	0.063 02	68.210 12	2.161 01
4.20	0.005 06	0.022 92	0.220 85	0.469 94	0.078 18	0.062 51	68.333 24	2.162 15
4.21	0.005 00	0.022 71	0.220 03	0.469 07	0.077 50	0.061 99	68.455 92	2.163 29
4.22	0.004 93	0.022 50	0.219 22	0.468 21	0.076 82	0.061 49	68.578 16	2.164 42
4.23	0.004 87	0.022 29	0.218 41	0.467 34	0.076 15	0.060 98	68.699 97	2.165 54
4.24	0.004 81	0.022 09	0.217 60	0.466 48	0.075 49	0.060 49	68.821 34	2.166 65
4.25	0.004 74	0.021 89	0.216 80	0.465 62	0.074 84	0.059 99	68.942 29	2.167 76
4.26	0.004 68	0.021 69	0.216 01	0.464 76	0.074 19	0.059 50	69.062 80	2.168 86
4.27	0.004 62	0.021 49	0.215 21	0.463 91	0.073 55	0.059 02	69.182 90	2.169 96
4.28	0.004 57	0.021 29	0.214 42	0.463 06	0.072 91	0.058 54	69.302 56	2.171 05
4.29	0.004 51	0.021 10	0.213 64	0.462 21	0.072 28	0.058 06	69.421 81	2.172 14
4.30	0.004 45	0.020 90	0.212 86	0.461 36	0.071 66	0.057 59	69.540 63	2.173 21
4.31	0.004 39	0.020 71	0.212 08	0.460 52	0.071 04	0.057 12	69.659 03	2.174 29
4.32	0.004 34	0.020 52	0.211 31	0.459 68	0.070 43	0.056 66	69.777 02	2.175 35
4.33	0.004 28	0.020 34	0.210 54	0.458 84	0.069 83	0.056 20	69.894 60	2.176 42
4.34	0.004 23	0.020 15	0.209 77	0.458 01	0.069 23	0.055 74	70.011 76	2.177 47
4.35	0.004 17	0.019 97	0.209 01	0.457 17	0.068 63	0.055 29	70.128 51	2.178 52
4.36	0.004 12	0.019 79	0.208 25	0.456 34	0.068 04	0.054 84	70.244 85	2.179 56
4.37	0.004 07	0.019 61	0.207 50	0.455 52	0.067 46	0.054 40	70.360 78	2.180 60
4.38	0.004 02	0.019 44	0.206 74	0.454 69	0.066 88	0.053 96	70.476 31	2.181 63
4.39	0.003 97	0.019 26	0.206 00	0.453 87	0.066 31	0.053 52	70.591 44	2.182 66
4.40	0.003 92	0.019 09	0.205 25	0.453 05	0.065 75	0.053 09	70.706 17	2.183 68
4.41	0.003 87	0.018 92	0.204 51	0.452 23	0.065 19	0.052 66	70.820 49	2.184 70
4.42	0.003 82	0.018 75	0.203 78	0.451 42	0.064 63	0.052 24	70.934 42	2.185 71
4.43	0.003 77	0.018 58	0.203 05	0.450 61	0.064 08	0.051 82	71.047 95	2.186 71
4.44	0.003 72	0.018 41	0.202 32	0.449 80	0.063 54	0.051 40	71.161 09	2.187 71
4.45	0.003 68	0.018 25	0.201 59	0.448 99	0.063 00	0.050 99	71.273 83	2.188 71
4.46	0.003 63	0.018 08	0.200 87	0.448 19	0.062 46	0.050 58	71.386 19	2.189 70
4.47	0.003 59	0.017 92	0.200 15	0.447 38	0.061 94	0.050 17	71.498 15	2.190 68
4.48	0.003 54	0.017 76	0.199 44	0.446 59	0.061 41	0.049 77	71.609 73	2.191 66
4.49	0.003 50	0.017 61	0.198 73	0.445 79	0.060 89	0.049 37	71.720 93	2.192 63

续 表

Ma	p/p_0	ρ/ρ_0	T/T_0	a/a_0	A^*/A	$\dfrac{\rho/2v^2}{p_0}$	$\theta/(°)$	λ
4.50	0.003 46	0.017 45	0.198 02	0.444 99	0.060 38	0.048 98	71.831 74	2.193 60
4.51	0.003 41	0.017 29	0.197 32	0.444 20	0.059 87	0.048 59	71.942 17	2.194 56
4.52	0.003 37	0.017 14	0.196 62	0.443 41	0.059 37	0.048 20	72.052 22	2.195 52
4.53	0.003 33	0.016 99	0.195 92	0.442 63	0.058 87	0.047 81	72.161 89	2.196 47
4.54	0.003 29	0.016 84	0.195 22	0.441 84	0.058 37	0.047 43	72.271 19	2.197 42
4.55	0.003 25	0.016 69	0.194 53	0.441 06	0.057 88	0.047 05	72.380 11	2.198 36
4.56	0.003 21	0.016 54	0.193 85	0.440 28	0.057 40	0.046 68	72.488 66	2.199 30
4.57	0.003 17	0.016 40	0.193 16	0.439 50	0.056 92	0.046 31	72.596 83	2.200 23
4.58	0.003 13	0.016 25	0.192 48	0.438 73	0.056 44	0.045 94	72.704 64	2.201 16
4.59	0.003 09	0.016 11	0.191 81	0.437 96	0.055 97	0.045 58	72.812 08	2.202 08
4.60	0.003 05	0.015 97	0.191 13	0.437 19	0.055 50	0.045 21	72.919 15	2.203 00
4.61	0.003 02	0.015 83	0.190 46	0.436 42	0.055 04	0.044 86	73.025 86	2.203 91
4.62	0.002 98	0.015 69	0.189 79	0.435 65	0.054 58	0.044 50	73.132 21	2.204 82
4.63	0.002 94	0.015 56	0.189 13	0.434 89	0.054 13	0.044 15	73.238 19	2.205 72
4.64	0.002 91	0.015 42	0.188 47	0.434 13	0.053 68	0.043 80	73.343 82	2.206 62
4.65	0.002 87	0.015 29	0.187 81	0.433 37	0.053 23	0.043 45	73.449 09	2.207 52
4.66	0.002 84	0.015 15	0.187 16	0.432 62	0.052 79	0.043 11	73.554 00	2.208 41
4.67	0.002 80	0.015 02	0.186 51	0.431 86	0.052 35	0.042 77	73.658 56	2.209 29
4.68	0.002 77	0.014 89	0.185 86	0.431 11	0.051 92	0.042 43	73.762 76	2.210 17
4.69	0.002 73	0.014 76	0.185 21	0.430 36	0.051 49	0.042 10	73.866 62	2.211 05
4.70	0.002 70	0.014 64	0.184 57	0.429 62	0.051 07	0.041 77	73.970 12	2.211 92
4.71	0.002 67	0.014 51	0.183 93	0.428 87	0.050 64	0.041 44	74.073 28	2.212 78
4.72	0.002 64	0.014 38	0.183 30	0.428 13	0.050 23	0.041 12	74.176 09	2.213 65
4.73	0.002 60	0.014 26	0.182 66	0.427 39	0.049 81	0.040 79	74.278 55	2.214 50
4.74	0.002 57	0.014 14	0.182 03	0.426 65	0.049 40	0.040 47	74.380 67	2.215 36
4.75	0.002 54	0.014 02	0.181 41	0.425 92	0.049 00	0.040 16	74.482 45	2.216 21
4.76	0.002 51	0.013 90	0.180 78	0.425 18	0.048 60	0.039 84	74.583 89	2.217 05
4.77	0.002 48	0.013 78	0.180 16	0.424 45	0.048 20	0.039 53	74.684 99	2.217 89
4.78	0.002 45	0.013 66	0.179 54	0.423 73	0.047 81	0.039 22	74.785 75	2.218 72
4.79	0.002 42	0.013 54	0.178 93	0.423 00	0.047 42	0.038 92	74.886 18	2.219 56
4.80	0.002 39	0.013 43	0.178 32	0.422 28	0.047 03	0.038 61	74.986 27	2.220 38
4.81	0.002 37	0.013 31	0.177 71	0.421 55	0.046 65	0.038 31	75.086 03	2.221 21
4.82	0.002 34	0.013 20	0.177 10	0.420 83	0.046 27	0.038 02	75.185 46	2.222 02
4.83	0.002 31	0.013 09	0.176 50	0.420 12	0.045 89	0.037 72	75.284 56	2.222 84
4.84	0.002 28	0.012 98	0.175 90	0.419 40	0.045 52	0.037 43	75.383 33	2.223 65

续 表

Ma	p/p_0	ρ/ρ_0	T/T_0	a/a_0	A^*/A	$\dfrac{\rho/2v^2}{p_0}$	$\theta/(°)$	λ
4.85	0.002 26	0.012 87	0.175 30	0.418 69	0.045 15	0.037 14	75.481 77	2.224 45
4.86	0.002 23	0.012 76	0.174 71	0.417 98	0.044 78	0.036 85	75.579 89	2.225 26
4.87	0.002 20	0.012 65	0.174 11	0.417 27	0.044 42	0.036 57	75.677 69	2.226 05
4.88	0.002 18	0.012 54	0.173 52	0.416 56	0.044 06	0.036 28	75.775 16	2.226 85
4.89	0.002 15	0.012 44	0.172 94	0.415 86	0.043 70	0.036 00	75.872 31	2.227 64
4.90	0.002 13	0.012 33	0.172 35	0.415 16	0.043 35	0.035 72	75.969 15	2.228 42
4.91	0.002 10	0.012 23	0.171 77	0.414 46	0.043 00	0.035 45	76.065 66	2.229 21
4.92	0.002 08	0.012 13	0.171 20	0.413 76	0.042 66	0.035 18	76.161 86	2.229 98
4.93	0.002 05	0.012 02	0.170 62	0.413 06	0.042 31	0.034 91	76.257 74	2.230 76
4.94	0.002 03	0.011 92	0.170 05	0.412 37	0.041 97	0.034 64	76.353 31	2.231 53
4.95	0.002 00	0.011 82	0.169 48	0.411 68	0.041 64	0.034 37	76.448 57	2.232 29
4.96	0.001 98	0.011 73	0.168 91	0.410 99	0.041 30	0.034 11	76.543 51	2.233 06
4.97	0.001 96	0.011 63	0.168 35	0.410 30	0.040 97	0.033 85	76.638 15	2.233 82
4.98	0.001 93	0.011 53	0.167 78	0.409 61	0.040 65	0.033 59	76.732 48	2.234 57
4.99	0.001 91	0.011 44	0.167 22	0.408 93	0.040 32	0.033 33	76.826 50	2.235 32
5.00	1.890×10^{-3}	1.134×10^{-2}	0.166 67	0.408 25	4.000×10^{-2}	3.308×10^{-2}	76.920 22	2.236 07
6.00	6.334×10^{-4}	5.194×10^{-3}	0.121 95	0.349 22	1.880×10^{-2}	1.596×10^{-2}	84.955 50	2.295 28
7.00	2.416×10^{-4}	2.609×10^{-3}	0.092 59	0.304 29	9.602×10^{-3}	8.285×10^{-3}	90.972 73	2.333 33
8.00	1.024×10^{-4}	1.414×10^{-3}	0.072 46	0.269 19	5.260×10^{-3}	4.589×10^{-3}	95.624 67	2.359 07
9.00	4.739×10^{-5}	8.150×10^{-4}	0.058 14	0.241 12	3.056×10^{-3}	2.687×10^{-3}	99.318 10	2.377 22
10.00	2.356×10^{-5}	4.948×10^{-4}	0.047 62	0.218 22	1.866×10^{-3}	1.649×10^{-3}	102.316 25	2.390 46
100.00	2.790×10^{-12}	5.583×10^{-9}	0.000 50	0.022 36	2.157×10^{-8}	1.953×10^{-8}	127.589 81	2.448 88
∞	0	0	0	0	0	0	130.5	2.449 5

附表 4　气体动力学函数表($\gamma = 1.4$)

λ	$\tau(\lambda)$	$\pi(\lambda)$	$\varepsilon(\lambda)$	$q(\lambda)$	$y(\lambda)$	$\theta(\lambda)$	Ma
0.00	1.000 00	1.000 00	1.000 00	0.000 00	0.000 00	—	0.000 00
0.01	0.999 98	0.999 94	0.999 96	0.015 77	0.015 77	—	0.009 13
0.02	0.999 93	0.999 77	0.999 83	0.031 54	0.031 55	—	0.018 26
0.03	0.999 85	0.999 48	0.999 63	0.047 31	0.047 33	—	0.027 39
0.04	0.999 73	0.999 07	0.999 33	0.063 06	0.063 11	—	0.036 52
0.05	0.999 58	0.998 54	0.998 96	0.078 79	0.078 90	—	0.045 65
0.06	0.999 40	0.997 90	0.998 50	0.094 50	0.094 70	—	0.054 79
0.07	0.999 18	0.997 14	0.997 96	0.110 20	0.110 51	—	0.063 93
0.08	0.998 93	0.996 27	0.997 34	0.125 86	0.126 33	—	0.073 07

续 表

λ	$\tau(\lambda)$	$\pi(\lambda)$	$\varepsilon(\lambda)$	$q(\lambda)$	$y(\lambda)$	$\theta(\lambda)$	Ma
0.09	0.998 65	0.995 28	0.996 63	0.141 49	0.142 16	—	0.082 21
0.10	0.998 33	0.994 18	0.995 84	0.157 09	0.158 01	—	0.091 36
0.11	0.997 98	0.992 96	0.994 97	0.172 65	0.173 87	—	0.100 52
0.12	0.997 60	0.991 63	0.994 01	0.188 16	0.189 75	—	0.109 68
0.13	0.997 18	0.990 18	0.992 97	0.203 63	0.205 65	—	0.118 84
0.14	0.996 73	0.988 61	0.991 85	0.219 04	0.221 57	—	0.128 01
0.15	0.996 25	0.986 94	0.990 65	0.234 40	0.237 51	—	0.137 19
0.16	0.995 73	0.985 15	0.989 37	0.249 71	0.253 47	—	0.146 37
0.17	0.995 18	0.983 24	0.988 00	0.264 95	0.269 46	—	0.155 56
0.18	0.994 60	0.981 23	0.986 55	0.280 12	0.285 48	—	0.164 76
0.19	0.993 98	0.979 10	0.985 03	0.295 23	0.301 53	—	0.173 97
0.20	0.993 33	0.976 86	0.983 42	0.310 26	0.317 61	—	0.183 19
0.21	0.992 65	0.974 51	0.981 73	0.325 21	0.333 72	—	0.192 41
0.22	0.991 93	0.972 05	0.979 96	0.340 08	0.349 86	—	0.201 65
0.23	0.991 18	0.969 48	0.978 10	0.354 87	0.366 04	—	0.210 89
0.24	0.990 40	0.966 80	0.976 17	0.369 57	0.382 26	—	0.220 15
0.25	0.989 58	0.964 01	0.974 16	0.384 17	0.398 51	—	0.229 42
0.26	0.988 73	0.961 12	0.972 07	0.398 68	0.414 81	—	0.238 69
0.27	0.987 85	0.958 12	0.969 90	0.413 09	0.431 15	—	0.247 99
0.28	0.986 93	0.955 01	0.967 65	0.427 40	0.447 53	—	0.257 29
0.29	0.985 98	0.951 80	0.965 33	0.441 60	0.463 96	—	0.266 61
0.30	0.985 00	0.948 48	0.962 92	0.455 69	0.480 44	—	0.275 94
0.31	0.983 98	0.945 06	0.960 44	0.469 66	0.496 97	—	0.285 28
0.32	0.982 93	0.941 53	0.957 88	0.483 52	0.513 55	—	0.294 64
0.33	0.981 85	0.937 90	0.955 24	0.497 26	0.530 18	—	0.304 02
0.34	0.980 73	0.934 18	0.952 53	0.510 87	0.546 87	—	0.313 41
0.35	0.979 58	0.930 35	0.949 74	0.524 35	0.563 61	—	0.322 82
0.36	0.978 40	0.926 42	0.946 87	0.537 71	0.580 42	—	0.332 24
0.37	0.977 18	0.922 39	0.943 93	0.550 93	0.597 28	—	0.341 68
0.38	0.975 93	0.918 27	0.940 91	0.564 01	0.614 21	—	0.351 14
0.39	0.974 65	0.914 05	0.937 82	0.576 95	0.631 20	—	0.360 62
0.40	0.973 33	0.909 74	0.934 66	0.589 75	0.648 26	—	0.370 12
0.41	0.971 98	0.905 33	0.931 42	0.602 40	0.665 39	—	0.379 63
0.42	0.970 60	0.900 83	0.928 11	0.614 90	0.682 59	—	0.389 17
0.43	0.969 18	0.896 23	0.924 73	0.627 24	0.699 87	—	0.398 73
0.44	0.967 73	0.891 55	0.921 27	0.639 43	0.717 22	—	0.408 30

续 表

λ	τ(λ)	π(λ)	ε(λ)	q(λ)	y(λ)	θ(λ)	Ma
0.45	0.966 25	0.886 77	0.917 75	0.651 46	0.734 64	—	0.417 90
0.46	0.964 73	0.881 91	0.914 15	0.663 33	0.752 15	—	0.427 53
0.47	0.963 18	0.876 96	0.910 48	0.675 03	0.769 74	—	0.437 17
0.48	0.961 60	0.871 93	0.906 75	0.686 56	0.787 41	—	0.446 84
0.49	0.959 98	0.866 81	0.902 94	0.697 92	0.805 17	—	0.456 53
0.50	0.958 33	0.861 60	0.899 07	0.709 11	0.823 01	—	0.466 25
0.51	0.956 65	0.856 32	0.895 12	0.720 12	0.840 95	—	0.476 00
0.52	0.954 93	0.850 95	0.891 11	0.730 95	0.858 98	—	0.485 76
0.53	0.953 18	0.845 51	0.887 04	0.741 60	0.877 11	—	0.495 56
0.54	0.951 40	0.839 98	0.882 89	0.752 06	0.895 33	—	0.505 38
0.55	0.949 58	0.834 38	0.878 68	0.762 34	0.913 66	—	0.515 24
0.56	0.947 73	0.828 71	0.874 41	0.772 43	0.932 08	—	0.525 11
0.57	0.945 85	0.822 96	0.870 07	0.782 32	0.950 62	—	0.535 02
0.58	0.943 93	0.817 14	0.865 67	0.792 02	0.969 26	—	0.544 96
0.59	0.941 98	0.811 24	0.861 21	0.801 52	0.988 01	—	0.554 93
0.60	0.940 00	0.805 28	0.856 68	0.810 82	1.006 88	—	0.564 93
0.61	0.937 98	0.799 25	0.852 09	0.819 92	1.025 86	—	0.574 97
0.62	0.935 93	0.793 15	0.847 45	0.828 81	1.044 96	—	0.585 03
0.63	0.933 85	0.786 99	0.842 74	0.837 50	1.064 18	—	0.595 13
0.64	0.931 73	0.780 77	0.837 97	0.845 98	1.083 53	—	0.605 26
0.65	0.929 58	0.774 48	0.833 15	0.854 25	1.103 01	—	0.615 43
0.66	0.927 40	0.768 13	0.828 26	0.862 31	1.122 61	—	0.625 63
0.67	0.925 18	0.761 72	0.823 32	0.870 16	1.142 35	—	0.635 87
0.68	0.922 93	0.755 26	0.818 33	0.877 78	1.162 23	—	0.646 15
0.69	0.920 65	0.748 74	0.813 27	0.885 19	1.182 25	—	0.656 46
0.70	0.918 33	0.742 17	0.808 17	0.892 38	1.202 41	—	0.666 82
0.71	0.915 98	0.735 54	0.803 01	0.899 35	1.222 71	—	0.677 21
0.72	0.913 60	0.728 86	0.797 79	0.906 10	1.243 17	—	0.687 64
0.73	0.911 18	0.722 14	0.792 53	0.912 62	1.263 78	—	0.698 12
0.74	0.908 73	0.715 36	0.787 21	0.918 92	1.284 54	—	0.708 64
0.75	0.906 25	0.708 55	0.781 84	0.924 98	1.305 47	—	0.719 19
0.76	0.903 73	0.701 68	0.776 43	0.930 82	1.326 56	—	0.729 80
0.77	0.901 18	0.694 78	0.770 96	0.936 43	1.347 82	—	0.740 45
0.78	0.898 60	0.687 83	0.765 45	0.941 81	1.369 25	—	0.751 14
0.79	0.895 98	0.680 85	0.759 89	0.946 96	1.390 85	—	0.761 88
0.80	0.893 33	0.673 83	0.754 28	0.951 87	1.412 63	—	0.772 67

续 表

λ	$\tau(\lambda)$	$\pi(\lambda)$	$\varepsilon(\lambda)$	$q(\lambda)$	$y(\lambda)$	$\theta(\lambda)$	Ma
0.81	0.890 65	0.666 77	0.748 63	0.956 55	1.434 60	—	0.783 50
0.82	0.887 93	0.659 68	0.742 94	0.960 99	1.456 76	—	0.794 39
0.83	0.885 18	0.652 55	0.737 20	0.965 19	1.479 10	—	0.805 32
0.84	0.882 40	0.645 40	0.731 41	0.969 16	1.501 64	—	0.816 31
0.85	0.879 58	0.638 22	0.725 59	0.972 89	1.524 39	—	0.827 35
0.86	0.876 73	0.631 01	0.719 73	0.976 38	1.547 33	—	0.838 44
0.87	0.873 85	0.623 78	0.713 83	0.979 64	1.570 49	—	0.849 59
0.88	0.870 93	0.616 52	0.707 88	0.982 65	1.593 86	—	0.860 79
0.89	0.867 98	0.609 24	0.701 91	0.985 42	1.617 45	—	0.872 05
0.90	0.865 00	0.601 94	0.695 89	0.987 95	1.641 27	—	0.883 37
0.91	0.861 98	0.594 63	0.689 84	0.990 24	1.665 31	—	0.894 75
0.92	0.858 93	0.587 30	0.683 75	0.992 29	1.689 59	—	0.906 19
0.93	0.855 85	0.579 95	0.677 63	0.994 10	1.714 11	—	0.917 68
0.94	0.852 73	0.572 59	0.671 48	0.995 67	1.738 87	—	0.929 25
0.95	0.849 58	0.565 22	0.665 30	0.996 99	1.763 89	—	0.940 87
0.96	0.846 40	0.557 85	0.659 08	0.998 08	1.789 16	—	0.952 56
0.97	0.843 18	0.550 46	0.652 84	0.998 92	1.814 69	—	0.964 32
0.98	0.839 93	0.543 07	0.646 56	0.999 52	1.840 49	—	0.976 14
0.99	0.836 65	0.535 68	0.640 26	0.999 88	1.866 57	—	0.988 04
1.00	0.833 33	0.528 28	0.633 94	1.000 00	1.892 93	1.000 00	1.000 00
1.01	0.829 98	0.520 89	0.627 59	0.999 88	1.919 58	0.999 88	1.012 04
1.02	0.826 60	0.513 49	0.621 21	0.999 52	1.946 52	0.999 54	1.024 15
1.03	0.823 18	0.506 10	0.614 81	0.998 92	1.973 76	0.998 98	1.036 33
1.04	0.819 73	0.498 72	0.608 39	0.998 09	2.001 31	0.998 22	1.048 59
1.05	0.816 25	0.491 34	0.601 95	0.997 01	2.029 17	0.997 27	1.060 93
1.06	0.812 73	0.483 97	0.595 48	0.995 70	2.057 36	0.996 14	1.073 35
1.07	0.809 18	0.476 61	0.589 00	0.994 16	2.085 88	0.994 85	1.085 85
1.08	0.805 60	0.469 26	0.582 50	0.992 37	2.114 74	0.993 39	1.098 43
1.09	0.801 98	0.461 93	0.575 99	0.990 36	2.143 95	0.991 79	1.111 10
1.10	0.798 33	0.454 62	0.569 46	0.988 11	2.173 51	0.990 04	1.123 85
1.11	0.794 65	0.447 32	0.562 91	0.985 63	2.203 43	0.988 17	1.136 70
1.12	0.790 93	0.440 04	0.556 35	0.982 93	2.233 73	0.986 17	1.149 63
1.13	0.787 18	0.432 78	0.549 78	0.979 99	2.264 41	0.984 05	1.162 65
1.14	0.783 40	0.425 54	0.543 20	0.976 83	2.295 48	0.981 83	1.175 77
1.15	0.779 58	0.418 33	0.536 61	0.973 44	2.326 96	0.979 50	1.188 98
1.16	0.775 73	0.411 14	0.530 01	0.969 82	2.358 84	0.977 08	1.202 30

续 表

λ	$\tau(\lambda)$	$\pi(\lambda)$	$\varepsilon(\lambda)$	$q(\lambda)$	$y(\lambda)$	$\theta(\lambda)$	Ma
1.17	0.771 85	0.403 98	0.523 40	0.965 99	2.391 15	0.974 56	1.215 71
1.18	0.767 93	0.396 86	0.516 78	0.961 93	2.423 88	0.971 97	1.229 22
1.19	0.763 98	0.389 76	0.510 16	0.957 66	2.457 06	0.969 29	1.242 84
1.20	0.760 00	0.382 69	0.503 54	0.953 17	2.490 70	0.966 54	1.256 56
1.21	0.755 98	0.375 66	0.496 91	0.948 46	2.524 80	0.963 73	1.270 39
1.22	0.751 93	0.368 66	0.490 28	0.943 54	2.559 37	0.960 85	1.284 34
1.23	0.747 85	0.361 70	0.483 66	0.938 41	2.594 44	0.957 91	1.298 40
1.24	0.743 73	0.354 78	0.477 03	0.933 08	2.630 01	0.954 91	1.312 57
1.25	0.739 58	0.347 90	0.470 40	0.927 54	2.666 10	0.951 87	1.326 86
1.26	0.735 40	0.341 06	0.463 78	0.921 79	2.702 71	0.948 78	1.341 28
1.27	0.731 18	0.334 27	0.457 16	0.915 85	2.739 87	0.945 64	1.355 81
1.28	0.726 93	0.327 51	0.450 54	0.909 70	2.777 59	0.942 47	1.370 48
1.29	0.722 65	0.320 81	0.443 94	0.903 36	2.815 88	0.939 26	1.385 27
1.30	0.718 33	0.314 15	0.437 34	0.896 83	2.854 77	0.936 01	1.400 20
1.31	0.713 98	0.307 54	0.430 74	0.890 11	2.894 25	0.932 73	1.415 26
1.32	0.709 60	0.300 99	0.424 16	0.883 20	2.934 36	0.929 43	1.430 46
1.33	0.705 18	0.294 48	0.417 59	0.876 11	2.975 11	0.926 10	1.445 81
1.34	0.700 73	0.288 03	0.411 04	0.868 84	3.016 51	0.922 75	1.461 29
1.35	0.696 25	0.281 63	0.404 49	0.861 39	3.058 59	0.919 37	1.476 93
1.36	0.691 73	0.275 29	0.397 97	0.853 77	3.101 37	0.915 98	1.492 72
1.37	0.687 18	0.269 00	0.391 45	0.845 97	3.144 86	0.912 57	1.508 67
1.38	0.682 60	0.262 77	0.384 96	0.838 01	3.189 08	0.909 15	1.524 77
1.39	0.677 98	0.256 61	0.378 48	0.829 88	3.234 07	0.905 72	1.541 04
1.40	0.673 33	0.250 50	0.372 03	0.821 59	3.279 83	0.902 27	1.557 48
1.41	0.668 65	0.244 45	0.365 59	0.813 15	3.326 39	0.898 82	1.574 09
1.42	0.663 93	0.238 47	0.359 18	0.804 55	3.373 78	0.895 36	1.590 87
1.43	0.659 18	0.232 55	0.352 79	0.795 80	3.422 02	0.891 89	1.607 84
1.44	0.654 40	0.226 70	0.346 42	0.786 91	3.471 14	0.888 42	1.624 99
1.45	0.649 58	0.220 91	0.340 08	0.777 87	3.521 16	0.884 94	1.642 33
1.46	0.644 73	0.215 19	0.333 77	0.768 70	3.572 12	0.881 47	1.659 86
1.47	0.639 85	0.209 54	0.327 49	0.759 39	3.624 03	0.877 99	1.677 60
1.48	0.634 93	0.203 96	0.321 23	0.749 95	3.676 94	0.874 51	1.695 54
1.49	0.629 98	0.198 45	0.315 01	0.740 39	3.730 87	0.871 04	1.713 69
1.50	0.625 00	0.193 01	0.308 82	0.730 71	3.785 86	0.867 57	1.732 05
1.51	0.619 98	0.187 64	0.302 66	0.720 91	3.841 94	0.864 10	1.750 64
1.52	0.614 93	0.182 35	0.296 53	0.711 00	3.899 14	0.860 63	1.769 45

续 表

λ	τ(λ)	π(λ)	ε(λ)	q(λ)	y(λ)	θ(λ)	Ma
1.53	0.609 85	0.177 13	0.290 44	0.700 97	3.957 51	0.857 18	1.788 50
1.54	0.604 73	0.171 98	0.284 39	0.690 85	4.017 07	0.853 72	1.807 79
1.55	0.599 58	0.166 91	0.278 37	0.680 63	4.077 89	0.850 28	1.827 33
1.56	0.594 40	0.161 91	0.272 39	0.670 31	4.139 99	0.846 84	1.847 12
1.57	0.589 18	0.156 99	0.266 46	0.659 90	4.203 42	0.843 41	1.867 17
1.58	0.583 93	0.152 15	0.260 56	0.649 41	4.268 22	0.839 99	1.887 49
1.59	0.578 65	0.147 39	0.254 71	0.638 84	4.334 45	0.836 58	1.908 09
1.60	0.573 33	0.142 70	0.248 90	0.628 19	4.402 16	0.833 18	1.928 97
1.61	0.567 98	0.138 09	0.243 13	0.617 47	4.471 40	0.829 80	1.950 15
1.62	0.562 60	0.133 57	0.237 41	0.606 69	4.542 22	0.826 42	1.971 63
1.63	0.557 18	0.129 12	0.231 74	0.595 85	4.614 69	0.823 05	1.993 42
1.64	0.551 73	0.124 75	0.226 11	0.584 95	4.688 87	0.819 70	2.015 53
1.65	0.546 25	0.120 47	0.220 54	0.574 01	4.764 81	0.816 36	2.037 97
1.66	0.540 73	0.116 26	0.215 01	0.563 01	4.842 59	0.813 03	2.060 75
1.67	0.535 18	0.112 14	0.209 53	0.551 98	4.922 29	0.809 72	2.083 89
1.68	0.529 60	0.108 10	0.204 11	0.540 92	5.003 97	0.806 41	2.107 39
1.69	0.523 98	0.104 14	0.198 74	0.529 83	5.087 71	0.803 13	2.131 26
1.70	0.518 33	0.100 26	0.193 43	0.518 71	5.173 60	0.799 86	2.155 53
1.71	0.512 65	0.096 47	0.188 17	0.507 58	5.261 73	0.796 60	2.180 19
1.72	0.506 93	0.092 75	0.182 97	0.496 43	5.352 18	0.793 35	2.205 27
1.73	0.501 18	0.089 12	0.177 82	0.485 28	5.445 06	0.790 13	2.230 78
1.74	0.495 40	0.085 57	0.172 74	0.474 12	5.540 47	0.786 91	2.256 74
1.75	0.489 58	0.082 11	0.167 71	0.462 98	5.638 51	0.783 72	2.283 15
1.76	0.483 73	0.078 73	0.162 75	0.451 84	5.739 31	0.780 53	2.310 04
1.77	0.477 85	0.075 43	0.157 84	0.440 71	5.842 99	0.777 37	2.337 42
1.78	0.471 93	0.072 21	0.153 00	0.429 61	5.949 66	0.774 22	2.365 32
1.79	0.465 98	0.069 07	0.148 23	0.418 54	6.059 49	0.771 08	2.393 74
1.80	0.460 00	0.066 02	0.143 51	0.407 49	6.172 60	0.767 97	2.422 72
1.81	0.453 98	0.063 04	0.138 87	0.396 49	6.289 15	0.764 87	2.452 27
1.82	0.447 93	0.060 15	0.134 29	0.385 53	6.409 31	0.761 78	2.482 41
1.83	0.441 85	0.057 34	0.129 77	0.374 62	6.533 25	0.758 71	2.513 18
1.84	0.435 73	0.054 61	0.125 33	0.363 77	6.661 16	0.755 66	2.544 58
1.85	0.429 58	0.051 96	0.120 95	0.352 97	6.793 25	0.752 62	2.576 66
1.86	0.423 40	0.049 39	0.116 65	0.342 25	6.929 71	0.749 61	2.609 44
1.87	0.417 18	0.046 90	0.112 41	0.331 60	7.070 79	0.746 60	2.642 94
1.88	0.410 93	0.044 48	0.108 25	0.321 03	7.216 72	0.743 62	2.677 20

续 表

λ	$\tau(\lambda)$	$\pi(\lambda)$	$\varepsilon(\lambda)$	$q(\lambda)$	$y(\lambda)$	$\theta(\lambda)$	Ma
1.89	0.404 65	0.042 15	0.104 16	0.310 54	7.367 76	0.740 65	2.712 26
1.90	0.398 33	0.039 89	0.100 14	0.300 14	7.524 20	0.737 70	2.748 15
1.91	0.391 98	0.037 71	0.096 20	0.289 84	7.686 33	0.734 76	2.784 90
1.92	0.385 60	0.035 60	0.092 33	0.279 64	7.854 48	0.731 85	2.822 55
1.93	0.379 18	0.033 57	0.088 54	0.269 55	8.028 99	0.728 95	2.861 16
1.94	0.372 73	0.031 62	0.084 82	0.259 57	8.210 25	0.726 06	2.900 76
1.95	0.366 25	0.029 73	0.081 18	0.249 71	8.398 66	0.723 19	2.941 41
1.96	0.359 73	0.027 92	0.077 62	0.239 97	8.594 66	0.720 34	2.983 15
1.97	0.353 18	0.026 18	0.074 13	0.230 37	8.798 71	0.717 51	3.026 05
1.98	0.346 60	0.024 51	0.070 72	0.220 90	9.011 35	0.714 69	3.070 15
1.99	0.339 98	0.022 91	0.067 40	0.211 57	9.233 12	0.711 89	3.115 54
2.00	0.333 33	0.021 38	0.064 15	0.202 39	9.464 65	0.709 11	3.162 28
2.01	0.326 65	0.019 92	0.060 98	0.193 36	9.706 59	0.706 35	3.210 44
2.02	0.319 93	0.018 52	0.057 90	0.184 48	9.959 67	0.703 60	3.260 10
2.03	0.313 18	0.017 19	0.054 89	0.175 77	10.224 70	0.700 86	3.311 36
2.04	0.306 40	0.015 92	0.051 97	0.167 23	10.502 54	0.698 15	3.364 30
2.05	0.299 58	0.014 72	0.049 12	0.158 86	10.794 17	0.695 45	3.419 04
2.06	0.292 73	0.013 57	0.046 36	0.150 66	11.100 64	0.692 76	3.475 69
2.07	0.285 85	0.012 49	0.043 69	0.142 65	11.423 13	0.690 09	3.534 36
2.08	0.278 93	0.011 46	0.041 09	0.134 82	11.762 94	0.687 44	3.595 20
2.09	0.271 98	0.010 49	0.038 58	0.127 19	12.121 52	0.684 81	3.658 34
2.10	0.265 00	0.009 58	0.036 15	0.119 75	12.500 48	0.682 19	3.723 97
2.11	0.257 98	0.008 72	0.033 80	0.112 52	12.901 61	0.679 59	3.792 24
2.12	0.250 93	0.007 92	0.031 54	0.105 48	13.326 95	0.677 00	3.863 37
2.13	0.243 85	0.007 16	0.029 36	0.098 66	13.778 75	0.674 43	3.937 56
2.14	0.236 73	0.006 46	0.027 27	0.092 05	14.259 60	0.671 88	4.015 07
2.15	0.229 58	0.005 80	0.025 26	0.085 65	14.772 41	0.669 34	4.096 17
2.16	0.222 40	0.005 19	0.023 33	0.079 48	15.320 47	0.666 81	4.181 15
2.17	0.215 18	0.004 62	0.021 48	0.073 52	15.907 58	0.664 31	4.270 36
2.18	0.207 93	0.004 10	0.019 72	0.067 80	16.538 10	0.661 81	4.364 19
2.19	0.200 65	0.003 62	0.018 03	0.062 30	17.217 02	0.659 34	4.463 07
2.20	0.193 33	0.003 18	0.016 43	0.057 04	17.950 19	0.656 88	4.567 50
2.21	0.185 98	0.002 77	0.014 92	0.052 00	18.744 39	0.654 43	4.678 05
2.22	0.178 60	0.002 41	0.013 48	0.047 21	19.607 61	0.652 00	4.795 36
2.23	0.171 18	0.002 08	0.012 12	0.042 65	20.549 27	0.649 59	4.920 21
2.24	0.163 73	0.001 78	0.010 85	0.038 33	21.580 63	0.647 18	5.053 46

续 表

λ	$\tau(\lambda)$	$\pi(\lambda)$	$\varepsilon(\lambda)$	$q(\lambda)$	$y(\lambda)$	$\theta(\lambda)$	Ma
2.25	0.156 25	0.001 51	0.009 65	0.034 25	22.715 15	0.644 80	5.196 15
2.26	0.148 73	0.001 27	0.008 53	0.030 41	23.969 18	0.642 43	5.349 51
2.27	0.141 18	0.001 06	0.007 49	0.026 82	25.362 70	0.640 07	5.514 97
2.28	0.133 60	0.000 87	0.006 52	0.023 46	26.920 40	0.637 73	5.694 31
2.29	0.125 98	0.000 71	0.005 63	0.020 35	28.673 16	0.635 41	5.889 63
2.30	0.118 33	0.000 57	0.004 82	0.017 48	30.660 12	0.633 09	6.103 57
2.31	0.110 65	0.000 45	0.004 07	0.014 84	32.931 66	0.630 80	6.339 36
2.32	0.102 93	0.000 35	0.003 40	0.012 44	35.553 72	0.628 51	6.601 15
2.33	0.095 18	0.000 27	0.002 80	0.010 27	38.614 30	0.626 24	6.894 22
2.34	0.087 40	0.000 20	0.002 26	0.008 34	42.233 55	0.623 99	7.225 53
2.35	0.079 58	1.422×10^{-4}	1.787×10^{-3}	6.623×10^{-3}	—	0.621 75	7.604 42
2.36	0.071 73	9.886×10^{-5}	1.378×10^{-3}	5.131×10^{-3}	—	0.619 52	8.043 79
2.37	0.063 85	6.578×10^{-5}	1.030×10^{-3}	3.851×10^{-3}	—	0.617 31	8.562 04
2.38	0.055 93	4.139×10^{-5}	7.399×10^{-4}	2.778×10^{-3}	—	0.615 11	9.186 52
2.39	0.047 98	2.420×10^{-5}	5.043×10^{-4}	1.901×10^{-3}	—	0.612 92	9.960 06
2.40	0.040 00	1.280×10^{-5}	3.200×10^{-4}	1.211×10^{-3}	—	0.610 75	10.954 45
2.41	0.031 98	5.851×10^{-6}	1.829×10^{-4}	6.955×10^{-4}	—	0.608 59	12.301 68
2.42	0.0239 3	2.121×10^{-6}	8.862×10^{-5}	3.383×10^{-4}	—	0.606 44	14.279 83
2.43	0.0158 5	5.013×10^{-7}	3.163×10^{-5}	1.212×10^{-4}	—	0.604 31	17.619 80
2.44	0.007 73	4.067×10^{-8}	5.259×10^{-6}	2.024×10^{-5}	—	0.602 19	25.328 87
2.449	0	0	0	0	—	0.600 19	∞

附表 5　激波流动的参数（$\gamma = 1.4$）

Ma_{1n}	p_2/p_1	ρ_2/ρ_1	T_2/T_1	a_2/a_1	$p_{0,2}/p_{0,1}$	Ma_2 只对正激波
1.00	1.000 00	1.000 00	1.000 00	1.000 00	1.000 00	1.000 00
1.01	1.023 45	1.016 69	1.006 64	1.003 32	1.000 00	0.990 13
1.02	1.047 13	1.033 44	1.013 25	1.006 60	0.999 99	0.980 52
1.03	1.071 05	1.050 24	1.019 81	1.009 86	0.999 97	0.971 15
1.04	1.095 20	1.067 09	1.026 34	1.013 09	0.999 92	0.962 03
1.05	1.119 58	1.083 98	1.032 84	1.016 29	0.999 85	0.953 13
1.06	1.144 20	1.100 92	1.039 31	1.019 47	0.999 75	0.944 45
1.07	1.169 05	1.117 90	1.045 75	1.022 62	0.999 61	0.935 98
1.08	1.194 13	1.134 92	1.052 17	1.025 75	0.999 43	0.927 71
1.09	1.219 45	1.151 99	1.058 56	1.028 87	0.999 20	0.919 65

续 表

Ma_{1n}	p_2/p_1	ρ_2/ρ_1	T_2/T_1	a_2/a_1	$p_{0,2}/p_{0,1}$	Ma_2 只对正激波
1.10	1.245 00	1.169 08	1.064 94	1.031 96	0.998 93	0.911 77
1.11	1.270 78	1.186 21	1.071 29	1.035 03	0.998 60	0.904 08
1.12	1.296 80	1.203 38	1.077 63	1.038 09	0.998 21	0.896 56
1.13	1.323 05	1.220 57	1.083 96	1.041 13	0.997 77	0.889 22
1.14	1.349 53	1.237 79	1.090 27	1.044 16	0.997 26	0.882 04
1.15	1.376 25	1.255 04	1.096 58	1.047 18	0.996 69	0.875 02
1.16	1.403 20	1.272 31	1.102 87	1.050 18	0.996 05	0.868 16
1.17	1.430 38	1.289 61	1.109 16	1.053 17	0.995 35	0.861 45
1.18	1.457 80	1.306 93	1.115 44	1.056 14	0.994 57	0.854 88
1.19	1.485 45	1.324 26	1.121 72	1.059 11	0.993 72	0.848 46
1.20	1.513 33	1.341 61	1.127 99	1.062 07	0.992 80	0.842 17
1.21	1.541 45	1.358 98	1.134 27	1.065 02	0.991 80	0.836 01
1.22	1.569 80	1.376 36	1.140 54	1.067 96	0.990 73	0.829 99
1.23	1.598 38	1.393 76	1.146 82	1.070 90	0.989 58	0.824 08
1.24	1.627 20	1.411 16	1.153 09	1.073 82	0.988 36	0.818 30
1.25	1.656 25	1.428 57	1.159 38	1.076 74	0.987 06	0.812 64
1.26	1.685 53	1.445 99	1.165 66	1.079 66	0.985 68	0.807 09
1.27	1.715 05	1.463 41	1.171 95	1.082 57	0.984 22	0.801 64
1.28	1.744 80	1.480 84	1.178 25	1.085 47	0.982 68	0.796 31
1.29	1.774 78	1.498 27	1.184 56	1.088 37	0.981 07	0.791 08
1.30	1.805 00	1.515 70	1.190 87	1.091 27	0.979 37	0.785 96
1.31	1.835 45	1.533 12	1.197 20	1.094 17	0.977 60	0.780 93
1.32	1.866 13	1.550 55	1.203 53	1.097 06	0.975 75	0.776 00
1.33	1.897 05	1.567 97	1.209 88	1.099 95	0.973 82	0.771 16
1.34	1.928 20	1.585 38	1.216 24	1.102 83	0.971 82	0.766 41
1.35	1.959 58	1.602 78	1.222 61	1.105 72	0.969 74	0.761 75
1.36	1.991 20	1.620 18	1.229 00	1.108 60	0.967 58	0.757 18
1.37	2.023 05	1.637 57	1.235 40	1.111 48	0.965 34	0.752 69
1.38	2.055 13	1.654 94	1.241 81	1.114 37	0.963 04	0.748 29
1.39	2.087 45	1.672 31	1.248 25	1.117 25	0.960 65	0.743 96
1.40	2.120 00	1.689 66	1.254 69	1.120 13	0.958 19	0.739 71
1.41	2.152 78	1.706 99	1.261 16	1.123 01	0.955 66	0.735 54
1.42	2.185 80	1.724 30	1.267 64	1.125 90	0.953 06	0.731 44
1.43	2.219 05	1.741 60	1.274 14	1.128 78	0.950 39	0.727 41
1.44	2.252 53	1.758 88	1.280 66	1.131 66	0.947 65	0.723 45

续　表

Ma_{1n}	p_2/p_1	ρ_2/ρ_1	T_2/T_1	a_2/a_1	$p_{0.2}/p_{0.1}$	Ma_2 只对正激波
1.45	2.286 25	1.776 14	1.287 20	1.134 55	0.944 84	0.719 56
1.46	2.320 20	1.793 37	1.293 77	1.137 44	0.941 96	0.715 74
1.47	2.354 38	1.810 58	1.300 35	1.140 33	0.939 01	0.711 98
1.48	2.388 80	1.827 77	1.306 95	1.143 22	0.936 00	0.708 29
1.49	2.423 45	1.844 93	1.313 57	1.146 11	0.932 93	0.704 66
1.50	2.458 33	1.862 07	1.320 22	1.149 01	0.929 79	0.701 09
1.51	2.493 45	1.879 18	1.326 88	1.151 90	0.926 59	0.697 58
1.52	2.528 80	1.896 26	1.333 57	1.154 80	0.923 32	0.694 13
1.53	2.564 38	1.913 31	1.340 29	1.157 71	0.920 00	0.690 73
1.54	2.600 20	1.930 33	1.347 03	1.160 61	0.916 62	0.687 39
1.55	2.636 25	1.947 32	1.353 79	1.163 52	0.913 19	0.684 10
1.56	2.672 53	1.964 27	1.360 57	1.166 44	0.909 70	0.680 87
1.57	2.709 05	1.981 19	1.367 38	1.169 35	0.906 15	0.677 68
1.58	2.745 80	1.998 08	1.374 22	1.172 27	0.902 55	0.674 55
1.59	2.782 78	2.014 93	1.381 08	1.175 19	0.898 90	0.671 47
1.60	2.820 00	2.031 75	1.387 97	1.178 12	0.895 20	0.668 44
1.61	2.857 45	2.048 52	1.394 88	1.181 05	0.891 45	0.665 45
1.62	2.895 13	2.065 26	1.401 82	1.183 99	0.887 65	0.662 51
1.63	2.933 05	2.081 97	1.408 79	1.186 92	0.883 81	0.659 62
1.64	2.971 20	2.098 63	1.415 78	1.189 87	0.879 92	0.656 77
1.65	3.009 58	2.115 25	1.422 80	1.192 81	0.875 99	0.653 96
1.66	3.048 20	2.131 83	1.429 85	1.195 76	0.872 01	0.651 19
1.67	3.087 05	2.148 36	1.436 93	1.198 72	0.868 00	0.648 47
1.68	3.126 13	2.164 86	1.444 03	1.201 68	0.863 94	0.645 79
1.69	3.165 45	2.181 31	1.451 17	1.204 64	0.859 85	0.643 15
1.70	3.205 00	2.197 72	1.458 33	1.207 61	0.855 72	0.640 54
1.71	3.244 78	2.214 08	1.465 52	1.210 59	0.851 56	0.637 98
1.72	3.284 80	2.230 40	1.472 74	1.213 57	0.847 36	0.635 45
1.73	3.325 05	2.246 67	1.479 99	1.216 55	0.843 12	0.632 96
1.74	3.365 53	2.262 89	1.487 27	1.219 54	0.838 86	0.630 51
1.75	3.406 25	2.279 07	1.494 58	1.222 53	0.834 57	0.628 09
1.76	3.447 20	2.295 20	1.501 92	1.225 53	0.830 24	0.625 70
1.77	3.488 38	2.311 28	1.509 29	1.228 53	0.825 89	0.623 35
1.78	3.529 80	2.327 31	1.516 69	1.231 54	0.821 51	0.621 04
1.79	3.571 45	2.343 29	1.524 12	1.234 55	0.817 11	0.618 75

续 表

Ma_{1n}	p_2/p_1	ρ_2/ρ_1	T_2/T_1	a_2/a_1	$p_{0,2}/p_{0,1}$	Ma_2 只对正激波
1.80	3.613 33	2.359 22	1.531 58	1.237 57	0.812 68	0.616 50
1.81	3.655 45	2.375 10	1.539 07	1.240 59	0.808 23	0.614 28
1.82	3.697 80	2.390 93	1.546 59	1.243 62	0.803 76	0.612 09
1.83	3.740 38	2.406 71	1.554 15	1.246 65	0.799 27	0.609 93
1.84	3.783 20	2.422 44	1.561 73	1.249 69	0.794 76	0.607 80
1.85	3.826 25	2.438 11	1.569 35	1.252 74	0.790 23	0.605 70
1.86	3.869 53	2.453 73	1.577 00	1.255 79	0.785 69	0.603 63
1.87	3.913 05	2.469 30	1.584 68	1.258 84	0.781 12	0.601 58
1.88	3.956 80	2.484 81	1.592 39	1.261 90	0.776 55	0.599 57
1.89	4.000 78	2.500 27	1.600 14	1.264 97	0.771 96	0.597 58
1.90	4.045 00	2.515 68	1.607 92	1.268 04	0.767 36	0.595 62
1.91	4.089 45	2.531 03	1.615 73	1.271 11	0.762 74	0.593 68
1.92	4.134 13	2.546 33	1.623 57	1.274 19	0.758 12	0.591 77
1.93	4.179 05	2.561 57	1.631 44	1.277 28	0.753 49	0.589 88
1.94	4.224 20	2.576 75	1.639 35	1.280 37	0.748 84	0.588 02
1.95	4.269 58	2.591 88	1.647 29	1.283 47	0.744 20	0.586 18
1.96	4.315 20	2.606 95	1.655 27	1.286 57	0.739 54	0.584 37
1.97	4.361 05	2.621 96	1.663 28	1.289 68	0.734 88	0.582 58
1.98	4.407 13	2.636 92	1.671 32	1.292 79	0.730 21	0.580 82
1.99	4.453 45	2.651 82	1.679 39	1.295 91	0.725 55	0.579 07
2.00	4.500 00	2.666 67	1.687 50	1.299 04	0.720 87	0.577 35
2.01	4.546 78	2.681 45	1.695 64	1.302 17	0.716 20	0.575 65
2.02	4.593 80	2.696 18	1.703 82	1.305 30	0.711 53	0.573 97
2.03	4.641 05	2.710 85	1.712 03	1.308 44	0.706 85	0.572 31
2.04	4.688 53	2.725 46	1.720 27	1.311 59	0.702 18	0.570 68
2.05	4.736 25	2.740 02	1.728 55	1.314 74	0.697 51	0.569 06
2.06	4.784 20	2.754 51	1.736 86	1.317 90	0.692 84	0.567 47
2.07	4.832 38	2.768 95	1.745 21	1.321 06	0.688 17	0.565 89
2.08	4.880 80	2.783 32	1.753 59	1.324 23	0.683 51	0.564 33
2.09	4.929 45	2.797 64	1.762 00	1.327 40	0.678 85	0.562 80
2.10	4.978 33	2.811 90	1.770 45	1.330 58	0.674 20	0.561 28
2.11	5.027 45	2.826 10	1.778 93	1.333 77	0.669 56	0.559 78
2.12	5.076 80	2.840 24	1.787 45	1.336 96	0.664 92	0.558 29
2.13	5.126 38	2.854 32	1.796 01	1.340 15	0.660 29	0.556 83
2.14	5.176 20	2.868 35	1.804 59	1.343 35	0.655 67	0.555 38

续 表

Ma_{1n}	p_2/p_1	ρ_2/ρ_1	T_2/T_1	a_2/a_1	$p_{0.2}/p_{0.1}$	Ma_2 只对正激波
2.15	5.226 25	2.882 31	1.813 22	1.346 56	0.651 05	0.553 95
2.16	5.276 53	2.896 21	1.821 88	1.349 77	0.646 45	0.552 54
2.17	5.327 05	2.910 05	1.830 57	1.352 99	0.641 85	0.551 15
2.18	5.377 80	2.923 83	1.839 30	1.356 21	0.637 27	0.549 77
2.19	5.428 78	2.937 56	1.848 06	1.359 43	0.632 70	0.548 40
2.20	5.480 00	2.951 22	1.856 86	1.362 67	0.628 14	0.547 06
2.21	5.531 45	2.964 82	1.865 69	1.365 90	0.623 59	0.545 72
2.22	5.583 13	2.978 37	1.874 56	1.369 15	0.619 05	0.544 41
2.23	5.635 05	2.991 85	1.883 47	1.372 40	0.614 53	0.543 11
2.24	5.687 20	3.005 27	1.892 41	1.375 65	0.610 02	0.541 82
2.25	5.739 58	3.018 63	1.901 38	1.378 91	0.605 53	0.540 55
2.26	5.792 20	3.031 94	1.910 40	1.382 17	0.601 05	0.539 30
2.27	5.845 05	3.045 18	1.919 44	1.385 44	0.596 59	0.538 05
2.28	5.898 13	3.058 36	1.928 53	1.388 71	0.592 14	0.536 83
2.29	5.951 45	3.071 49	1.937 65	1.391 99	0.587 71	0.535 61
2.30	6.005 00	3.084 55	1.946 80	1.395 28	0.583 29	0.534 41
2.31	6.058 78	3.097 55	1.955 99	1.398 57	0.578 90	0.533 22
2.32	6.112 80	3.110 49	1.965 22	1.401 86	0.574 52	0.532 05
2.33	6.167 05	3.123 38	1.974 48	1.405 16	0.570 15	0.530 89
2.34	6.221 53	3.136 20	1.983 78	1.408 47	0.565 81	0.529 74
2.35	6.276 25	3.148 97	1.993 11	1.411 78	0.561 48	0.528 61
2.36	6.331 20	3.161 67	2.002 49	1.415 09	0.557 18	0.527 49
2.37	6.386 38	3.174 32	2.011 89	1.418 41	0.552 89	0.526 38
2.38	6.441 80	3.186 90	2.021 34	1.421 74	0.548 62	0.525 28
2.39	6.497 45	3.199 43	2.030 82	1.425 07	0.544 37	0.524 19
2.40	6.553 33	3.211 90	2.040 33	1.428 40	0.540 14	0.523 12
2.41	6.609 45	3.224 30	2.049 88	1.431 74	0.535 94	0.522 06
2.42	6.665 80	3.236 65	2.059 47	1.435 09	0.531 75	0.521 00
2.43	6.722 38	3.248 94	2.069 10	1.438 44	0.527 58	0.519 96
2.44	6.779 20	3.261 17	2.078 76	1.441 79	0.523 44	0.518 94
2.45	6.836 25	3.273 35	2.088 46	1.445 15	0.519 31	0.517 92
2.46	6.893 53	3.285 46	2.098 19	1.448 51	0.515 21	0.516 91
2.47	6.951 05	3.297 52	2.107 97	1.451 88	0.511 13	0.515 92
2.48	7.008 80	3.309 51	2.117 77	1.455 26	0.507 07	0.514 93
2.49	7.066 78	3.321 45	2.127 62	1.458 64	0.503 03	0.513 95

续　表

Ma_{1n}	p_2/p_1	ρ_2/ρ_1	T_2/T_1	a_2/a_1	$p_{0,2}/p_{0,1}$	Ma_2 只对正激波
2.50	7.125 00	3.333 33	2.137 50	1.462 02	0.499 01	0.512 99
2.51	7.183 45	3.345 16	2.147 42	1.465 41	0.495 02	0.512 03
2.52	7.242 13	3.356 92	2.157 37	1.468 80	0.491 05	0.511 09
2.53	7.301 05	3.368 63	2.167 37	1.472 20	0.487 11	0.510 15
2.54	7.360 20	3.380 28	2.177 39	1.475 60	0.483 18	0.509 23
2.55	7.419 58	3.391 87	2.187 46	1.479 01	0.479 28	0.508 31
2.56	7.479 20	3.403 41	2.197 56	1.482 42	0.475 40	0.507 41
2.57	7.539 05	3.414 89	2.207 70	1.485 83	0.471 55	0.506 51
2.58	7.599 13	3.426 31	2.217 88	1.489 25	0.467 72	0.505 62
2.59	7.659 45	3.437 67	2.228 09	1.492 68	0.463 91	0.504 74
2.60	7.720 00	3.448 98	2.238 34	1.496 11	0.460 12	0.503 87
2.61	7.780 78	3.460 23	2.248 63	1.499 54	0.456 36	0.503 01
2.62	7.841 80	3.471 43	2.258 96	1.502 98	0.452 63	0.502 16
2.63	7.903 05	3.482 57	2.269 32	1.506 43	0.448 91	0.501 31
2.64	7.964 53	3.493 65	2.279 72	1.509 87	0.445 22	0.500 48
2.65	8.026 25	3.504 68	2.290 15	1.513 33	0.441 56	0.499 65
2.66	8.088 20	3.515 65	2.300 63	1.516 78	0.437 92	0.498 83
2.67	8.150 38	3.526 57	2.311 14	1.520 24	0.434 30	0.498 02
2.68	8.212 80	3.537 43	2.321 68	1.523 71	0.430 70	0.497 22
2.69	8.275 45	3.548 24	2.332 27	1.527 18	0.427 14	0.496 42
2.70	8.338 33	3.558 99	2.342 89	1.530 65	0.423 59	0.495 63
2.71	8.401 45	3.569 69	2.353 55	1.534 13	0.420 07	0.494 85
2.72	8.464 80	3.580 33	2.364 25	1.537 61	0.416 57	0.494 08
2.73	8.528 38	3.590 92	2.374 98	1.541 10	0.413 10	0.493 32
2.74	8.592 20	3.601 46	2.385 76	1.544 59	0.409 65	0.492 56
2.75	8.656 25	3.611 94	2.396 57	1.548 08	0.406 23	0.491 81
2.76	8.720 53	3.622 37	2.407 41	1.551 58	0.402 83	0.491 07
2.77	8.785 05	3.632 74	2.418 30	1.555 09	0.399 45	0.490 33
2.78	8.849 80	3.643 07	2.429 22	1.558 59	0.396 10	0.489 60
2.79	8.914 78	3.653 34	2.440 18	1.562 11	0.392 77	0.488 88
2.80	8.980 00	3.663 55	2.451 17	1.565 62	0.389 46	0.488 17
2.81	9.045 45	3.673 72	2.462 21	1.569 14	0.386 18	0.487 46
2.82	9.111 13	3.683 83	2.473 28	1.572 67	0.382 93	0.486 76
2.83	9.177 05	3.693 89	2.484 39	1.576 19	0.379 69	0.486 06
2.84	9.243 20	3.703 89	2.495 54	1.579 73	0.376 49	0.485 38

续 表

Ma_{1n}	p_2/p_1	ρ_2/ρ_1	T_2/T_1	a_2/a_1	$p_{0.2}/p_{0.1}$	Ma_2 只对正激波
2.85	9.309 58	3.713 85	2.506 72	1.583 26	0.373 30	0.484 69
2.86	9.376 20	3.723 75	2.517 94	1.586 80	0.370 14	0.484 02
2.87	9.443 05	3.733 61	2.529 20	1.590 35	0.367 00	0.483 35
2.88	9.510 13	3.743 41	2.540 50	1.593 89	0.363 89	0.482 69
2.89	9.577 45	3.753 16	2.551 83	1.597 45	0.360 80	0.482 03
2.90	9.645 00	3.762 86	2.563 21	1.601 00	0.357 73	0.481 38
2.91	9.712 78	3.772 51	2.574 62	1.604 56	0.354 69	0.480 73
2.92	9.780 80	3.782 11	2.586 07	1.608 13	0.351 67	0.480 10
2.93	9.849 05	3.791 67	2.597 55	1.611 69	0.348 67	0.479 46
2.94	9.917 53	3.801 17	2.609 08	1.615 26	0.345 70	0.478 84
2.95	9.986 25	3.810 62	2.620 64	1.618 84	0.342 75	0.478 21
2.96	10.055 20	3.820 02	2.632 24	1.622 42	0.339 82	0.477 60
2.97	10.124 38	3.829 37	2.643 87	1.626 00	0.336 92	0.476 99
2.98	10.193 80	3.838 68	2.655 55	1.629 59	0.334 04	0.476 38
2.99	10.263 45	3.847 94	2.667 26	1.633 18	0.331 18	0.475 78
3.00	10.333 33	3.857 14	2.679 01	1.636 77	0.328 34	0.475 19
3.01	10.403 45	3.866 30	2.690 80	1.640 37	0.325 53	0.474 60
3.02	10.473 80	3.875 41	2.702 63	1.643 97	0.322 74	0.474 02
3.03	10.544 38	3.884 48	2.714 49	1.647 57	0.319 97	0.473 44
3.04	10.615 20	3.893 50	2.726 39	1.651 18	0.317 23	0.472 87
3.05	10.686 25	3.902 46	2.738 33	1.654 79	0.314 50	0.472 30
3.06	10.757 53	3.911 39	2.750 31	1.658 41	0.311 80	0.471 74
3.07	10.829 05	3.920 26	2.762 33	1.662 03	0.309 12	0.471 18
3.08	10.900 80	3.929 09	2.774 38	1.665 65	0.306 46	0.470 63
3.09	10.972 78	3.937 88	2.786 47	1.669 27	0.303 83	0.470 08
3.10	11.045 00	3.946 61	2.798 60	1.672 90	0.301 21	0.469 53
3.11	11.117 45	3.955 30	2.810 77	1.676 54	0.298 62	0.468 99
3.12	11.190 13	3.963 95	2.822 98	1.680 17	0.296 05	0.468 46
3.13	11.263 05	3.972 55	2.835 22	1.683 81	0.293 50	0.467 93
3.14	11.336 20	3.981 10	2.847 50	1.687 45	0.290 97	0.467 41
3.15	11.409 58	3.989 61	2.859 82	1.691 10	0.288 46	0.466 89
3.16	11.483 20	3.998 08	2.872 18	1.694 75	0.285 97	0.466 37
3.17	11.557 05	4.006 50	2.884 58	1.698 40	0.283 50	0.465 86
3.18	11.631 13	4.014 88	2.897 01	1.702 06	0.281 06	0.465 35
3.19	11.705 45	4.023 21	2.909 48	1.705 72	0.278 63	0.464 85

续 表

Ma_{1n}	p_2/p_1	ρ_2/ρ_1	T_2/T_1	a_2/a_1	$p_{0,2}/p_{0,1}$	Ma_2 只对正激波
3.20	11.780 00	4.031 50	2.921 99	1.709 38	0.276 23	0.464 35
3.21	11.854 78	4.039 74	2.934 54	1.713 05	0.273 84	0.463 85
3.22	11.929 80	4.047 94	2.947 13	1.716 72	0.271 48	0.463 36
3.23	12.005 05	4.056 10	2.959 75	1.720 39	0.269 14	0.462 88
3.24	12.080 53	4.064 22	2.972 41	1.724 07	0.266 81	0.462 40
3.25	12.156 25	4.072 29	2.985 11	1.727 75	0.264 51	0.461 92
3.26	12.232 20	4.080 32	2.997 85	1.731 43	0.262 22	0.461 44
3.27	12.308 38	4.088 31	3.010 63	1.735 12	0.259 96	0.460 97
3.28	12.384 80	4.096 25	3.023 45	1.738 81	0.257 71	0.460 51
3.29	12.461 45	4.104 16	3.036 30	1.742 50	0.255 48	0.460 04
3.30	12.538 33	4.112 02	3.049 19	1.746 19	0.253 28	0.459 59
3.31	12.615 45	4.119 84	3.062 12	1.749 89	0.251 09	0.459 13
3.32	12.692 80	4.127 62	3.075 09	1.753 59	0.248 92	0.458 68
3.33	12.770 38	4.135 36	3.088 09	1.757 30	0.246 77	0.458 23
3.34	12.848 20	4.143 06	3.101 14	1.761 01	0.244 63	0.457 79
3.35	12.926 25	4.150 72	3.114 22	1.764 72	0.242 52	0.457 35
3.36	13.004 53	4.158 33	3.127 34	1.768 43	0.240 43	0.456 91
3.37	13.083 05	4.165 91	3.140 50	1.772 15	0.238 35	0.456 48
3.38	13.161 80	4.173 45	3.153 70	1.775 87	0.236 29	0.456 05
3.39	13.240 78	4.180 95	3.166 93	1.779 59	0.234 25	0.455 62
3.40	13.320 00	4.188 41	3.180 21	1.783 31	0.232 23	0.455 20
3.41	13.399 45	4.195 83	3.193 52	1.787 04	0.230 22	0.454 78
3.42	13.479 13	4.203 21	3.206 87	1.790 77	0.228 23	0.454 36
3.43	13.559 05	4.210 55	3.220 26	1.794 51	0.226 26	0.453 95
3.44	13.639 20	4.217 85	3.233 69	1.798 25	0.224 31	0.453 54
3.45	13.719 58	4.225 11	3.247 15	1.801 99	0.222 37	0.453 14
3.46	13.800 20	4.232 34	3.260 65	1.805 73	0.220 45	0.452 73
3.47	13.881 05	4.239 53	3.274 20	1.809 47	0.218 55	0.452 33
3.48	13.962 13	4.246 68	3.287 78	1.813 22	0.216 67	0.451 94
3.49	14.043 45	4.253 79	3.301 39	1.816 97	0.214 80	0.451 54
3.50	14.125 00	4.260 87	3.315 05	1.820 73	0.212 95	0.451 15
3.51	14.206 78	4.267 91	3.328 75	1.824 49	0.211 11	0.450 77
3.52	14.288 80	4.274 91	3.342 48	1.828 24	0.209 29	0.450 38
3.53	14.371 05	4.281 88	3.356 25	1.832 01	0.207 49	0.450 00
3.54	14.453 53	4.288 80	3.370 06	1.835 77	0.205 70	0.449 62

续 表

Ma_{1n}	p_2/p_1	ρ_2/ρ_1	T_2/T_1	a_2/a_1	$p_{0.2}/p_{0.1}$	Ma_2 只对正激波
3.55	14.536 25	4.295 70	3.383 91	1.839 54	0.203 93	0.449 25
3.56	14.619 20	4.302 55	3.397 80	1.843 31	0.202 18	0.448 87
3.57	14.702 38	4.309 37	3.411 72	1.847 08	0.200 44	0.448 50
3.58	14.785 80	4.316 16	3.425 69	1.850 86	0.198 71	0.448 14
3.59	14.869 45	4.322 91	3.439 69	1.854 64	0.197 01	0.447 77
3.60	14.953 33	4.329 62	3.453 73	1.858 42	0.195 31	0.447 41
3.61	15.037 45	4.336 30	3.467 81	1.862 20	0.193 63	0.447 05
3.62	15.121 80	4.342 94	3.481 92	1.865 99	0.191 97	0.446 70
3.63	15.206 38	4.349 55	3.496 08	1.869 78	0.190 32	0.446 35
3.64	15.291 20	4.356 13	3.510 27	1.873 57	0.188 69	0.446 00
3.65	15.376 25	4.362 67	3.524 51	1.877 37	0.187 07	0.445 65
3.66	15.461 53	4.369 18	3.538 78	1.881 16	0.185 47	0.445 30
3.67	15.547 05	4.375 65	3.553 09	1.884 96	0.183 88	0.444 96
3.68	15.632 80	4.382 09	3.567 43	1.888 76	0.182 30	0.444 62
3.69	15.718 78	4.388 49	3.581 82	1.892 57	0.180 74	0.444 28
3.70	15.805 00	4.394 86	3.596 24	1.896 38	0.179 19	0.443 95
3.71	15.891 45	4.401 20	3.610 71	1.900 19	0.177 66	0.443 62
3.72	15.978 13	4.407 51	3.625 21	1.904 00	0.176 14	0.443 29
3.73	16.065 05	4.413 78	3.639 75	1.907 81	0.174 64	0.442 96
3.74	16.152 20	4.420 02	3.654 33	1.911 63	0.173 14	0.442 63
3.75	16.239 58	4.426 23	3.668 94	1.915 45	0.171 66	0.442 31
3.76	16.327 20	4.432 41	3.683 60	1.919 27	0.170 20	0.441 99
3.77	16.415 05	4.438 55	3.698 29	1.923 09	0.168 75	0.441 67
3.78	16.503 13	4.444 66	3.713 02	1.926 92	0.167 31	0.441 36
3.79	16.591 45	4.450 74	3.727 79	1.930 75	0.165 88	0.441 04
3.80	16.680 00	4.456 79	3.742 60	1.934 58	0.164 47	0.440 73
3.81	16.768 78	4.462 81	3.757 45	1.938 41	0.163 07	0.440 42
3.82	16.857 80	4.468 79	3.772 34	1.942 25	0.161 68	0.440 12
3.83	16.947 05	4.474 75	3.787 26	1.946 09	0.160 31	0.439 81
3.84	17.036 53	4.480 67	3.802 23	1.949 93	0.158 95	0.439 51
3.85	17.126 25	4.486 57	3.817 23	1.953 77	0.157 60	0.439 21
3.86	17.216 20	4.492 43	3.832 27	1.957 62	0.156 26	0.438 91
3.87	17.306 38	4.498 27	3.847 35	1.961 47	0.154 93	0.438 62
3.88	17.396 80	4.504 07	3.862 46	1.965 32	0.153 62	0.438 32
3.89	17.487 45	4.509 84	3.877 62	1.969 17	0.152 32	0.438 03

续 表

Ma_{1n}	p_2/p_1	ρ_2/ρ_1	T_2/T_1	a_2/a_1	$p_{0,2}/p_{0,1}$	Ma_2 只对正激波
3.90	17.578 33	4.515 59	3.892 81	1.973 02	0.151 03	0.437 74
3.91	17.669 45	4.521 30	3.908 05	1.976 88	0.149 75	0.437 46
3.92	17.760 80	4.526 99	3.923 32	1.980 74	0.148 48	0.437 17
3.93	17.852 38	4.532 64	3.938 63	1.984 60	0.147 23	0.436 89
3.94	17.944 20	4.538 27	3.953 98	1.988 46	0.145 98	0.436 61
3.95	18.036 25	4.543 87	3.969 36	1.992 33	0.144 75	0.436 33
3.96	18.128 53	4.549 44	3.984 79	1.996 19	0.143 53	0.436 05
3.97	18.221 05	4.554 98	4.000 25	2.000 06	0.142 32	0.435 77
3.98	18.313 80	4.560 49	4.015 75	2.003 93	0.141 12	0.435 50
3.99	18.406 78	4.565 97	4.031 30	2.007 81	0.139 93	0.435 23
4.00	18.500 00	4.571 43	4.046 87	2.011 68	0.138 76	0.434 96
4.01	18.593 45	4.576 86	4.062 49	2.015 56	0.137 59	0.434 69
4.02	18.687 13	4.582 26	4.078 15	2.019 44	0.136 43	0.434 43
4.03	18.781 05	4.587 63	4.093 85	2.023 33	0.135 29	0.434 16
4.04	18.875 20	4.592 98	4.109 58	2.027 21	0.134 15	0.433 90
4.05	18.969 58	4.598 29	4.125 35	2.031 10	0.133 03	0.433 64
4.06	19.064 20	4.603 59	4.141 16	2.034 98	0.131 91	0.433 38
4.07	19.159 05	4.608 85	4.157 01	2.038 88	0.130 81	0.433 12
4.08	19.254 13	4.614 09	4.172 90	2.042 77	0.129 72	0.432 87
4.09	19.349 45	4.619 30	4.188 83	2.046 66	0.128 63	0.432 61
4.10	19.445 00	4.624 48	4.204 79	2.050 56	0.127 56	0.432 36
4.11	19.540 78	4.629 64	4.220 80	2.054 46	0.126 49	0.432 11
4.12	19.636 80	4.634 78	4.236 84	2.058 36	0.125 44	0.431 86
4.13	19.733 05	4.639 88	4.252 92	2.062 26	0.124 39	0.431 62
4.14	19.829 53	4.644 96	4.269 04	2.066 17	0.123 35	0.431 37
4.15	19.926 25	4.650 02	4.285 20	2.070 07	0.122 33	0.431 13
4.16	20.023 20	4.655 05	4.301 40	2.073 98	0.121 31	0.430 89
4.17	20.120 38	4.660 05	4.317 63	2.077 89	0.120 30	0.430 65
4.18	20.217 80	4.665 03	4.333 91	2.081 80	0.119 30	0.430 41
4.19	20.315 45	4.669 98	4.350 22	2.085 72	0.118 31	0.430 17
4.20	20.413 33	4.674 91	4.366 57	2.089 63	0.117 33	0.429 94
4.21	20.511 45	4.679 82	4.382 96	2.093 55	0.116 36	0.429 70
4.22	20.609 80	4.684 70	4.399 39	2.097 47	0.115 40	0.429 47
4.23	20.708 38	4.689 55	4.415 86	2.101 39	0.114 44	0.429 24
4.24	20.807 20	4.694 38	4.432 36	2.105 32	0.113 50	0.429 01

续　表

Ma_{1n}	p_2/p_1	ρ_2/ρ_1	T_2/T_1	a_2/a_1	$p_{0.2}/p_{0.1}$	Ma_2 只对正激波
4.25	20.906 25	4.699 19	4.448 91	2.109 24	0.112 56	0.428 78
4.26	21.005 53	4.703 97	4.465 49	2.113 17	0.111 63	0.428 56
4.27	21.105 05	4.708 73	4.482 11	2.117 10	0.110 71	0.428 33
4.28	21.204 80	4.713 46	4.498 77	2.121 03	0.109 80	0.428 11
4.29	21.304 78	4.718 17	4.515 47	2.124 96	0.108 90	0.427 89
4.30	21.405 00	4.722 86	4.532 21	2.128 90	0.108 00	0.427 67
4.31	21.505 45	4.727 52	4.548 99	2.132 84	0.107 11	0.427 45
4.32	21.606 13	4.732 17	4.565 80	2.136 77	0.106 23	0.427 23
4.33	21.707 05	4.736 78	4.582 66	2.140 71	0.105 36	0.427 02
4.34	21.808 20	4.741 38	4.599 55	2.144 66	0.104 50	0.426 80
4.35	21.909 58	4.745 95	4.616 48	2.148 60	0.103 64	0.426 59
4.36	22.011 20	4.750 50	4.633 45	2.152 54	0.102 80	0.426 38
4.37	22.113 05	4.755 03	4.650 46	2.156 49	0.101 96	0.426 17
4.38	22.215 13	4.759 53	4.667 50	2.160 44	0.101 12	0.425 96
4.39	22.317 45	4.764 01	4.684 59	2.164 39	0.100 30	0.425 75
4.40	22.420 00	4.768 47	4.701 71	2.168 34	0.099 48	0.425 54
4.41	22.522 78	4.772 91	4.718 88	2.172 30	0.098 67	0.425 34
4.42	22.625 80	4.777 33	4.736 08	2.176 25	0.097 87	0.425 14
4.43	22.729 05	4.781 72	4.753 32	2.180 21	0.097 07	0.424 93
4.44	22.832 53	4.786 09	4.770 60	2.184 17	0.096 28	0.424 73
4.45	22.936 25	4.790 44	4.787 92	2.188 13	0.095 50	0.424 53
4.46	23.040 20	4.794 77	4.805 27	2.192 09	0.094 73	0.424 33
4.47	23.144 38	4.799 08	4.822 67	2.196 06	0.093 96	0.424 14
4.48	23.248 80	4.803 37	4.840 10	2.200 02	0.093 20	0.423 94
4.49	23.353 45	4.807 64	4.857 57	2.203 99	0.092 44	0.423 75
4.50	23.458 33	4.811 88	4.875 09	2.207 96	0.091 70	0.423 55
4.51	23.563 45	4.816 11	4.892 64	2.211 93	0.090 96	0.423 36
4.52	23.668 80	4.820 31	4.910 22	2.215 90	0.090 22	0.423 17
4.53	23.774 38	4.824 49	4.927 85	2.219 88	0.089 50	0.422 98
4.54	23.880 20	4.828 66	4.945 52	2.223 85	0.088 78	0.422 79
4.55	23.986 25	4.832 80	4.963 22	2.227 83	0.088 06	0.422 60
4.56	24.092 53	4.836 92	4.980 97	2.231 81	0.087 35	0.422 41
4.57	24.199 05	4.841 02	4.998 75	2.235 79	0.086 65	0.422 23
4.58	24.305 80	4.845 11	5.016 57	2.239 77	0.085 96	0.422 05
4.59	24.412 78	4.849 17	5.034 43	2.243 75	0.085 27	0.421 86

续 表

Ma_{1n}	p_2/p_1	ρ_2/ρ_1	T_2/T_1	a_2/a_1	$p_{0.2}/p_{0.1}$	Ma_2 只对正激波
4.60	24.520 00	4.853 21	5.052 33	2.247 74	0.084 59	0.421 68
4.61	24.627 45	4.857 23	5.070 26	2.251 72	0.083 91	0.421 50
4.62	24.735 13	4.861 24	5.088 24	2.255 71	0.083 24	0.421 32
4.63	24.843 05	4.865 22	5.106 25	2.259 70	0.082 57	0.421 14
4.64	24.951 20	4.869 19	5.124 30	2.263 69	0.081 92	0.420 96
4.65	25.059 58	4.873 13	5.142 40	2.267 69	0.081 26	0.420 79
4.66	25.168 20	4.877 06	5.160 53	2.271 68	0.080 62	0.420 61
4.67	25.277 05	4.880 97	5.178 70	2.275 67	0.079 98	0.420 44
4.68	25.386 13	4.884 86	5.196 90	2.279 67	0.079 34	0.420 26
4.69	25.495 45	4.888 73	5.215 15	2.283 67	0.078 71	0.420 09
4.70	25.605 00	4.892 58	5.233 43	2.287 67	0.078 09	0.419 92
4.71	25.714 78	4.896 41	5.251 76	2.291 67	0.077 47	0.419 75
4.72	25.824 80	4.900 23	5.270 12	2.295 67	0.076 85	0.419 58
4.73	25.935 05	4.904 03	5.288 52	2.299 68	0.076 25	0.419 41
4.74	26.045 53	4.907 80	5.306 96	2.303 68	0.075 64	0.419 25
4.75	26.156 25	4.911 56	5.325 44	2.307 69	0.075 05	0.419 08
4.76	26.267 20	4.915 31	5.343 96	2.311 70	0.074 45	0.418 91
4.77	26.378 38	4.919 03	5.362 52	2.315 71	0.073 87	0.418 75
4.78	26.489 80	4.922 74	5.381 11	2.319 72	0.073 29	0.418 59
4.79	26.601 45	4.926 43	5.399 74	2.323 73	0.072 71	0.418 42
4.80	26.713 33	4.930 10	5.418 42	2.327 75	0.072 14	0.418 26
4.81	26.825 45	4.933 75	5.437 13	2.331 76	0.071 57	0.418 10
4.82	26.937 80	4.937 39	5.455 88	2.335 78	0.071 01	0.417 94
4.83	27.050 38	4.941 01	5.474 67	2.339 80	0.070 46	0.417 78
4.84	27.163 20	4.944 61	5.493 49	2.343 82	0.069 91	0.417 63
4.85	27.276 25	4.948 20	5.512 36	2.347 84	0.069 36	0.417 47
4.86	27.389 53	4.951 77	5.531 26	2.351 86	0.068 82	0.417 31
4.87	27.503 05	4.955 32	5.550 21	2.355 89	0.068 28	0.417 16
4.88	27.616 80	4.958 85	5.569 19	2.359 91	0.067 75	0.417 01
4.89	27.730 78	4.962 37	5.588 21	2.363 94	0.067 22	0.416 85
4.90	27.845 00	4.965 87	5.607 27	2.367 97	0.066 70	0.416 70
4.91	27.959 45	4.969 36	5.626 37	2.372 00	0.066 18	0.416 55
4.92	28.074 13	4.972 83	5.645 51	2.376 03	0.065 67	0.416 40
4.93	28.189 05	4.976 28	5.664 68	2.380 06	0.065 16	0.416 25
4.94	28.304 20	4.979 72	5.683 90	2.384 09	0.064 65	0.416 10

续 表

Ma_{1n}	p_2/p_1	ρ_2/ρ_1	T_2/T_1	a_2/a_1	$p_{0,2}/p_{0,1}$	Ma_2 只对正激波
4.95	28.419 58	4.983 14	5.703 15	2.388 13	0.064 15	0.415 95
4.96	28.535 20	4.986 54	5.722 44	2.392 16	0.063 66	0.415 81
4.97	28.651 05	4.989 93	5.741 77	2.396 20	0.063 17	0.415 66
4.98	28.767 13	4.993 30	5.761 14	2.400 24	0.062 68	0.415 52
4.99	28.883 45	4.996 66	5.780 55	2.404 28	0.062 20	0.415 37
5.00	29.000 00	5.000 00	5.800 00	2.408 32	0.061 72	0.415 23
6.00	41.833 33	5.268 29	7.940 59	2.817 90	0.029 65	0.404 16
7.00	57.000 00	5.444 44	10.469 39	3.235 64	0.015 35	0.397 36
8.00	74.500 00	5.565 22	13.386 72	3.658 79	0.008 49	0.392 89
9.00	94.333 33	5.651 16	16.692 73	4.085 67	0.004 96	0.389 80
10.00	116.500 0	5.714 29	20.387 50	4.515 25	0.003 04	0.387 58
100.00	11 666.500	5.997 00	1 945.388 87	44.106 56	3.593×10^{-8}	0.378 06
∞	∞	6	∞	∞	0	0.378 0

参 考 文 献

[1] 《航空气动力手册》编委会. 航空气动力手册：第一册[M]. 北京：国防工业出版社，1983.

[2] 陈再新，刘福长，鲍国华. 空气动力学[M]. 北京：航空工业出版社，1993.

[3] JOHN D，ANDERSON J R. Fundamentals of Aerodynamics[M]. New York：McGraw–Hill Book Company，1991.

[4] 徐华舫. 空气动力学基础：上册[M]. 北京：国防工业出版社，1982.

[5] 钱翼稷. 空气动力学[M]. 北京：北京航空航天大学出版社，2004.

[6] 张兆顺，崔桂香. 流体力学[M]. 北京：清华大学出版社，1999.

[7] KUETHE A M，CHUEN Y C. Foundations of Aerodynamics[M]. New York：John Wiley & Sons，Inc.，1986.

[8] ANDERSON，J R JOHN D. Modern Compressible Flow：With Historical Perspective[M]. 2nd ed. New York：McGraw-Hill Book Company，1990.

[9] 夏皮罗. 可压缩流的动力学与热力学：上册[M]. 陈立子，译. 北京：科学出版社，1977.

[10] 夏皮罗. 可压缩流的动力学与热力学：下册[M]. 陈立子，译. 北京：科学出版社，1978.

[11] 李凤蔚. 空气与气体动力学引论[M]. 西安：西北工业大学出版社，2007.

[12] 瞿章华，曾明，刘伟，等. 高超声速空气动力学[M]. 长沙：国防科技大学出版社，1999.